建筑工程检测评定及监测预测关键技术系列丛书

砌体结构检测与评定技术

路彦兴　商冬凡　杨志锋　段立涛 ◎ 编著

U0170156

中国建材工业出版社

图书在版编目（CIP）数据

砌体结构检测与评定技术/路彦兴等编著．--北京：中国建材工业出版社，2020.4
（建筑工程检测评定及监测预测关键技术系列丛书）
ISBN 978-7-5160-2856-8

Ⅰ.①砌…　Ⅱ.①路…　Ⅲ.①砌体结构－检测　②砌体结构－评定　Ⅳ.①TU36

中国版本图书馆 CIP 数据核字（2020）第 037711 号

内 容 简 介

本书结合砌体工程质量检测与评定方法的发展现状及前沿技术，对砌体结构中材料及构件检测、砌筑质量控制与评价、砌体结构的变形与损伤、工程耐久性检测等内容进行了系统论述；同时，对已有砌体结构建筑工程的鉴定、变形损伤检测和耐久性评估等内容做了详细研究和论述；最后列举了部分工程实例，以帮助读者加深对砌体结构检测和鉴定内容的理解。全书内容丰富、逻辑清晰、指导性强，方便读者学习参考。

本书适合从事砌体结构检测鉴定的专业人员使用，也可作为专业技术人员的培训教材和高等院校相关专业师生的科研与教学参考用书。

砌体结构检测与评定技术
Qiti Jiegou Jiance yu Pingding Jishu
路彦兴　商冬凡　杨志锋　段立涛　编著

出版发行：中国建材工业出版社
地　　址：北京市海淀区三里河路 1 号
邮　　编：100044
经　　销：全国各地新华书店
印　　刷：北京雁林吉兆印刷有限公司
开　　本：710mm×1000mm　1/16
印　　张：15.75
字　　数：290 千字
版　　次：2020 年 4 月第 1 版
印　　次：2020 年 4 月第 1 次
定　　价：**86.00 元**

前　言

砌体结构在我国有悠久的历史，应用范围很广，具有建（构）筑物形式多样、工程材料来源广泛、施工方法灵活多样等特点。同时在工程使用方面，它具有较好的耐火性和耐久性，且使用年限长；保温、隔热性能好，节能效果明显。即使是在混凝土结构工程中，也要大量采用砌体材料。目前在大多数中小城市及广大农村，砌体结构是最主要的结构形式，可用于建造各类房屋。

由于砌体结构本身固有的一些特性，且多数为就地取材，大量使用地方材料，因此其质量参差不齐。砌体结构在建造过程中主要采用手工操作，工人的技术水平高低不一，操作过程中常出现不规范行为，从而导致质量问题。《砌体结构工程施工质量验收规范》（GB 50203—2011）中明确提出，当施工中或验收时出现工程事故、不满足设计或施工要求以及对试验结果有怀疑或争议时应进行现场检测；对于既有砌体结构房屋，在进行可靠性鉴定或抗震鉴定时，也需要对结构或材料性能进行现场检测和评定。

本书主要介绍砌体结构中砌筑所用材料和砌体构件的检测、砌筑质量控制与评价、砌体结构的变形及损伤、工程耐久性检测等方面的内容，同时列举了部分工程检测评价的工程实例，供广大读者参考。

本书是作者根据多年来从事砌体结构检测鉴定的工作经验而编著，旨在与广大读者共同努力，做好工程质量的控制工作，提升工程质量，保证工程安全。前事不忘，后事之师。本书提供的检测鉴定知识和工程经验，若能为读者提供有用的参考，则甚幸矣。

本书主要由路彦兴、商冬凡、杨志锋、段立涛撰写，参加撰写的人员还包括张伟、袁钢强、王振江、梁淞、聂文龙、孙龙、南浩翔、王山琳、徐有礼等。由于砌体结构检测与评价涉及的内容繁多，且质量控制工作存在若干不确定因素，加上作者水平有限，书中不当之处在所难免，恳请读者指正。

编著者

2020 年 1 月

目　　录

第1章 概　　况

将砖、石块、混凝土砌块及土坯等各种块体，用砂浆、黏土浆等通过人工砌筑而组成的一种组合体，称为砌体，也称砌体构件，如砌块墙、砖柱等。以砌体（或砌体构件）为主制作的各种结构叫作砌体结构。砌体结构主要使用地方材料，具有良好的经济技术指标和保温、隔热性能。据统计，我国80%以上的墙体材料仍采用砖石砌体，与混凝土结构、钢结构相比造价低、施工简便、无须特殊机具和模板，但砌体材料的强度低、构件截面尺寸大、用料多、自重大，其变异性也大。另外由于其抗拉、抗剪强度低，故砌体结构的整体性、抗震性均较差，也易于产生各种裂缝。在结构设计中，一般通过承载能力极限状态和正常使用极限状态的验算来保证结构的可靠性。砌体结构应用最多的为承重墙、柱、过梁、砖拱房屋、砖拱楼盖等。

根据《砌体结构设计规范》（GB 50003—2011）的规定，对砌体结构构件仅需进行承载能力极限状态的验算，而正常使用极限状态则通过构造要求保证，即砌体结构不存在构件的裂缝与变形验算问题，但在实际结构中，由于结构设计不当、施工质量低劣或由于地基不均匀沉降、温度收缩变形的作用，砌体结构构件往往存在各种裂缝、变形，从而影响房屋结构的正常使用。因此进行砌体构件检测鉴定时，亦应对其正常使用功能进行检查和评价，即按构件承载力、变形裂缝、变形、构造和连接四个子项进行评定。为此提出了砌体结构的检查要点、砌体强度的测定方法、砌筑砂浆、砌筑块体的检查和测定等。砌体结构应根据实际情况，参照表1-1所列各项内容进行检查。

表1-1　砌体结构的检查要点

序号	检查内容	重点检查部位
1	材质：砖、石、砂浆强度变化、腐蚀风化、冻融及高温作用损坏等	墙基、柱基、柱脚及经常处于潮湿、腐蚀条件的砌体
2	砌体质量：砂浆饱满度、灰缝厚度、砌体裂缝、咬槎、搭砌方法等	承重墙、柱、过梁及组合砌体等

1

序号	检查内容	重点检查部位
3	稳定性：高厚比、墙与墙、墙与柱拉结等	纵墙、横墙、围护墙与柱、山墙顶与屋盖的拉结、女儿墙等
4	构造柱与圈梁：构造柱与圈梁的布置、拉结与构造、裂缝、材质情况与配筋等	圈梁与构造柱
5	连接：梁垫块设置、连接预埋件滑移、松动，梁、板支承及搭接长度等	屋面梁（屋架）、楼面梁与墙、柱连接，吊车梁与砖柱连接等
6	变形：墙体凹凸变形及墙、柱倾斜	高大墙体及承重墙柱、整体变形等
7	裂缝及其他损伤：墙、柱砌体的裂缝分布、裂缝宽度、长度、非正常开窗、开洞等	墙、柱的受力较大部位，梁支座下砌体、墙、柱变截面处、地基有不均匀沉降及较大温度变形部位等

鉴定砌体结构时，重点是墙、柱、过梁等砌体或组合构件及其构造一般需要进行砌体强度检测，检测要求如下：

（1）砌体强度检测宜采用现场直接测定方法，如现场采用的液压扁顶法或其他原位测定法。也可采用间接测定块体及砂浆强度的方法，如冲击能量法、超声波法或其他有效方法等，综合确定砌体强度。

（2）当发现砌筑砂浆、块体不符合质量要求时，应取样进行砂浆配合比、含泥量、块体有害成分的检查和分析。

（3）砌筑砂浆的饱满度应做现场检查，当采用间接测定法测定砌体强度时，应按规定计入灰缝饱满度的影响系数。

（4）砌体的砌筑质量以及材料的风化腐蚀程度等，应通过外观检查测定，必要时应取样分析。

1.1 砌体结构的特点及应用状况

根据主要使用的块材类别，砌体结构可分为砖结构、石结构和砌块结构等；根据是否使用钢筋，砌体构件还可分为无筋砌体结构和配筋砌体结构等，一般亦将以砌体结构为主的工程称为砌体工程。相对于混凝土结构和钢结构，砌体结构材料强度较低，特别是抗拉和抗剪强度很低，因此通常只适合制作以受压为主的构件，如柱子、墙体、基础、拱壳等。

我国在公元前2000年就已建造土筑墙结构，东周在建筑中采用的块材，已类似于近代的砖；秦、汉时代的一些石、砖砌体结构至今仍有不少保存完好的。因此，以砖、石、土作为块材的砌体结构，在我国已有2000多年的历史。古老的万里长城、造型优美的河北赵县的安济桥（隋代）、历史悠久的北魏时建造的嵩岳寺塔等砌体结构，都是我国土木建筑史上光辉的实例。

石结构在国外特别是在有悠久文化历史的地区也早有应用。例如，保存至今的古埃及的金字塔、古罗马的废墟（大量石结构）、被维苏威火山吞没的庞贝城、伊斯坦布尔拜占庭时代的宫殿和庙宇等都是宏伟和历史悠久的砌体结构。

尽管我国砌体结构历史十分悠久，但直到中华人民共和国成立前，除用于城墙、佛塔、桥梁以及地下工程外，在房屋方面也多数仅为2~3层的结构。4层以上往往采用钢筋混凝土骨架填充墙，或外墙承重、内加钢筋混凝土梁柱的结构。

中华人民共和国成立以后，砌体结构的潜力得到发挥。在非地震区，墙体厚度为240mm的砌体房屋造到了6层，加厚以后可以造到7层或8层；在地震区用砖建造的房屋也达6层或7层。砌体结构不仅用于各类民用房屋，在工业建筑中也大量采用，其不仅作为承重结构，也用作围护结构。砌体结构一度占我国墙体工程的90%，占民用建筑主体工程的80%以上。

特种砌体结构，诸如水池、烟囱、坝、水槽、料仓等，至今都在广泛地建造与应用。

20世纪80年代以后，由于砌筑劳动强度大、不利于工业化施工、黏土砖存在与农业争地等问题，砌体的使用受到政策性限制。随着墙体材料改革的深入开展，其他墙材（如各种墙板、组合墙体……）结构逐渐增多，但砌体结构仍然是主要结构类型之一。

砌体结构在我国获得了如此广泛的应用，与这种建筑材料所具有的下列优点分不开：

（1）可以就地取材：从块材而言，土坯、天然石、蒸养灰砂砖块的砂、焙烧黏土砖块的黏土等在自然界都大量存在；至于粉煤灰砖等还具有利用工业废料的优点。对砂浆而言，石灰、水泥、黄沙、黏土都可以就近或就地取得。因此，不仅在大中小城市可以生产块材，在农村也能自行制造多种块材。

（2）具有良好的性能：耐火、保温、隔声、抗腐蚀性能均较佳，有较好的大气稳定性。

与其他结构相比：砌体结构具有承重和围护的双重功能；施工也比较简便；节约木材、钢材和水泥。

同时，砌体结构也存在着以下弱点：

（1）由于砌体强度较低，作为承重结构，势必截面尺寸较大，这样自重也大。自重大既造成运输量大，而且在地震动作用下惯性力也大，即对抗震不利。

（2）块材和灰浆间的粘结力较小，因而砌体的抗拉、抗弯和抗剪强度也比较低。因而，在地震动作用下，砌体抗震能力较差。

1.2　砌体工程现场检测的目的和意义

我国是一个多自然灾害的国家。地震、火灾等自然灾害，对建筑物均造成不同程度的损坏，尤其是地震曾对砌体工程造成过大面积的严重损坏。唐山、海城、汶川地震造成的损失均相当惨重。

地震是一种不分国界的全球性自然灾害，它是迄今具有巨大潜能和最大危险性的灾害。近百年来，全世界各国因地震灾害死亡的人数达300万左右，占全部自然灾害死亡总数的58%。我国现在46%的城市和许多重大工程设施分布在地震带上，有2/3的大城市处于地震区，200余个大城市位于M7级以上地区，20个百万以上人口的特大城市甚至位于地震烈度为8度的高强地震区（北京、天津、兰州、太原等）。

地震发生前，需要对建筑物抗震性能鉴定评估；地震发生后，需要对建筑物损坏情况进行评估；地震灾后，需要对受损建筑物进行加固修复。这些均是涉及人们生命财产安全的非常重要的工作。这些鉴定评估、加固修复设计工作均离不开对砌体工程进行现场检测。

我国二十世纪五六十年代修建的大批工业厂房、公用建筑和民用建筑，已有数十亿平方米进入"中老年期"。其鉴定维修加固，也已大量提到议事日程上。

随着经济建设的发展，在新建企业的同时还强调对已有企业的技术改造。当前国内外发展生产、提高生产力的重心，部分已从新建企业转移到对已有企业的技术改造，以取得更大的投资效益。技术改造中，往往要求增加房屋高度、增加荷载、增加跨度、增加层数等。据统计，改建比新建可节约投资约40%，缩短工期约50%，收回投资比新建厂房快3~4倍。当然有些要求更高，例如有些改造要求在不停产情况下进行。由于工业生产的高度自动化、高效率、高产值，对结构进行的维修改造，除坚固、适用、耐久外，还有就是较低施工时间、空间的耗费，否则就可能给工业生产带来巨大经济损失，更不要说拆除重建了。同样民用建筑、公共建筑的改造亦日益受到人们的重视，抓好旧房的增层改造，向现有房屋要面积，是一条重要的出路。我国城市现有的房屋中，有20%~30%具备增层改造条件。增层改造不仅可节省投资，还可不再征用土地。对缓解日趋紧张的城市用地矛盾也有重要的现实意义。

另外，我国建筑物以每年20多亿立方米的速度在增加，设计和施工中存在的一些问题，也会给建筑物留下隐患。

设计人员在设计建筑物或构筑物时，必须对不定性进行分析，影响建筑结构安全和正常使用的各种因素——材料强度、缺陷、构件的尺寸、安装的偏差、施工的质量和各种作用等，均是随机的，从而风险、不利事件或破坏的概率事实上是不可能避免的，完全正常的设计、施工和使用，在基准使用期内亦可能产生破坏，当然这是按比较小的、人们能接受的概率发生的。然而，设计人员的失误——计算错误、数学力学模型选择考虑不周、荷载估计失误、基础不均匀沉降考虑不周、构造不当等，使失效概率大大增加，而更多的是尽管没有发生垮塌但是给使用留下大量隐患，造成结构的先天不足。

结构的先天不足还来源于施工：不严格执行施工规范、不按图施工、偷工减料、使用劣质材料、配合比混乱等。造成上述状况的原因甚多：违章建筑（无规划、无正规设计、无监督等）不断出现，建筑市场的混乱，尤其管理方面存在的种种混乱和违纪、施工队伍的低素质等，正在施工或刚竣工就出现严重质量事故的现象在全国屡见不鲜（约60%的事故就出现在施工阶段或建成尚未使用阶段）。

建筑物的缺陷还来自恶劣的使用环境，如高温、腐蚀（氯离子侵蚀），在结构上任意开孔、挖洞、超载，温湿度变化、环境水冲刷、冻融、风化、碳化等以及由于缺乏建筑物正确的管理、检查、鉴定、维修、保护和加固的常识所造成的对建筑物管理和使用不当，致使不少建筑物出现不应有的早衰。

综上所述，不论是建筑物先天不足，还是对建筑物后天管理不善、使用不当；不论是为抗御灾害所需进行的加固，还是灾后所需进行的修补；不论是为适应新的使用要求而对建筑物实施的改造，还是为建筑物进入"中老年期"进行正常诊断处理，都需要对建筑物进行鉴定评估，以期对建筑物的可靠性做出科学的评估，都需要对建筑物实施正确的管理维护和改造、加固。然而鉴定的最基础的数据，均需要来自工程现场检查、检测，而现场的检测应有统一的方法和标准。这就是研究现场检测的最终目的和重要的现实意义。

1.3 砌体工程现场检测技术的发展

现场结构检测一直以为生产服务为目的，经常用来验证和鉴定结构的设计与施工质量，为处理工程质量事故和受灾结构提供技术依据，为既有建筑物普查、鉴定以及为其加固或改建提供合理的方案。

现场结构检验由于试验对象明确，大多数都在实际建筑物现场进行试验。这些结构经过试验检测后多数均希望能继续使用，所以这类试验一般都应是非破坏性的，这是结构现场检测的主要特点。

现场试验检测的手段和方法很多，各自的特点和使用条件也不相同。到目前为止，还没有一种统一的方法能针对不同的结构类型和不同的检测目的而提供准确、可靠的数据。所以在选择检测方法、仪表和设备时，应根据建筑物的历史情况和试验目的的要求，按国家有关技术和检测标准，从经济、速度、试验结果的可靠程度和对原有结构可能造成的损坏程度等诸多方面综合比较后确定。

目前，结构的现场试验检测方法主要有现场荷载试验和非破损、微破损或局部可修复破损等几种，而砌体工程的检测主要分为微破损或局部破损，且局部破损是可以修复的。检验有其局限性，需要横向比较各种方法的特点，根据检测的目的、对象和条件，使用不同的方法。

1998 年和 2010 年，结合国家标准《砌体工程现场检测技术标准》（GB/T 50315）的编制和修订，由编制组组织相关 10 多家研究单位，对各种检测方法进行统一的考核、验证研究，取得了以下几项成果：

（1）通过两次大型的验证性考核，说明组织全国统一考核是非常必要的，考核的试验设计和考核全过程是成功的。尽管全国各有关单位选送的这些方法大多都通过了各种成果鉴定，多数还是省、部级鉴定，但考核中还是发现了诸多问题，如有的设备不过关，不能满足测试要求；有的方法，在研究过程中遗漏了重要影响因素，造成数据反常；有的方法，无法区分砂浆强度等级的高低而造成误判；有的方法，可操作性差，有的对构件损伤过大等。更为重要的是，通过考核，在同一条件下，比较了各种方法的测试结果与标准试件试验值的误差。结果表明，各种方法的误差相差甚远，一些方法目前还不能用于砌体强度的现场检测。

（2）在分析过程中，结合各种方法存在的问题，分别与各研究单位一起深化了研究工作，提高了这些方法的研究水平和实际检测水平。

（3）在考核和深化研究的基础上确认：轴压法、扁顶法、砌体通缝单剪法、单砖双剪法、推出法、筒压法、砂浆片剪法、回弹法、点荷法、砂浆片局压法[行业标准《择压法检测砌筑砂浆抗压强度技术规程》（JGJ/T 234—2011）中的择压法]、切制抗压试件法、烧结砖回弹法等，各方面均较符合现场测强要求；对各种方法的优缺点、应用范围、制约条件等均做了解析，并列表概括，可供使用者根据不同的目的和使用的环境条件选择使用。在此基础上，这些方法被列入《砌体工程现场检测技术标准》（GB/T 50315—2011）。

（4）推荐的上述方法可以满足我国工程建设对砌体强度现场检测的需要，不论是古建筑还是现代建筑，不论是已有建筑还是正在施工的建筑，均可从中选择一种或数种适宜的检测方法。

1.4 砌体工程现场检测技术适用范围和特点

砌体工程的现场检测主要应用于以下几个阶段。

1. 建筑物施工验收阶段

一般来讲，对新建工程在施工验收阶段检测、评定砂浆和块体的强度，应按现行国家标准《砌体结构工程施工质量验收规范》（GB 50203）、《建筑工程施工质量验收统一标准》（GB 50300）、《砌体基本力学性能试验方法标准》（GB/T 50129）等执行。当遇到下列情况之一时，才按本节的方法检测和推定砂浆、块体或砌体的强度，包括：

（1）砂浆试块缺乏代表性或试件数量不足；

（2）对砂浆试块的试验结果有怀疑或争议，需要确定实际的砌体抗压强度、抗剪强度；

（3）发生工程事故或对施工质量有怀疑和争议，需要进一步分析砖、砂浆和砌体的强度。

2. 砌体工程使用阶段

已建砌体工程，在进行下列可靠性鉴定时，应按标准的规定检测和推定砂浆、砖的强度或砖砌体的工作应力、弹性模量和强度，包括：

（1）静力安全鉴定及危房鉴定或其他应急鉴定；

（2）抗震鉴定；

（3）大修前的可靠性鉴定；

（4）房屋改变用途、改建、加层或扩建前的专门鉴定。

本书介绍的十余种方法，仅适用于推定现场砂浆强度、砌体的工作应力、弹性模量和抗压、抗剪强度等物理力学指标。这些参数基本上能满足砌体工程上述阶段的各种需要，每种检测方法的特点、用途和限制条件将在第 2 章中详细论述。

第2章　砌体强度检测

2.1　基本规定

2.1.1　基本要求

1. 砌体工程现场检测技术适用范围分类

由于砌体结构本身固有的一些特性，它大量使用地方建筑材料，其质量参差不齐，鱼龙混杂；建造过程中主要由手工操作，工人技术水平高低不一，操作常出现不规范行为，从而导致砌体结构建筑物的质量问题，甚至是质量事故。在《建筑工程施工质量验收统一标准》（GB 50300—2013）中对于建筑工程质量不符合要求时，有如下规定：①经返工或返修的检验批，应重新进行验收；②经有资质的检测机构检测鉴定能够达到设计要求的检验批，应予以验收；③经有资质的检测机构检测鉴定达不到设计要求、但经原设计单位核算认可能够满足安全和使用功能的检验批，可予以验收；④经返修或加固处理的分项、分部工程，满足安全及使用功能要求时，可按技术处理方案和协商文件的要求予以验收。以上规定中的第②和第③条内容均涉及对实体结构的现场检测。在《砌体结构工程施工质量验收规范》（GB 50203—2011）关于砂浆的验收中规定，当施工中或验收时出现下列情况，可采用现场检验方法对砂浆或砌体强度进行实体检测，并判定其强度：①砂浆试块缺乏代表性或试块数量不足；②对砂浆试块的试验结果有怀疑或有争议；③砂浆试块的试验结果，不能满足设计要求；④发生工程事故，需要进一步分析事故原因。因此，关于新建砌体结构工程验收的标准规范中均涉及砌体工程现场检测的内容和要求。

中华人民共和国成立之后，经过3年的经济恢复，从1953年开始进行大规模的城市建设、住宅建设和公共建筑建设，建造了大量的砌体结构房屋。近几年来，随着城市化进程的加快，房屋建设规模不断扩大，其中也有大量的砌体结构工程。随着时间的推移，大量的砌体结构房屋开始老龄化，需要对其进行可靠性鉴定，鉴定中必不可少的一项工作则是对相关的参数进行检测。同时，在一些砌体结构古建筑和历史建筑的保护工作中，也有对其进行检测以得到相关参数供保护研究使用的要求。因此，对既有砌体结构也存在需要进行检测的需求。

基于以上描述的具体情况，对于新建砌体工程和既有砌体工程的检测，在《砌体工程现场检测技术标准》（GB/T 50315—2011）中分别做出规定：

对新建砌体工程，检验和评定砌筑砂浆或砖、砖砌体的强度，应按现行国家标准《砌体结构设计规范》（GB 50003）、《砌体结构工程施工质量验收规范》（GB 50203）、《建筑工程施工质量验收统一标准》（GB 50300）、《砌体基本力学性能试验方法标准》（GB/T 50129）等的有关规定执行。当遇到下列情况之一时，应按标准检测和推定砌筑砂浆或砖、砖砌体的强度：①砂浆试块缺乏代表性或试块数量不足；②对砖强度或砂浆试块的检验结果有怀疑或争议，需要确定实际的砌体抗压强度、抗剪强度；③发生工程事故或对施工质量有怀疑和争议，需要进一步分析砖、砂浆和砌体的强度。

对既有砌体工程，在进行下列鉴定时，应按本标准检测和推定砂浆强度、砖的强度或砌体的工作应力、弹性模量和强度：①安全鉴定、危房鉴定及其他应急鉴定；②抗震鉴定；③大修前的可靠性鉴定；④房屋改变用途、改建、加层或扩建前的专门鉴定。

为保证砌体工程现场检测的数据科学、公正、准确、可靠，主要从人员、设备、方法、环境等几方面进行控制。

2. 检测机构

对于房屋建筑与市政工程质量检测机构的资质，国务院行政法规《建设工程质量管理条例》做了原则性规定。不少省级人民代表大会或其常务委员会制定的地方法规或省级人民政府规章，对本省的建设工程质量检测机构的资质管理做了具体规定，如《重庆市建筑管理条例》第四十三条规定："从事建筑工程质量检测工作的建筑工程质量检测机构，应经市人民政府建设行政主管部门审查批准，并经市技术监督行政主管部门计量认证合格。"又如上海市人民政府发布的《上海市建设工程质量监督管理办法》第十三条规定："建设工程质量检测单位（以下简称检测单位）应当经建设部、市建委、市技术监督局或者建设部、市建委、市技术监督局授权的机构进行资质审核合格后，方可承担建设工程的质量检测任务。"《四川省建设工程质量检测管理规定》第二条也做出规定："凡在四川省行政区域内从事建设工程质量检测活动、从事建设工程质量检测的机构，必须取得省级以上建设行政主管部门颁发的工程质量检测资质证书并通过省级以上质量技术监督部门计量认证，在资质许可范围内从事检测工作。"为了规范房屋建筑和市政基础设施工程质量检测技术管理工作，2011 年 4 月 2 日，住房城乡建设部与国家质量监督检验检疫总局联合发布了国家标准《房屋建筑和市政基础设施工程质量检测技术管理规范》（GB 50618—2011）。该规范中对检测机构应具备的资质、应承担的责任、应配备的人员、设备以及应建立的技术管理体系等都做了明确的规定。关于检测机构的基本规定主要包括：建设工程质量检测机构（以下简称检测机构）应取得建设主管部门颁发的相应资质证书；检测机构必须在技术能力和资质规定范围内开展检测工作（强制性条文）；检测机构应对出具的检测报告的真实性、准确性负责（强制性条文）；检测机构应建立完善的管理体系，并增强纠错能力和持续改进能力；检测机构应配备能满足所开展检测项目要求的检测人员（强制性条文）；检测机构应配备能满足所开展检测项目要求的检测设备（强制性条文）；检测机构应建立检测档案及日常检测资料管理制度等。在住房城乡建设部科研课题《房屋建筑和市政基础设施工程质量检测机构资质标准》（征求意见稿）中，对检测机构的等级标准（注册资本金、人员、检测用房、成立年限、科研能力、检测对象、检测项目、仪器设备等）、资质审核程序、资质的使用等均做了较为详细的规定。

3. 检测人员

检测机构水平的高低很大程度上取决于人员素质，因此检测机构的各个岗位应配备合适的人员，应根据各个岗位的任职条件，从人员的专业知识，所在岗位的工作经验、学历、技术职称、道德品质和身体状况等方面进行考虑。检测机构的人员要形成科学合理的结构，即老、中、青结合的年龄结构；高、中、初级技术职称合理配置的结构；不同学历组合的学历结构；不同专业配合的专业结构。以合理的人员结构实现检测机构人员的最佳组合，发挥人员的最佳潜能。检测人员应通过有计划地持续不断的培训，确保检测机构人员持续胜任相应岗位的工作。关于检测人员的资格管理，各地建设行政主管部门有其地方的规定，如《四川省建设工程质量检测管理规定》第十条就规定："工程质量检测机构的检测人员应经统一考核合格，取得四川省建设工程质量检测人员资格证书，方可从事工程质量检测工作。检测人员资格考核和注册工作由四川省建设工程质量安全监督总站具体办理。"在住房城乡建设部科研课题《房屋建筑和市政基础设施工程质量检测机构资质标准》（征求意见稿）中，对不同资质等级的检测机构的人员也有相应要求，如对综合甲级检测机构人员的总体要求就有："持证上岗的检测人员不少于 100 人，其中，相关专业中级及以上技术职称人员不少于 40 人，高级及以上技术职称人员不少于 20 人且每个专业类别均至少具有 1 名高级及以上技术人员。"同时，该意见稿对机构负责人、技术负责人、质量负责人、注册人员等均提出了相关要求。

4. 检测设备

检测机构的检测工作是依靠仪器设备来完成的，因此仪器设备的配备与管理对检测机构而言至关重要。检测机构应根据其开展的检测项目和参数，考虑检测工作发展、科研、检测新技术和新方法研究、安全等方面的需要，对仪器设备的类型、准确度或不确定度、量程、数量、安装环境等做出选择和布置。同时，检测机构应建立完善的仪器设备购置、管理、使用、维护、鉴定等制度。为了保证仪器设备量值的准确一致，应采用检定、校准等方式来完成量值溯源工作。

5. 检测方法与条件

一般而言，检测的环境和条件应根据各检测项目和参数的检测方法标准的规定或检测仪器设备使用说明和检测样品管理要求而确定。在《砌体工程现场检测技术标准》（GB/T 50315—2011）中，不同的检测方法对检测环境和条件有不同的要求，如第 3.2.10 条规定"现场检测和抽样检测，环境温度和试件（试样）温度均应高于 0℃"；第 12.1.1 条规定"砂浆回弹法适用于推定烧结普通砖或烧结多孔砖砌体中砌筑砂浆的强度，不适用于推定高温、长期浸水、遭受火灾、环境侵蚀等砌筑砂浆的强度"等。因此，在进行砌体工程现场检测时，应监测、控制和记录检测时的各种检测条件，确保其条件满足《砌体工程现场检测技术标准》（GB/T 50315—2011）对检测条件的要求。

2.1.2　检测方法分类、选用原则及使用范围

1. 砌体工程现场检测方法的分类

砌体工程的现场检测方法，可按对砌体结构的损伤程度进行分类，也可按检测方法的测试内容进行分类。

砌体工程的现场检测方法按对砌体结构的损伤程度进行分类时，分为非破损检测方法和局部破损检测方法两类。非破损检测方法是指在检测过程中，对被检测砌体结构的既有力学性能没有影响，如砂浆回弹法、烧结砖回弹法等。局部破损检测方法是指在检测过程中，对被检测砌体结构的既有力学性能有局部的、暂时的影响，但可修复，如原位轴压法、扁顶法、切制抗压试件法、原位单剪法、原位双剪法、推出法、筒压法、砂浆片剪切法、砂浆片局压法、点荷法等。在局部破损检测方法中，尚可进一步分为较大局部破损检测方法和较小局部破损检测方法，如原位轴压法、扁顶法（检测砌体抗压强度时）、切制抗压试件法等均属于较大局部破损检测方法，点荷法、砂浆片局压法、砂浆片剪切法等则可通过在取样时注意加以控制，减小对被检测墙体的损伤，属于较小局部破损检测方法。

砌体工程的现场检测方法，可按照其测试内容进行分类，包括检测砌体抗压强度、检测砌体工作应力和弹性模量、检测砌体抗剪强度、检测砌体砌筑砂浆强

度、检测砌筑块体抗压强度等。其中，检测砌体抗压强度的检测方法主要有原位轴压法、扁顶法、切制抗压试件法；检测砌体工作应力和弹性模量的方法为扁顶法；检测砌体抗剪强度的方法有原位单剪法、原位双剪法；检测砌筑砂浆强度的方法有推出法、筒压法、砂浆片剪切法、砂浆回弹法、点荷法、砂浆片局压法；检测砌筑块体抗压强度的方法有烧结砖回弹法、取样法。

2. 砌体工程现场检测方法的选用原则

现场检测一般都是在建筑物建设过程中或建成后，根据本书 2.1.1 节中所述原因进行检测，大量的检测是在建筑物使用过程中的检测，此时的砌体均进入了工作状态。一个好的现场检测方法是既能取得所需的信息，又能在检测过程中和检测后对砌体的既有性能不造成负面影响。但这两者有一定矛盾，有时一些局部破损方法能提供更多、更准确的信息，提高检测精度。鉴于砌体结构的特点，一般情况下局部的破损易于修复，修复后对砌体的既有性能无影响或影响甚微。因此，对于砌体工程的现场检测方法的研究，既纳入了非破损检测方法，又纳入了局部破损检测法，使用者在选用时应根据检测目的、检测条件以及构件允许的破损程度进行选择。

砌体工程的现场检测主要是根据不同目的获得砌体抗压强度、砌体抗剪强度、砌筑砂浆强度、砌筑块材强度，在《砌体工程现场检测技术标准》（GB/T 50315—2011）中分别推荐了几种方法。对同一目的，《砌体工程现场检测技术标准》（GB/T 50315—2011）中推荐了多种检测方法，这里存在一个选择的问题。首先，这些方法均通过了标准编制组的统一考核评估，误差均在可接受的范围，方法之间的误差亦在可接受范围。方法的选择除充分考虑各种方法的特点、用途和限制条件外，使用者应优先选择本地区常用方法，尤其是本地区检测人员熟悉的方法。因为方法之间的误差与检测人员对其熟悉、掌握的程度密切相关。同时，《砌体工程现场检测技术标准》（GB/T 50315—2011）推荐性国家标准，方法的选择还宜与委托方共同确定，并在合同中加以确认，以避免不同检测方法由于诸多影响因素造成结果差异可能引起的争议。

《砌体工程现场检测技术标准》（GB/T 50315—2011）所列的检测方法均进行过专门的研究，研究成果通过鉴定并取得试用经验，有的还制定了地方标准。在《砌体工程现场检测技术标准》（GB/T 50315—2011）编制过程中，专门进行了较大规模的验证性考核试验，编制组全体成员参加和监督了考核全过程。

在对《砌体工程现场检测技术标准》（GB/T 50315—2000）进行修订的过程中，为扩大应用范围和纳入新的检测方法，人们于 2010 年再次进行较大规模考核性试验，并汲取了自 GB/T 50315—2000 实施以来各研究单位和高校及检测单位等的砌体工程现场检测技术科研成果，并决定将各种检测方法的应用范围扩充至烧结多孔砖砌体及其块体、砂浆的强度检测，增加了切制抗压试件法、原位双砖双剪法、特细砂浆筒压法、砂浆片局压法、烧结砖回弹法。通过对砌体工程现场检测技术的研究材料、考核材料和实践经验的认真分析，将各种方法的特点、适用范围和应用的局限性，汇总于表 2-1 中。

表 2-1　砌体工程现场检测方法的特点、适用范围及限制条件

序号	检测方法	特点	适用范围	限制条件
1	原位轴压法	（1）属原位检测，直接在墙体上测试，检测结果综合反映了材料质量和施工质量。（2）直观性、可比性较强。（3）设备较重。（4）检测部位有较大局部破损	（1）检测普通砖和多孔砖砌体的抗压强度。（2）火灾、环境侵蚀后的砌体剩余抗压强度	（1）槽间砌体每侧的墙体宽度不应小于1.5m；测点宜选在墙体长度方向的中部。（2）限用于240mm厚砖墙
2	扁顶法	（1）属原位检测，直接在墙体上测试，检测结果综合反映了材料质量和施工质量。（2）直观性、可比性较强。（3）扁顶重复使用率较低。（4）砌体强度较高或轴向变形较大时，难以测出抗压强度。（5）设备较轻。（6）检测部位有较大局部破损	（1）检测普通砖和多孔砖砌体的抗压强度。（2）检测古建筑和重要建筑的受压工作应力。（3）检测砌体弹性模量。（4）火灾、环境侵蚀后的砌体剩余抗压强度	（1）槽间砌体每侧的墙体宽度不应小于1.5m；测点宜选在墙体长度方向的中部。（2）不适用于测试墙体破坏荷载大于400kN的墙体
3	切制抗压试件法	（1）属取样检测，检测结果综合反映了材料质量和施工质量。（2）试件尺寸与标准抗压试件相同；直观性、可比性较强。（3）设备较重，现场取样时有水污染。（4）取样部位有较大局部破损；需切割、搬运试件。（5）检测结果不需换算	（1）检测普通砖和多孔砖砌体的抗压强度。（2）火灾、环境侵蚀后的砌体剩余抗压强度	取样部位每侧的墙体宽度不应小于1.5m，且应为墙体长度方向的中部或受力较小处

序号	检测方法	特点	适用范围	限制条件
4	原位单剪法	（1）属原位检测，直接在墙体上测试，检测结果综合反映了材料质量和施工质量。 （2）直观性强。 （3）检测部位有较大局部破损	检测各种砖砌体的抗剪强度	测点选在窗下墙部位，且承受反作用力的墙体应有足够长度
5	原位双剪法	（1）属原位检测，直接在墙体上测试，检测结果综合反映了材料质量和施工质量。 （2）直观性较强。 （3）设备较轻便。 （4）检测部位局部破损	检测烧结普通砖和烧结多孔砖砌体的抗剪强度	
6	推出法	（1）属原位检测，直接在墙体上测试，检测结果综合反映了材料质量和施工质量。 （2）设备较轻便。 （3）检测部位局部破损	检测烧结普通砖、烧结多孔砖、蒸压灰砂砖或蒸压粉煤灰砖墙体的砂浆强度	当水平灰缝的砂浆饱满度低于65%时，不宜选用
7	筒压法	（1）属取样检测。 （2）仅需利用一般混凝土实验室的常用设备。 （3）取样部位局部损伤	检测烧结普通砖和烧结多孔砖墙体中的砂浆强度	
8	砂浆片剪切法	（1）属取样检测。 （2）专用的砂浆测强仪和其标定仪，较为轻便。 （3）测试工作较简便。 （4）取样部位局部损伤	检测烧结普通砖和烧结多孔砖墙体中的砂浆强度	
9	砂浆回弹法	（1）属原位无损检测，测区选择不受限制。 （2）回弹仪有定型产品，性能较稳定，操作简便。 （3）检测部位的装修面层仅局部损伤	（1）检测烧结普通砖和烧结多孔砖墙体中的砂浆强度。 （2）主要用于砂浆强度均质性检查	（1）不适用于砂浆强度小于2MPa的墙体。 （2）水平灰缝表面粗糙且难以磨平时，不得采用

续表

序号	检测方法	特点	适用范围	限制条件
10	点荷法	（1）属取样检测。 （2）测试工作较简便。 （3）取样部位局部损伤	检测烧结普通砖和烧结多孔砖墙体中的砂浆强度	不适用于砂浆强度小于2MPa的墙体
11	砂浆片局压法	（1）属取样检测。 （2）局压仪有定型产品，性能较稳定，操作简便。 （3）取样部位局部损伤	检测烧结普通砖和烧结多孔砖墙体中的砂浆强度	适用范围限于： （1）水泥石灰砂浆强度为1～10MPa。 （2）水泥砂浆强度为120MPa
12	烧结砖回弹法	（1）属原位无损检测，测区选择不受限制。 （2）回弹仪有定型产品，性能较稳定，操作简便。 （3）检测部位的装修面层仅局部损伤	检测烧结普通砖和烧结多孔砖墙体中的砖强度	适用范围限于6～10MPa

在选用检测方法和在墙体上选定测点时，尚应符合下列要求：①除原位单剪法外，测点不应位于门窗洞口处；②所有方法的测点不应位于补砌的临时施工洞口附近；③应力集中部位的墙体以及墙梁的墙体计算高度范围内，不应选用有较大局部破损的检测方法；④砖柱和宽度小于3.6m的承重墙，不应选用有较大局部破损的检测方法。其中第①、②项主要是考虑检测部位应有代表性；第③、④项是从安全考虑，对局部破损方法的一个限制，这些墙体最好用非破损方法检测或在宏观检查和经验判断基础上，在相邻部位具体检测，综合推定其强度。《砌体工程现场检测技术标准》（GB/T 50315—2011）中规定："小于2.5m的墙体，不宜选用有局部破损的检测方法"。在《砌体工程现场检测技术标准》（GB/T 50315—2011）中修改为"小于3.6m的承重墙体，不应选用有较大局部破损的检测方法"，主要是考虑原位轴压法、扁顶法、切制抗压试件法的试件两侧墙体宽度不应小于1.5m，测点宽度为0.2m或0.37m，综合考虑后要求墙体的宽度不应小于3.6m。此外，承重墙的局部破损对其承载力的影响大于自承重墙体，故《砌体工程现场检测技术标准》（GB/T 50315—2011）特别强调的是对承重墙体的限制条件，对自承重墙体长度，检测人员可根据墙体在砌体结构中的重要性，适当予以放宽。

2.1.3 检测程序及工作内容

1. 检测程序

一般而言，砌体工程的现场检测工作应按照规定的程序进行。如图 2-1 所示为一般检测工作程序框图，当有特殊需要时，亦可按鉴定需要进行检测。有些方法的复合使用，图 2-1 未做详细规定（如有的先用一种非破损方法大面积普查，根据普查结果再用其他方法在重点部位和发现问题处重点检测），由检测人员综合各种方法的特点调整检测程序。在实际的砌体工程现场检测过程中，常常出现由于没有检测方案，在进行检测时取样部位或取样数量不规范或临时随意调整检测方法的情况。因此，在《砌体工程现场检测技术标准》（GB/T 50315—2011）中，增加了制定检测方案、确定检测方法的内容。

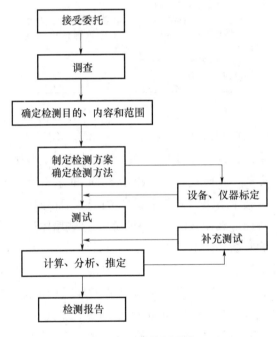

图 2-1　现场检测程序

2. 工作内容

完整的砌体工程现场检测应包含接受委托、调查、确定检测目的和内容及范围、制定检测方案并确定检测方法、测试（含补充测试）、计算、分析和推定、出具检测报告几部分工作内容。

调查阶段是很重要的阶段，应尽可能了解和搜集有关资料，很多情况下，委托方提不出足够的原始资料，还需要检测人员到现场收集；对重要的检测，可先行初检，根据初检结果进行分析，进一步收集资料。调查阶段一般应包括下列工作内容：①收集被检测工程的图纸、施工验收资料、砖与砂浆的品种及有关原材料的测试资料；②现场调查工程的结构形式、环境条件、砌体质量及其存在问题，对既有砌体工程，尚应调查使用期间的变更情况；③工程建设时间；④进一步明确检测原因和委托方的具体要求；⑤以往工程质量检测情况。

对于砌体工程的砌筑质量，因为砌体工程系工人手工操作，即使同一栋工程也可能存在较大差异；材料质量如块材、砌筑砂浆强度，也可能存在较大差异。在编制检测方案和确定测区、测点时，均应考虑这些重要因素。因此，应在检测工作开始前，根据委托要求、检测目的、检测内容和范围等制定检测方案（包括抽样方案、部位等），选择一种或数种检测方法，必要时应征求委托方意见并认可。对被检测工程应划分检测单元，并应确定测区和测点数。测试（含补充测试）、计算、分析和推定均应按照《砌体工程现场检测技术标准》（GB/T 50315—2011）中的规定进行。

设备仪器的校验非常重要，有的方法还有特殊的规定。每次试验时，试验人员应对设备的可用性做出判定并记录在案。对一些重要或特殊工程（如重大事故检测鉴定），宜在检测工作开始前和检测工作结束后对检测设备进行检定，以对设备性能进行确认。因此，《砌体工程现场检测技术标准》（GB/T 50315—2011）中要求测试设备、仪器应按相应标准和产品说明书的规定进行保养和校准，必要时尚应按使用频率、检测对象的重要性适当增加校准次数。

在计算、分析和强度推定过程中，出现异常情况或测试数据不足时，应及时补充测试。检测工作结束后，应及时出具符合检测目的的检测报告。

在现有的现场检测方法中，有部分方法为局部破损的检测方法。在现场测试结束时，砌体如因检测造成局部损伤，应及时修补砌体局部损伤部位。修补后的砌体，应满足原构件承载能力和正常使用的要求。同时，现场检测时，应根据不同检测方法的特点，采取确保人身安全和防止仪器损坏的安全措施，并应采取避免或减小污染环境的措施。

2.1.4 检测单元、测区及测点

1. 概述

建筑工程质量检测作为一种工程质量控制的手段，在工程建设中具有举足轻重的地位。检测数据和结论是对工程质量的一种直接反映，是对工程质量进行评判的最有力的依据，其科学性、准确性、客观性、有效性显得尤为重要。建筑工程质量检测工作绝大多数情况下是以数据来说话的，作为建筑工程检测的一个分支的砌体工程现场检测也不例外。相关技术标准和规程中对砌体工程的有关参数的技术要求进行了规定，这就要求检测人员能够采用科学、准确、有效的检测手段和数据分析处理手段对检测结果进行记录、统计、分析和处理，确保检测数据的准确性和检测结果的正确性。而要做到这一点，就必须掌握工程质量检测的相关数理统计知识。考虑到读者在实际砌体工程现场检测工作中的需要和使用《砌体工程现场检测技术标准》（GB/T 50315—2011）时能准确把握相关技术内容，本节简要介绍一些在检测行业广泛应用的统计技术基础知识和抽样技术基础知识。

2. 数理统计基础知识

1）基本概念

（1）试验

我们遇到过各种试验，如掷一枚骰子，观察出现的点数；在一批钢筋中任意抽取一根，测试它的物理力学性能；在一批混凝土结构构件中任意抽取一个，测试它的各项技术参数。这些试验有如下共同特点：①可以在相同条件下重复进行；②每次试验的可能结果不止一个，并且能事先明确试验的所有可能结果；③进行一次试验之前不能确定哪一个结果会出现。在概率统计理论中，将具有上述三个特征的试验称为随机试验，简称试验。

（2）随机事件

在一定的条件下，对随机现象进行观察或试验将会出现多种结果。随机现象的每一个可能出现的结果称为一个随机事件，简称事件，通常用字母 A、B、C 等表示。例如，从一批含有不合格品的混凝土空心楼板中，任意抽取 3 块进行质量检查，则"3 块全为合格品"是一个事件，"只有一块为不合格品"是一个事件，"不合格品不多于两块"是一个事件等，记为 A = "3 块全为合格品"、B = "只有 1 块为不合格品"、C = "不合格品不多于两块"。

随机事件有两个特殊情况即必然事件和不可能事件。必然事件是指在一定的条件下，每次观察或试验都必定发生的事件，记为 S，如距离测量的结果为正是一个必然事件。不可能事件是指在一定的条件下，每次观察或试验都一定不发生的事件，记为 $\varnothing$，在掷一枚骰子试验中"点数大于 6"是不可能事件。

（3）频率与概率

随机事件的发生带有偶然性，但发生的可能性有大小之别，是可以设法度量的。人们在生产、生活和经济活动中，关心的正是随机事件发生的可能性大小。随机事件的特点是在一次观测或试验中，它可能出现，也可能不出现，但是在大量重复的观测或试验中呈现统计规律性频率：在一定的条件下进行 n 次重复试验，如事件 A 出现了 m 次（m 称为频数），则称 $f_n(A) = m/n$ 为事件 A 在 n 次试验中出现的频率。

　　由事件 A 在 n 次试验中出现的频率 $f_n(A)$ 的变化,可以看出其发生的规律性。如抽检某砖厂生产的一批砖的质量,观察事件 A = "砖合格" 发生的规律性,抽检结果见表 2-2。

表 2-2　某砖厂一批砖的质量抽检结果

n（抽检块数）	5	60	150	600	900	1200	1800	2000
m（合格块数）	5	53	131	543	820	1091	1631	1812
$f_n(A)$	1	0.883	0.873	0.905	0.911	0.909	0.906	0.906

　　从表 2-2 中看出,随着抽检次数的增加,事件 A 出现的频率在常数 0.9 附近摆动,而且逐渐稳定于这个常数值。常数 0.9 反映了事件 A 发生的规律性。

　　用来描述事件发生可能性大小的数量指标称为概率。概率的定义方式通常有以下两种。

　　概率的统计定义:在一定的条件下进行 n 次重复试验,并且事件 A 出现了 m 次。n 充分大时,事件 A 出现的频率总是稳定地在某个常数 p 附近摆动,则称此常数 p 为事件 A 的概率,记为 $p = P(A)$。如上例中事件 A = "砖合格" 出现的频率稳定地在 0.9 附近摆动,故事件 A 的概率为 $p = 0.9$。

　　在一般情况下,由概率的统计定义求事件概率的精确值是困难的,因为要得到事件出现的频率的稳定值,必须对事件的发生进行大量的观察或试验,而这在实际上是无法实现的。应用中常以事件在 n 次重复试验中出现的频率值作为该事件概率的近似值。概率的古典定义:当随机现象具有以下三个特征:①所有可能出现的试验结果只有有限个 n;②每次试验中必有一个,并且只有一个结果出现;③每一试验结果出现的可能性都相同。并且事件 A 是由其中的 m（$m \leqslant n$）个试验结果组成时,则事件 A 的概率为 $P(A) = m/n$。

　　由上述概率的定义,可以得到概率的以下几个性质:①对任何事件 A,有 $0 \leqslant P(A) \leqslant 1$;②必然事件的概率等于 1,即 $P(S) = 1$;③不可能事件的概率等于零,即 $P(\varnothing) = 0$。

　　【例 2-1】有 20 块混凝土预制板,其中有 3 块是不合格品。从中任意抽取 4 块进行检查,求 4 块中恰有一块（记此事件为 A）不合格的概率。

　　解:预制板有 20 块,每次抽取 4 块共有 C_{20}^4 种不同的抽取方式,而抽取的 4 块中恰有 1 块不合格品的抽取方式有 $C_3^1 C_{17}^3$ 种,故 $P(A) = C_3^1 C_{17}^3 / C_{20}^4 = 2040/4845 = 0.421 = 42.1\%$。

　　2）抽样技术

　　（1）全数检查和抽样检查

　　检查批量生产的产品质量一般有两种方法:全数检查和抽样检查。全数检查是对全部产品逐个进行检查，以区分合格品和不合格品；检查的对象是每个单位产品，因此也称为全检或100%检查，目的是剔除不合格品，进行返修或报废。抽样检查则是利用所抽取的样本对产品或过程进行的检查，其对象可以是静态的批、检查批（有一定的产品范围）或动态的过程（没有一定的产品范围），因此也简称为抽检。大多数情况是对批进行抽检即从批中抽取规定数量的单位产品作为样品，对由样品构成的样本进行检查，再根据所得到的质量数据和预先规定的判定规则来判断该批是否合格。抽样检查是为了对批做出判断并做出相应的处理，例如：在验收检查时，对判为合格的批予以接收，对判为不合格的批则拒收。由于合格批允许含有不超过规定限量的不合格品，因此在顾客或需方接收的合格批中，可能含有少量不合格品；而被拒收的不合格批，只是不合格品超过限量，其中大部分可能仍然是合格品。被拒收的批一般要退返给供方即第一方，经100%检查并剔除其中的不合格品（报废、返修）或用合格品替换后再提供检查。

鉴于批内单位产品质量的波动性和样本抽取的偶然性，抽检的错判往往是不可避免的，既有可能把合格批错判为不合格，也可能把不合格批错判为合格。因此供方和顾客都要承担风险，这是抽样检查的一个缺点。但是当检查带有破坏性时，显然不可能进行全检；同时，当单位产品检查费用很高或批量很大时，以抽检代替全检就能取得显著的经济效益。这是因为抽检仅需从批中抽取少量产品，只要合理设计抽样方案，就可以将抽样检查固有的错判风险控制在可接受的范围内。而且在批量很大的情况下，如果全检的人员长时操作，就难免会感到疲劳，从而增加差错出现的机会。

对于不带破坏性的检查且批量不大，或者批量产品十分重要，或者检查是在低成本、高效率（如全自动的在线检查）情况下进行时，当然可以采用全数检查的方法。现代抽样检查方法建立在概率统计基础上，主要以假设检验为其理论依据。抽样检查所研究的问题包括三个方面：①如何从批中抽取样品，即采用什么样的抽样方式；②从批中抽取多少个单位产品，即取多大规模的样本大小；③如何根据样本的质量数据来判断批是否合格，即怎样预先确定判定规则。实际上，样本大小和判定规则即构成了抽样方案。因此，抽样检查可以归纳为：采用什么样的抽样方式才能保证抽样的代表性，如何设计抽样方案才是合理的。抽样方案的设计以简单随机抽样为前提，为适应于不同的使用目的，抽样方案的类型可以是多种多样的。至于样品的检查方法、检测数据的处理等，则不属于其研究的对象。

（2）抽样检查的基本概念

① 单位产品、批和样本

为实施抽样检查的需要而划分的基本单位，称为单位产品，它们是构成总体的基本单位。为实施抽样检查而会集起来的单位产品，称为检查批或批，它是抽样检查和判定的对象。一个批通常是由在基本稳定的生产条件下，在同一生产周期内生产出来的同形式、同等级、同尺寸以及同成分的单位产品构成的，即一个批应由基本相同的制造条件、一定时间内制造出来的同种单位产品构成。该批包含的单位产品数目称为批量，通常用符号 N 表示。从批中抽取用于检查的单位产品称为样本单位，有时也称为样品。样本单位的全体称为样本。样本中所包含的样本单位数目称为样本大小或样本量，通常用字母 n 表示。

② 单位产品的质量及其特性

单位产品的质量是以其质量特性表示的，简单产品可能只有一项特性，大多数产品具有多项特性。质量特性可分为计量值和计数值两类，计数值又可分为计点值和计件值。计量值在数轴上是连续分布的，用连续的量值来表示产品的质量特性。当单位产品的质量特性是用某类缺陷的个数度量时，即称为计点的表示方法。某些质量特性不能定量地度量而只能简单地分成合格和不合格，或者分成若干等级，这时就称为计件的表示方法。

在产品的技术标准或技术合同中，通常都要规定质量特性的判定标准。对于用计量值表示的质量特性，可以用明确的量值作为判定标准，例如：规定上限或下限，也可以同时规定上、下限。对于用计点值表示的质量特性，也可以对缺陷数规定一个界限。至于缺陷本身的判定，除了靠经验，也可以规定判定标准。

在产品质量检验中，通常先按技术标准对有关项目分别进行检查，然后对各项质量特性按标准分别进行判定，最后对单位产品的质量做出判定。这里涉及"不合格"和"不合格品"两个概念：前者是对质量特性的判定，后者是对单位产品的判定。单位产品的质量特性不符合规定，即为不合格。按质量特性表示单位产品质量的重要性，或者按质量特性不符合的严重程度，不合格可分为 A 类、B 类和 C 类。A 类不合格最为严重，B 类不合格次之，C 类不合格最为轻微。在判定质量特性的基础上，对单位产品的质量进行判定。只有全部质量特性符合规定的单位产品才是合格品；有一个或一个以上不合格的单位产品，即为不合格品。不合格品也可分为 A 类、B 类和 C 类。A 类不合格品最为严重，B 类不合格品次之，C 类不合格品最为轻微，不合格品的类别是按单位产品中包含的不合格的类别来划分的。

确定单位产品是合格品还是不合格品的检查，称为"计件检查"。只计算不合格数，不必确定单位产品是否为合格品的检查，称为"计点检查"。两者统称为"计数检查"。用计量值表示的质量特性，在不符合规定时也判为不合格，因此也可用"计数检查"的方法。"计量检查"是对质量特性的计量值进行检查和统计，故对所涉及的质量特性应分别检查和统计。

③ 批的质量

抽样检查的目的是判定批的质量，而批的质量是根据其所含的单位产品的质量统计出来的。根据不同的统计方法，批的质量可以用不同的方式表示。

对于计件检查，可以用每百单位产品不合格品数 p 表示，即

$$p = （批中不合格品总数 D/批量 N） \times 100$$

在进行概率计算时，可用不合格品率 $p\%$ 或其小数形式表示，例如：不合格品率为5%或0.05。对不同的试验组或不同类型的不合格品应分别统计。由于不合格品是不能重复计算的，即一个单位产品只可能被一次判为不合格品，因此每百单位产品不合格品数必然不会大于100。

对于计点检查，可以用每百单位产品不合格数 p 来表示，即

$$p = （批中不合格品总数 D/批量 N） \times 100$$

在进行概率计算时，可用单位产品平均不合格率 $p\%$ 或其小数形式表示。对不同试验组或不同类型的不合格，应分别统计。对于具有多项质量特性的产品来说，一个单位产品可能有一个以上的不合格，即批中不合格总数有时会超过批量，因此每百单位产品不合格数有时会超过100。

对于计量检查，可以用批的平均值和标准（偏）差表示，即

$$\mu = \frac{\sum_{i=1}^{N} x_i}{N}$$

$$\sigma = \sqrt{\frac{\sum_{i=1}^{N} (x_i - \mu)^2}{N-1}}$$

式中　x_i——第 i 个单位产品质量特性的数值。

对每个质量特性值应分别计算。

④ 样本的质量

样本的质量是根据各样本单位的质量统计出来的，而样本单位是从批中抽取的用于检查的单位产品，因此表示和判定样本的质量的方法，与单位产品是相似的。对于计件检查，当样本大小 n 一定时，可用样本的不合格品数即样本中所含的不合格品数 d 表示。对不同类的不合格品应分别计算。对于计点检查，当样本大小 n 一定时，可用样本的不合格数即样本中所含的不合格数 d 表示。对不同类的不合格应分别计算。对于计量检查，则可以用样本的平均值和标准（偏）差表示，即

$$\bar{x} = \frac{\sum_{i=1}^{n} x_i}{n}$$

$$s = \sqrt{\frac{\sum\limits_{i=1}^{n}(x_i - \bar{x})^2}{n-1}}$$

对每个质量特性值应分别计算。

（3）抽样方法简介

从检查批中抽取样本的方法称为抽样方法。抽样方法的正确性是指抽样的代表性和随机性，代表性反映样本与批质量的接近程度，而随机性反映检查批中单位产品被抽样本纯属偶然，即由随机因素所决定。在对总体质量状况一无所知的情况下，显然不能以主观的限制条件去提高抽样的代表性，抽样应当是完全随机的，这时采用简单随机抽样最为合理。在对总体质量构成有所了解的情况下，可以采用分层随机或系统随机抽样来提高抽样的代表性。在采用简单随机抽样有困难的情况下，可以采用代表性和随机性较差的分段随机抽样或整群随机抽样。这些抽样方法除简单随机抽样外，都是带有主观限制条件的随机抽样法。通常只要不是有意识地抽取质量好或坏的产品，尽量从批的各部分抽样，都可以近似地认为是随机抽样。

① 简单随机抽样

根据《随机数的产生及其在产品质量抽样检验中的应用程序》（GB/T 10111—2008）规定，简单随机抽样是指"从总体中抽取 n 个抽样单元构成样本，使 n 个抽样单元所有的可能组合都有相等被抽到概率的抽样"。显然，采用简单随机抽样法时，批中的每一个单位产品被抽入样本的机会均等，它是完全不带主观限制条件的随机抽样法。操作时可将批内的每一个单位产品按 1 到 n 的顺序编号，根据获得的随机数抽取相应编号的单位产品，随机数可按国标用掷骰子、抽签、查随机数表等方法获得。

② 分层随机抽样

如果一个批由质量明显差异的几个部分所组成，则可将其分为若干层，使层内的质量较为均匀，而层间的差异较为明显。从各层中按一定的比例随机抽样，即称为分层按比例抽样。在正确分层的前提下，分层抽样的代表性比简单随机抽样好；但是，如果对批质量的分布不了解或者分层不正确，则分层抽样的效果可能会适得其反。

③ 系统随机抽样

如果一个批的产品可按一定的顺序排列，并可将其分为数量相当的是 n 是个部分，此时从每个部分按简单随机抽样方法确定的相同位置，各抽取一个单位产品构成一个样本，这种抽样方法即称为系统随机抽样。它的代表性在一般情况下要比简单随机抽样好些；但在产品质量波动周期与抽样间隔正好相当时，抽到的样本单位可能都是质量好的或都是质量差的产品，显然此时代表性较差。

④ 分段随机抽样

如果先将一定数量的单位产品包装在一起，再将若干个包装单位（例如若干箱）组成批，为了便于抽样，此时可采用分段随机抽样的方法：第一段抽样以箱作为基本单元，先随机抽出 k 箱；第二段再从抽到的 k 个箱中分别抽取 m 个产品，集中在一起构成一个样本，k 与 m 的大小必须满足 $k \cdot m = n$。分段随机抽样的代表性和随机性，都比简单随机抽样差。

⑤ 整群随机抽样

如果在分段随机抽样的第一段，将抽到的 k 组产品中的所有产品都作为样本单位，此时即称为整群随机抽样。实际上，它可以看作是分段随机抽样的特殊情况，显然这种抽样的随机性和代表性都是较差的。

3）总体均值和方差的估计

在产品质量控制和材料试验研究中，无论遇到的研究总体的分布类型已知或者未知都可以通过从总体中随机抽样，用样本对总体中的未知参数如均值、方差进行估计。

3. 检测单元、测区及测点的划分

（1）检测单元

根据前述抽样方法的基本原理，在国家标准《砌体工程现场检测技术标准》（GB/T 50315—2011）中明确提出了检测单元的概念及确定方法。当检测对象为整栋建筑物或建筑物的部分时，应将其划分为一个或若干个可以独立进行分析的结构单元，每一结构单元应划分为若干个检测单元。检测单元是根据下列几项因素确定的：①检测是为鉴定采集基础数据的，对建筑物进行鉴定时，首先应根据被鉴定建筑物的结构特点和承重体系的种类，将该建筑物划分为一个或若干个可以独立进行分析（鉴定）的结构单元，故检测时应根据鉴定要求，将建筑物划分成独立的结构单元；②在每一个结构单元内，采用对新施工建筑同样的规定，将同一材料品种、同一等级 $250m^3$ 的砌体作为一个母体，进行测区和测点的布置，将此母体称作"检测单元"；故一个结构单元可以划分为一个或数个检测单元；③当仅仅对单个构件（墙片、柱）或不超过 $250m^3$ 的同一材料、同一等级的砌体进行检测时，亦将此作为一个检测单元。

（2）测区

砌体工程的现场检测不同于混凝土结构的现场检测，其测区的概念也与混凝土结构不同。在砌体工程现场检测中，将单个构件（单片墙体、柱）作为一个测区对待。现场检测时，在每个测区中采集若干数据进行分析，从而得到测区的检测数据。

测区的数量主要是考虑砌体工程质量检测的需要、检测成本（工作量）、与相关检验与验收标准的衔接、各检测方法的现有科研工作基础，运用数理统计理论，做出的统一规定。国家标准《砌体工程现场检测技术标准》（GB/T 50315—2011）规定，每一检测单元的测区数不宜少于 6 个，当一个检测单元不足 6 个构件时，应将每个构件作为一个测区。被测工程情况复杂时，测区数尚应根据具体情况适当增加。测区数量的确定不是一成不变的，应结合检测的目的、检测成本、现场的可操作性、检测现场的影响范围、修复的难易程度、工程的复杂程度等综合确定。采用原位轴压法、扁顶法、切制抗压试件法检测，当选择 6 个测区确有困难时，可选取不少于 3 个测区测试，但宜结合其他非破损检测方法进行综合强度推定。对既有建筑物或应委托方要求仅对建筑物的部分或个别部位检测时，测区和测点数可减少，但一个检测单元的测区数不宜少于 3 个。测区布置时，应综合考虑被测砌体工程的设计、施工情况，采用简单随机抽样或分层随机抽样的方式布置测区，从而确保测试结果全面、合理反映检测单元的施工质量或其受力性能。

（3）测点

测点的数量，主要是在各检测方法的现有科研工作基础上，运用数理统计理论，结合各检测方法的特点（有的方法对原结构破损较大，有的方法对原结构基本不破损）综合考虑确定的。每一测区均应随机布置若干测点。各种检测方法的测点数应符合下列要求：①原位轴压法、扁顶法、切制抗压试件法、原位单剪法、筒压法，测点数不应少于 1 个；②原位双剪法、推出法，测点数不应少于 3 个；③砂浆片剪切法、砂浆回弹法、点荷法、砂浆片局压法、烧结砖回弹法，测点数不应少于 5 个。需要说明的是，砂浆回弹法的测位，相当于其他检测方法的测点，砂浆回弹法的一个测位中有若干回弹"测点"。在布置测点时，应在同一测区内采用简单随机抽样的方式进行测点布置，使测试结果全面、合理地反映被测区的施工质量或其受力性能。

2.2　砌筑块材强度检测

2.2.1　一般规定

砌筑块材可分为块材质量、块材性能、块材强度和强度等级等检测分项。既有结构砌筑块材的尺寸和可见缺陷可直接从砌筑构件上量测。

（1）砌体工程砌筑块材尺寸偏差和外观质量的检测应符合下列规定：

① 实心砌筑块材的尺寸偏差和可见缺陷可直接在砌筑构件上量测；

② 检测块材应随机抽取，抽检数量应大于有关标准规定的进场验收的数量，

也可按现行《建筑结构检测技术标准》（GB/T 50344）计数抽样检测一般项目 B 类或 C 类抽样确定检测数量；

③ 非实心砌筑块材的不可量测尺寸应采用取样或打孔的方法进行量测；

④ 砌筑块材尺寸和缺陷的量测应符合国家现行有关标准的规定；

⑤ 砌筑块材质量和尺寸的符合性判定数宜符合现行《建筑结构检测技术标准》（GB/T 50344）一般项目计数抽样检测的规定。

（2）砌筑块材性能的检测应符合下列规定：

① 砌筑块材的性能应采取取样的方法进行检测；

② 既有结构的取样数量不应少于现行国家标准《砌墙砖试验方法》（GB/T 2542）和《混凝土砌块和砖试验方法》（GB/T 4111）等规定 1 组试样；

③ 砌体工程检测的取样数量不应少于现行国家标准《砌墙砖试验方法》（GB/T 2542）和《混凝土砌块和砖试验方法》（GB/T 4111）等规定 2 组试样；

④ 工程中与结构中同品种、同规格的剩余块材可作为试样使用；

⑤ 砌筑块材的性能应采用现行国家标准《砌墙砖试验方法》（GB/T 2542）和《混凝土砌块和砖试验方法》（GB/T 4111）等的适用方法进行检测。

（3）砌筑块材的现场取样应符合下列规定：

① 取样应为砌体受力小的窗下墙、女儿墙等部位；

② 抽取试样时应避免造成试样表面缺损和内部损伤。

砌筑块材的性能和强度应采用现行国家标准《砌墙砖试验方法》（GB/T 2542）和《混凝土砌块和砖试验方法》（GB/T 4111）等规定的适用方法进行检测。

（4）砌体工程砌筑块材的抗压强度可采用下列取样法对回弹法检测结果修正的方法进行检测：

① 烧结普通砖、烧结多孔砖的回弹法检测应执行现行国家标准《砌体工程现场检测技术标准》（GB/T 50315）的有关规定；

② 混凝土小砌块的回弹检测应执行现行行业标准《非烧结砖砌体现场检测技术规程》（JGJ/T 371）的有关规定；

③ 取样法对回弹法检测结果的修正，应符合现行《建筑结构检测技术标准》（GB/T 50344）的有关规定。

既有结构砌筑块材的抗压强度可采用回弹法进行检测，烧结普通砖的抗压强度可按现行《建筑结构检测技术标准》（GB/T 50344）的规定进行检测。

砌体结构石材强度等级应按现行国家标准《砌体结构设计规范》（GB 50003）的规定进行检测和符合性判定。

（5）采用钻芯法检测砌筑构件石材强度应符合下列规定：

① 芯样试件的直径可为 70mm，高径比应为 1.0；

②芯样的端面应磨平，加工质量和芯样试件抗压强度的测试宜符合现行行业标准《钻芯法检测混凝土强度技术规程》（JGJ/T 384）的有关规定；

③换算成 70mm 立方体试块抗压强度时，可将直径 70mm 芯样试件抗压强度乘以 1.15 的系数。

砌体工程砌筑块材的强度等级应按结构施工时有关产品标准的规定进行符合性判定。

（6）采用抗压强度标准值表示的砌筑块材强度等级，宜采用下列方法进行检测和符合性判定：

①抗压强度的测试宜采用取样修正回弹法测试结果的方式；

②取样修正回弹法检测抗压强度的砌筑块材数量不宜小于 6 个；

③回弹法测试砌筑块材的数量应能满足现行《建筑结构检测技术标准》（GB/T 50344）关于标准差的控制要求；

④砌筑块材强度的标准值应按现行《建筑结构检测技术标准》（GB/T 50344）有关标准值上限的规定推定；

⑤砌筑块材的强度等级应按有关产品标准的规定进行符合性判定。

（7）采用抗压强度平均值和最小值表示的砌筑块材强度等级可采取下列方法进行检测和符合性判定：

①采用取样法检测时，每个检测批的取样组数不应少于 2 组，取全部块材抗压强度的平均值和最小值进行强度等级的符合性判定。

②采用取样法对回弹法测试结果修正的方法时应符合下列规定：取样检测块材组数宜为 1 组；回弹测试的块材组数宜为 3~4 组；砌筑块材的强度等级应取修正后回弹法推定的砌筑块材抗压强度平均值和最小值进行符合性判定。

（8）采用抗压强度和抗折强度表示的砌筑块材强度等级，可采取下列方法进行检测和符合性判定：

①采用取样法检测时，每个检测批的取样数量不应少于 2 组，取全部块材试样抗折强度的平均值及最小值和全部块材试样抗压强度的平均值及最小值进行块材强度等级的符合性判定。

②采用取样法对回弹法测试结果修正方法时应符合下列规定：取样检测抗压强度和抗折强度的砌筑块材宜为 1 组；回弹测试抗压强度的砌筑块材组数不宜少于 4 组；砌筑块材的强度等级应取修正后回弹推定的砌筑块材抗压强度的平均值及最小值和取样测试砌筑块材抗折强度的平均值及最小值进行符合性判定。

③按现行《建筑结构检测技术标准》（GB/T 50344）检测得到的烧结普通砖抗压强度可作为强度等级的符合性判定值。

2.2.2 回弹法

对砌筑块体强度检测常用的方法为回弹法和取样法。

回弹法是一种非破损检测方法，也是现场检测混凝土及砌体中砖和砂浆抗压强度最常见的方法，即利用回弹仪检测混凝土及砌体中材料的表面硬度，根据回弹值与抗压强度的相关关系推定混凝土及砌体中材料的抗压强度。

回弹法具有非破损性、检测面广和测试简便、迅速等优点，是一种较理想的砌体工程现场检测方法。自从 1948 年瑞士人施密特（E. Schmidt）发明回弹仪以来，回弹法在土木工程无损检测技术中的应用已经有 70 多年的历史。尽管全今，各种无损检测技术层出不穷，但是回弹法在混凝土及砌体工程质量控制与评定方面仍然发挥着重要作用。

20 世纪 50 年代，我国引进了回弹法。1968 年，我国研究人员开始研究利用回弹仪检测烧结普通砖强度。1987 年，陕西省建筑科学研究院等单位进一步研究了小型回弹仪的性能，制定了专业标准《回弹仪评定烧结普通砖标号的方法》（ZBQ 15002—89）。近十年来，地方及国家发布多个标准，但在实际工程应用中，存在下列问题：

（1）《建筑结构检测技术标准》（GB/T 50344—2004）附录 F 中给出的烧结普通砖的回弹测强公式，用于各地区的砖回弹检测中的误差偏大。另外，该标准规定"宜配合取样检验的验证"，这又限制了它的推广应用。

（2）在实际工程的现场检测中，以砌体中砖的回弹值套用于行业标准《回弹仪评定烧结普通砖强度等级的方法》（JC/T 796—2013）中，这一错误必须予以纠正。

（3）多孔砖砌体在我国墙体中应用广泛，但多孔砖砌体中砖抗压强度的回弹法检测尚无相应的标准。基于上述原因，有必要在全国范围内对烧结普通砖和烧结多孔砖的回弹法做出统一规定。

为建立全国适用的回弹法和扩大回弹法的适用范围，湖南大学进行了回弹法检测砌体中烧结普通砖和烧结多孔砖抗压强度的验证性试验，通过对比研究现行标准及回归分析，提出了回弹法检测砌体中烧结普通砖和烧结多孔砖抗压强度的统一公式，为修订《砌体工程现场检测技术标准》（GB/T 50315—2011）提供了依据。

1. 基本原理

1）回弹法原理

回弹法是用一弹簧驱动的重锤，通过弹击砖表面，并测出重锤被反弹回来的距离，以回弹值（反弹距离与弹簧初始长度之比）作为与强度相关的指标，来推定砖强度的一种方法，其工作原理如图 2-2 所示。由于测量在试件表面进行，所以回弹法属于表面硬度法的一种。用回弹法测定烧结普通砖抗压强度，主要是根据小型回弹仪对砖表面硬度测得的回弹值，与直接抗压强度的相关性建立关系式，来间接确定砖的抗压强度，并借以推定其强度等级。

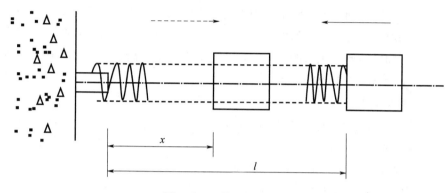

图 2-2　回弹法工作原理

当重锤被水平拉到冲击前的起始状态时，重锤的重力势能不变，此时重锤所具有的冲击能量仅为弹簧的弹性势能 e：

$$e = 0.5E_s l^2 \tag{2-1}$$

式中　E_s——弹击拉簧的刚度系数；

　　　l——弹击拉簧的起始拉伸长度，即弹击锤的冲击长度。

砖受冲击后产生瞬时弹性变形，其恢复力使弹击锤弹回，当弹击锤被弹回到 x 位置所具有的势能 e_x 为

$$e_x = 0.5E_x l^2 \tag{2-2}$$

式中　x——弹击锤反弹位置或弹击锤弹回时弹簧的拉伸长度。

所以弹击锤在弹击过程中所消耗的能量，即是被检测的砖所吸收的能量 Δe：

$$\Delta e = e - e_x \tag{2-3}$$

将式（2-1）和式（2-2）代入式（2-3）得

$$\Delta e = 0.5E_s l^2 - 0.5E_x l^2 = e \left[1 - (x/l)^2 \right] \tag{2-4}$$

令

$$R = x/l \tag{2-5}$$

在回弹仪中，l 为定值，所以 R 与 x 成正比，称为回弹值。将式（2-5）代入式（2-4）得

$$\Delta e = e (1 - R^2) \tag{2-6}$$

则

$$R^2 = (e - \Delta e) / e \tag{2-7}$$

即

$$R = \sqrt{1 - \frac{\Delta e}{e}} = \sqrt{\frac{e_x}{e}} \tag{2-8}$$

由上式可知，回弹值是弹击锤弹击砖表面时输出的剩余能量与输入的冲击能量的比值的反映，它与输入的冲击能量本身并没有直接的关系。回弹值 R 等于重锤冲击砖表面后与原有输入的冲击能量之比的平方根，简言之，回弹值 R 是重锤冲击过程中能量损失的反映。

能量主要损失在以下 3 个方面：

① 砖受冲击后产生塑性变形所吸收的能量；

② 砖受冲击后产生振动所吸收的能量；

③ 回弹仪各机构之间的摩擦所消耗的能量。

在具体试验中，上述②、③两项应尽可能使其固定于某一统一的条件，例如，试件应有足够的厚度，或对较薄的试件予以固定，减少振动，回弹仪应进行统一的计量率定，使冲击能量与仪器内摩擦损耗尽量保持统一等。

由以上分析可知，回弹值通过重锤在弹击砖前后的变化，既反映了砖的弹性性能，也反映了砖的塑性性能。联系式（2-1）思考可得，回弹值 R 反映了 E_s 和 l 两项，当然也与强度有着必然的联系。但是由于影响因素较多，回弹值 R 与 E_s 和 l 的理论关系尚难推导。因此，目前均采用试验方法，建立砖抗压强度与回弹值 R 的一元回归公式。回弹仪所测得的回弹值只代表砖表层的质量，所以使用回弹法测砖强度时，砖的表面质量和内部质量必须一致，对于表面已风化或遭受冻害、化学侵蚀的砖，不得采用回弹法检测砖强度。

2）烧结普通砖回弹测强公式研究

（1）统一强度换算公式

根据湖南大学在实际工程回弹检测中的测试结果，选取范围在 30 ~ 48 之间的 37 个回弹值（等差为 0.5），分别按照四川省、安徽省、福建省的地方标准及国家标准共 4 部标准中给出的回弹测强公式计算得到相应的换算抗压强度值，将得到的 148（37 × 4）组回弹值-抗压强度数据描绘成散点图。采用抛物线函数式，按最小二乘法对回弹值抗压强度数据进行回归，回归公式为

$$f_{1i} = 0.0136R^2 - 0.0655R - 7.19 \tag{2-9}$$

其相关系数为 0.96，拟合的标准偏差为 1.449（图 2-3）。

（2）换算公式的验证及修正

在与砌筑用烧结普通砖同一批次（总量为 1000）的砖中随机抽取 50 块砖，按照标准试验方法进行强度试验，得到 50 块砖的实测抗压强度平均值。将验证

性实验中测得的砖回弹平均值按式（2-9）计算得到换算抗压强度平均值，将其与砖的实测抗压强度平均值对比。验证结果见表2-3。

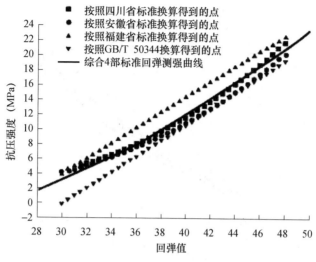

图2-3 对148组数据进行抛物线拟合

表2-3 回弹测强公式的验证表

回弹测强公式	换算强度平均值（MPa）	实测抗压强度平均值（MPa）	相对误差（%）
对148组数据进行回归：$f_{1i}=0.0136R^2-0.0655R-7.19$	16.44	20.45	19.57
对111组数据进行回归：$f_{1i}=0.02R^2-0.45R+1.25$	16.96	20.45	17.04

由表2-3及图2-3可以看出，综合了4个强度换算公式的拟合强度换算公式与《砌体工程现场检测技术标准》（GB/T 50315—2011）编制组统一组织的验证性试验相比，其相对误差为19.57%，表明综合了4部标准的回弹测强公式计算得到的换算抗压强度值偏低，虽然这将使推定结果偏于安全，但是其可靠性尚未满足制定统一测强公式的精度要求。此外，按照《建筑结构检测技术标准》（GB/T 50344—2004）中给出的线性函数式换算得到的强度值较按照其他3种标准换算得到强度值明显偏低，当回弹值低于30时，换算得到的抗压强度值出现负值，显然，按照《建筑结构检测技术标准》（GB/T 50344—2004）换算得到的"回弹值-抗压强度"数据散点与实际情况不符。因此，将按照《建筑结构检测技术标准》（GB/T 50344—2004）描绘成的"回弹-抗压强度"数据散点剔除，对其余111组数据同样采用抛物线函数式按照最小二乘法进行回归（图2-4），

回归公式为

$$f_{1i} = 0.02R^2 - 0.45R + 1.25 \qquad (2\text{-}10)$$

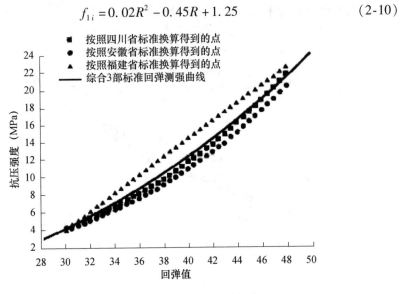

图 2-4　对 111 组数据进行抛物线拟合

其相关系数为 0.97，平均相对误差为 8.5%，拟合的标准偏差为 1.195。将验证性试验中测得的砖回弹平均值按照式（2-10）计算得到换算抗压强度平均值，将其与砖的实测抗压强度平均值对比。验证结果见表 2-3，其相对误差为 17.04%。

3）烧结多孔砖回弹测强公式研究

（1）试验方法

建立砌体中普通砖和多孔砖回弹测强曲线的试验方法主要有两种：一种方法是在已砌筑好的砖墙上或者标准砌体试件上进行回弹测试，然后将砖从墙体中取出，去除砂浆后按照标准试验方法进行抗压强度试验（以下简称方法一）。河南省建筑科学研究院即采用该方法。另一种方法是先将单块砖按照标准试验方法加工、养护成抗压强度试件，将其置于压力机加压板中，加载至一定竖向荷载后恒载，然后进行回弹测试，最后加压至破坏，得到砖的抗压强度（以下简称方法二）。

为修订《砌体工程现场检测技术标准》（GB/T 50315—2000），增加烧结多孔砖回弹法，湖南大学于 2010 年 3 月至 12 月开展了回弹法检测砌体中烧结多孔砖抗压强度的试验研究。首先，通过 6 组标准砌体试件中多孔砖的回弹对比试验，对多孔砖在不同约束条件和竖向压力下回弹值的影响因素进行了研究。然后按照上述两种不同的试验方法，分别对砌筑在标准砌体试件中的 68 块多孔砖和 141 块多孔砖抗压强度试件进行了回弹检测和抗压强度试验，并对 68 组和 141 组多孔砖回弹值-抗压强度数据进行对比研究和回归分析,提出了回弹法检测砌体中烧结多孔砖抗压强度的统一公式,为修订《砌体工程现场检测技术标准》(GB/T 50315)提供了依据。

(2)回弹值的影响因素

在现场检测条件下,既有砌体中砖的约束条件及受力状态,与标准砌体试件中砖(如方法一)和压力机竖向压力下砖(如方法二)的约束条件、受力状态互不相同。有必要通过试验探讨其约束条件及受力状态差异对多孔砖回弹值的影响。

① 竖向压力的影响

试验概况:采用强度等级为 MU10 的烧结黏土多孔砖和强度等级为 M7.5 的水泥混合砂浆,砌筑 3 个尺寸为 240mm×370mm×720mm 的标准砌体试件。砌筑完成并养护一个月后,进行试验。将试件置于压力机平台上,利用压力机对试件分级加载,压力值直接从表盘中读取。为模拟实际砌体结构房屋不同楼层的墙体中砖所受的不同竖向压力,将荷载分为 7 级,从压力为零开始加荷,荷载每增加一级,近似代表多孔砖所处的楼层。每加一级荷载,静置约 10min 后进行回弹试验。每级荷载下选取砌体试件中的 5 块砖进行回弹,每块砖弹击 5 个测点,对每级荷载下的 25 个回弹值取平均值。

试验结果及分析:将试验得到的竖向压力回弹平均值数据描绘成散点图,如图 2-5 所示。由图 2-5 可知,竖向压力回弹值散点连线大致呈一条水平线,表明竖向压力对回弹值的影响不明显。

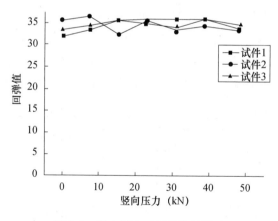

图 2-5 竖向压力对回弹值的影响

② 约束条件对回弹值的影响

为研究两种试验方法中砖约束条件的差异对回弹值的影响,在按照方法一进行试验时,从抗压强度试件中抽取 12 块多孔砖试件,将其按照方法二置于压力机下，恒载至 25kN，然后进行回弹测试。这 12 块多孔砖在两种不同约束条件下的回弹值如图 2-6 所示。

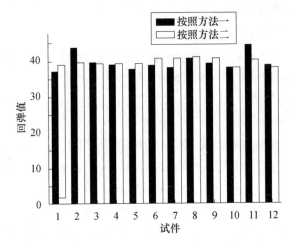

图 2-6　两种方法下约束条件差异对回弹值的影响

由图 2-6 可知，两种试验方法下，虽然约束条件不同，但大部分试件在两种试验方法下回弹值之差为 −0.4 ~ 2。因此，可以认为试验方法对回弹值没有影响。

（3）回弹测强曲线的建立

试验完成后，按照方法一和方法二分别得到 68 组和 141 组共 209 组回弹值-抗压强度数据，并将其分别以回弹值相近（回弹值极差不大于 0.5）的 2 ~ 26 块砖为一组，得到 23 组多孔砖试件回弹平均值与抗压强度平均值。

分别采用指数函数式、幂函数式、抛物线函数式和直线式，按最小二乘法对 23 组回弹平均值、抗压强度平均值数据进行回归分析，拟合结果见表 2-4。

表 2-4　23 组回弹平均值-抗压强度平均值数据拟合结果

函数形式	表达式	相关系数	平均相对误差（%）	平均相对标准差（%）
指数函数式	$f_{1i} = 1.57e^{0.05973R}$	0.72	13.6	18.7
幂函数式	$f_{1i} = 0.00307R^{2.343}$	0.71	13.2	17.2
抛物线函数式	$f_{1i} = 0.02665R^2 -$ $1.102R + 18.66$	0.71	14.1	19.8
直线式	$f_{1i} = 0.7058R - 10.15$	0.69	12.5	16.5

从表 2-4 可以看出，直线式测强公式和幂函数式测强公式的平均相对误差和平均相对标准差较小，但是直线式测强公式在中、高强度区间不能较好地反映回弹值与抗压强度的相关关系，幂函数式测强公式低强度区和高强度区能较好地反

映回弹值与抗压强度的相关关系。因此采用幂函数式作为多孔砖的回弹测强公式（图 2-7）：

$$f_{1i} = 0.00307R^{2.343} \tag{2-11}$$

4）统一的回弹测强曲线

对本试验得到的 23 组数据、河南省建筑科学研究院通过试验得到的 10 组数据共 33 组回弹值抗压强度数据进行总体回归分析，得到以幂函数式表达的统一的回弹测强公式（图 2-7）为

$$f_{1i} = 0.0017R^{2.48} \tag{2-12}$$

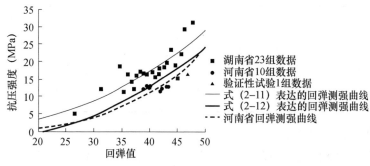

图 2-7　多孔砖回弹测强曲线

其相关系数、相对误差见表 2-5。

表 2-5　33 组回弹平均值-抗压强度数据拟合结果

表达式	相关系数	相对误差（%）
$f_{1i} = 0.0017R^{2.48}$	0.70	18.7

将《砌体工程现场检测技术标准》（GB/T 50315—2011）编制组统一组织的验证性试验得到的多孔砖回弹平均值按照式（2-12）计算，并与验证性试验中实测的抗压强度平均值进行比较（表 2-6），其相对误差为 20.5%，满足精度要求。

表 2-6　按式（2-12）计算的验证性试验结果

表达式	换算抗压强度值（MPa）	实测抗压强度平均值（MPa）	相对误差（%）
$f_{1i} = 0.0017R^{2.48}$	20.18	16.74	20.5

2. 检测设备

烧结砖回弹法的测试设备宜采用示值系统为指针直读式的砖回弹仪（图 2-7）。砖回弹仪的主要技术性能指标应符合表 2-7 的要求。

砖回弹仪的检定和保养应按国家现行有关回弹仪的检定标准执行，回弹仪在

每次回弹测试前后，均要求在钢砧上进行率定试验。当回弹仪有下列情况之一时，应送专业检定单位检定：

（1）新回弹仪启用前；

（2）超过检定有效期限（有效期限为一年）；

（3）累计弹击超过 6000 次；

（4）经常规保养后钢砧率定值不合格；

（5）遭受严重撞击或其他损害。

表 2-7　砖回弹仪的主要技术性能指标

项目	指标
标称动能（J）	0.735
指针摩擦力（N）	0.5 ±0.1
弹击杆端部球面半径（mm）	25 ±1.0
钢砧上的率定值	74 ±2

3. 检测步骤

应用回弹法检测烧结砖时，在检测之前首先对回弹仪在钢砧上进行率定试验，当符合要求时才可使用。检测步骤如下：

（1）需检测的整体需根据实际情况划分检测单元，每个检测单元中应随机选择 10 个测区。每个测区的面积不宜小于 1.0m²，在其中随机选择 10 块条面向外的砖作为 10 个测位供回弹测试。选择的砖与砖墙边缘的距离应大于 250mm。

（2）测区中被检测砖应为外观质量合格的完整砖。砖的条面应干燥、清洁、平整，不应有饰面层、粉刷层，必要时可用砂轮清除表面的杂物，磨平测面，用毛刷刷去粉尘。

（3）在每块砖的测面上均匀布置 5 个弹击点，选定弹击点时应避开砖表面的缺陷。相邻两弹击点的间距不应小于 20mm，弹击点离砖边缘不应小于 20mm，每一弹击点只能弹击一次，读数应精确至 1 个刻度。

（4）测试时，回弹仪应处于水平状态，其轴线应垂直于砖的侧面（图 2-8）。

图 2-8　烧结多孔砖试件的回弹测试

4. 检测基本计算

根据规范要求对烧结砖现场检测后，需对检测数据进行统计分析，从而对所检测的砖进行强度推定。

（1）计算各测位的砖抗压强度换算值：

① 对于单个测位的回弹值，应取 5 个弹击点回弹值的平均值 R。

② 第 i 个测区第 j 个测位的砖抗压强度换算值，应按式（2-13）、式（2-14）计算。

a. 烧结普通砖：

$$f_{1ij} = 0.02R^2 - 0.45R + 1.25 \qquad (2\text{-}13)$$

b. 烧结多孔砖：

$$f_{1ij} = 0.0017R^{2.48} \qquad (2\text{-}14)$$

式中　f_{1ij}——第 i 个测区第 j 个测位的砖抗压强度换算值（MPa）；

　　　R——第 i 个测区第 j 个测位的平均回弹值。

（2）计算测区的砖抗压强度平均值。应按下式计算：

$$f_{1i} = \frac{1}{10} \sum_{j=1}^{10} f_{1ij} \qquad (2\text{-}15)$$

（3）计算测区所在的检测单元的砖抗压强度平均值、标准差和变异系数。

每一检测单元的砖抗压强度平均值、标准差和变异系数，应分别按下式计算：

$$f_{1,m} = \frac{1}{10} \sum_{i=1}^{10} f_{1i} \qquad (2\text{-}16)$$

$$s = \sqrt{\frac{\sum_{i=1}^{10} (f_{1,m} - f_{1i})}{9}} \qquad (2\text{-}17)$$

$$\delta = s/f_{1,m} \qquad (2\text{-}18)$$

式中　$f_{1,m}$——同一检测单元的砖抗压强度平均值（MPa）；

　　　s——同一检测单元的强度标准差（MPa）；

　　　δ——同一检测单元的砖强度变异系数。

（4）每一检测单元的砖抗压强度标准值按下式计算：

$$f_{1,k} = f_{1,m} - 1.8s \qquad (2\text{-}19)$$

式中　$f_{1,k}$——每一检测单元的砖抗压强度标准值（MPa）。

2.2.3　取样法

1. 基本原理

取样法基本原理为现场抽取试砖块体，在实验室进行抗压强度试验，取得砖块体抗压强度的一种方法。

2. 检测设备

（1）材料试验机：试验机的示值相对误差不超过 ±1%，其上、下加压板至少应有一个球铰支座，预期最大破坏荷载应在量程的 20%~80% 之间。

（2）钢直尺：分度值不应大于 1mm。

（3）振动台、制样模具、搅拌机：应符合现行 GB/T 25044 的要求。

（4）切割设备。

（5）抗压强度试验用净浆材料：应符合现行 GB/T 25183 的要求。

3. 检测步骤

试样数量为 10 块。

1）试样制备

（1）一次成型制样

一次成型制样适用于采用样品中间部位切割，交错叠加灌浆制成强度试验试样的方式。

将试样锯成两个半截砖，两个半截砖用于叠合部分的长度不得小于 100mm，如图 2-9 所示。如果不足 100mm，应另取备用试样补足。

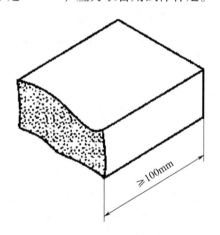

图 2-9　半截砖长度示意图

将已切割开的半截砖放入室温的净水中浸 20~30min 后取出，在铁丝网架上滴水 20~30min，以断口相反方向装入制样模具中。用插板控制两个半砖间距不应大于 5mm，砖大面与模具间距不应大于 3mm，砖断面、顶面与模具间垫以橡胶垫或其他密封材料，模具内表面涂油或脱膜剂。制样模具及插板如图 2-10 所示。

将净浆材料按照配制要求，置于搅拌机中搅拌均匀。

将装好试样的模具置于振动台上，加入适量搅拌均匀的净浆材料，振动时间为 0.5 ~ 1min，停止振动，静置至净浆材料达到初凝时间（15 ~ 19min）后拆模。

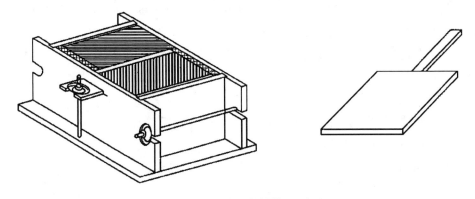

图 2-10　一次成型制样模具及插板

（2）二次成型制样

二次成型制样适用于采用整块样品上、下表面灌浆制成强度试验试样的方式。

将整块试样放入室温的净水中浸 20 ~ 30min 后取出，在铁丝网架上滴水 20 ~ 30min。

按照净浆材料配制要求，置于搅拌机中搅拌均匀。

模具内表面涂油或脱膜剂，加入适量搅拌均匀的净浆材料，将整块试样一个承压面与净浆接触，装入制样模具中，承压面找平层厚度不应大于 3mm。接通振动台电源，振动 0.5 ~ 1min，停止振动，静置至净浆材料初凝（15 ~ 19min）后拆模。按同样方法完成整块试样另一承压面的找平。二次成型制样模具如图 2-11 所示。

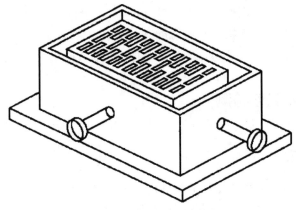

图 2-11　二次成型制样模具

（3）非成型制样

非成型制样适用于试样无须进行表面找平处理制样的方式。

将试样锯成两个半截砖，两个半截砖用于叠合部分的长度不得小于100mm。如果不足100mm，应另取备用试样补足。

两半截砖切断口相反叠放，叠合部分不得小于100mm（图2-12），即为抗压强度试样。

2）试样养护

一次成型制样、二次成型制样在不低于10℃的不通风室内养护4h。

非成型制样不需养护，试样气干状态直接进行试验。

3）试验步骤

测量每个试样连接面或受压面的长、宽尺寸各两个，分别取其平均值，精确至1mm。

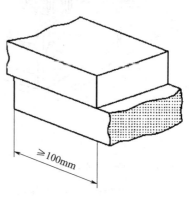

图2-12 半截砖叠合示意图

将试样平放在加压板的中央，垂直于受压面加荷，应均匀平稳，不得发生冲击或振动。加荷速度以2~6kN/s为宜，直至试样破坏为止，记录最大破坏荷载P。

4．检测基本计算

每块试样的抗压强度（R_P）按式（2-20）计算。

$$R_P = P/L \times B \tag{2-20}$$

式中　R_P——抗压强度（MPa）；

　　　P——最大破坏荷载（N）；

　　　L——受压面（连接面）的长度（mm）；

　　　B——受压面（连接面）的宽度（mm）。

试验结果以试样抗压强度的算术平均值和标准值或单块最小值表示。

2.3　砌筑砂浆强度检测

2.3.1　一般规定

砌筑砂浆可分为砂浆强度、砂浆性能、损伤和有害物质等检测分项。

（1）烧结普通砖和烧结多孔砖砌体的砌筑砂浆强度，可采用下列方法进行检测：

① 砌体工程的砌筑砂浆强度可采用下列方法进行检测：选用筒压法、点荷法或砂浆片局压法进行检测；选用筒压法、点荷法或砂浆片局压法修正回弹法检测结果的方法；

② 既有结构的砌筑砂浆强度可采用对回弹法检测结果进行筒压法、点荷法或砂浆片局压法验证或修正的检测方法，也可采用回弹法进行检测；

③ 筒压法、点荷法、砂浆片局压法和回弹法的检测应符合现行国家标准《砌体工程现场检测技术标准》（GB/T 50315）的有关规定。

（2）石砌体的砌筑砂浆强度可采用下列方法进行检测：

① 选用点荷法或砂浆片局压法进行检测；

② 选用现行行业标准《贯入法检测砌筑砂浆抗压强度技术规程》（JGJ/T 136）规定的贯入法检测结果进行点荷法或砂浆片局压法修正或验证的方法；

③ 既有砌体的砌筑砂浆强度可采用贯入法进行检测。

（3）非烧结类块材砌体的砌筑砂浆强度可采取下列方法进行检测：

① 可采用筒压法、点荷法或砂浆片局压法进行检测；

② 可采用筒压法、点荷法或砂浆片局压法等取样检测结果对回弹法检测结果进行修正或验证；

③ 筒压法、点荷法、砂浆片局压法和回弹法的检测应符合现行行业标准《非烧结砖砌体现场检测技术规程》（JGJ/T 371）的有关规定；

④ 既有非烧结砖块材砌体的砌筑砂浆强度可采用回弹法进行检测。

（4）砌筑砂浆强度的检测应符合下列规定：

① 当砌筑砂浆的表层受到侵蚀、风化、剔凿或火灾等的影响时，取样检测的试样应取自砌体的内部，回弹和贯入的测区应除去受影响层；

② 取样法对回弹法和贯入法的修正或验证应符合现行《建筑结构检测技术标准》（GB/T 50344）的有关规定。

（5）当遇到下列情况之一时，除提供砌筑砂浆强度的测试参数外，尚应提供受影响的深度、范围和劣化程度：

① 砌筑砂浆表层受到侵蚀、风化、冻害等的影响；

② 砌筑构件遭受火灾影响；

③ 采用不良材料拌制的砌筑砂浆。

（6）当具备砂浆立方体试块时，应按现行行业标准《建筑砂浆基本性能试验方法标准》（JGJ/T 70）的规定进行砌筑砂浆抗冻性能的测定。不具备立方体试块或既有结构需要测定砌筑砂浆的抗冻性能时，可采用下列取样检测方法测定砂浆的抗冻性能：

① 砂浆试件应分为抗冻组试件和对比组试件；

② 抗冻组试件应按现行行业标准《建筑砂浆基本性能试验方法标准》（JGJ/T 70）的规定进行抗冻试验并测定抗冻试验后的砂浆强度；

③ 对比组试件砂浆强度应与抗冻组试件同时测定；

④ 砂浆的抗冻性能应取两组砂浆试件强度值的比值进行评定。

砌筑砂浆中的氯离子含量可按现行《建筑结构检测技术标准》（GB/T 50344）规定的方法进行测定。

2.3.2 回弹法

1. 基本原理

回弹法是用一弹簧驱动的重锤，通过弹击杆（传力杆），弹击被测物体的表面，并测出重锤被反弹回来的距离，以回弹值（反弹距离与弹簧初始长度之比）作为与强度相关的指标，来推定被测物体强度的一种方法。由于测量在被测物体的表面进行，所以应属于表面硬度法的一种。它具有结构轻巧、操作简单、测试迅速等优点。当回弹法用于测试砌体结构砌筑砂浆强度时，称为砂浆回弹法；用于测试烧结砖强度时，称为烧结砖回弹法。

自 20 世纪 60 年代以来，国内有关单位先后对轻型回弹仪以及在砌体中的应用技术进行了大量的试验研究，并研制出 HT-28 型回弹仪。20 世纪 90 年代，四川省建筑科学研究院在前人的基础上与天津市建仪试验仪器厂合作，研制出 HT-20 型砂浆回弹仪，并对仪器的技术性能和测试技术、影响因素等进行了系统的试验研究。在大量试验与分析研究的基础上，建立了 19 条回弹测强曲线，其中单一曲线 16 条，综合曲线 3 条。

1）测试方法

（1）弹击点数

早期规定使用 HT-28 型回弹仪检测砂浆强度时，在砂浆试件侧面上弹击 5 点，其平均值即为该试件的回弹值。由于砂浆的匀质性差，尤其是水泥砂浆和低强砂浆，成型时泌水严重，保水性及稠度的稳定性差，引起砂浆分层，致使不同高度的砂浆层表面回弹值的差异较大，回弹 5 点的离散较大。增加弹击点数分别为 10、12、16 点进行试验研究表明，弹击点数为 10、12、16 时，回弹均值的波动都较小，变异系数均小于 15%，强度均值亦无显著差异。为便于计算和排除回弹测试中视觉、听觉等的误差，经异常数据分析后，采取每一试件弹击 12 点的方法，计算时采用稳健估计，去掉一个最大值与一个最小值，以 10 点的算术平均值作为该试件的有效回弹测试值。

（2）每点弹击次数

砌筑砂浆的表面硬度较小，尤其是低强度等级的砂浆，表面更为疏松，回弹测试时往往经第一次弹击，回弹仪指针不起跳即无回弹值。四川省建筑科学研究院通过试验研究表明，对同一弹击点，回弹值随着弹击次数的增加而逐步提高，第 1、2 次显著偏低，经第 3 次弹击后，其提高幅度趋于稳定，第 3 次回弹值比第 3、4、5 次的平均回弹值低 5% 左右；另外，每点弹击次数太多，容易移位、疲劳，产生测试误差。因此，决定采用每点弹击 3 次的方法，即第 1、2 次不读数，以第 3 次的回弹值作为该弹击点的有效回弹测试值。

（3）碳化深度

用浓度为 1%～2% 的酚酞酒精溶液滴定在被测灰缝上，不变色的部分表示碳化区，变色的部分表示非碳化区，采用游标卡尺测量非碳化区距灰缝表面的距离，以 mm 表示。

2）影响因素

（1）碳化深度

砂浆和混凝土一样，由于碳化使得砂浆表面硬度略有增加，从而增大回弹值。碳化值随砂浆的龄期、密实度、强度、品种、砌体所处环境条件等变化而变化。由于砌筑砂浆强度较低，表面硬度较小，密实度较差，因而其碳化速度较快。一般认为，碳酸钙硬度较大，砂浆表面生成碳酸钙后，砂浆回弹值将增大，但砂浆强度不变，所以将影响回弹法检测砂浆强度结果。

山东省建筑科学研究院试验表明，回弹值随碳化深度值的增大而增大，但在碳化深度为 0～10mm 的范围内不明显，当碳化深度由 10mm 增长到 20mm 时，回弹值有明显增大。分析其原因为低强度砂浆水泥含量少，碳化发展快，碳化后表面不能形成结构紧密的碳酸钙，所以，碳化后回弹值没有明显增大。

（2）测试面干燥和平整程度

龄期 28d 的砂浆试件，在表面干燥处理过程中，经 70±5℃ 的低热养护，强度有所提高；其表面软化层变硬，因此回弹值也随之提高。经过 282 个试件的试验验证：当砂浆表面干燥（砂浆含水约 4%）后，比未经过处理的潮湿试件（砂浆含水约 10%）的抗压强度平均提高 11%，反映在回弹值上，干燥试件的回弹值比潮湿试件的回弹值高 3～5。

重庆市建筑科学研究院试验表明，在砌体灰缝砂浆龄期不足 28d 或砌体表面潮湿的情况下，不宜采用回弹法检测砌筑砂浆强度。

试验表明，砂浆回弹测试面必须平整，否则测试离散性较大。

（3）砂的粗细

山东省建筑科学研究院试验表明，同样水灰比，特细砂配制的砂浆强度远远低于中砂和粗砂配制的砂浆强度，其曲线反映回弹值离散性很大，相关性较差，粗砂配制砂浆曲线回弹值随强度变化而变化的趋势不明显，粗砂和细砂配制砂浆在强度低于 5MPa 时，其回弹值都高于中砂配制砂浆，细砂配制砂浆强度很低不可取，粗砂配制砂浆使用回弹法测强应制定专用测强曲线。

（4）龄期

山东省建筑科学研究院试验表明，砂浆强度相同时，龄期 14d 砂浆回弹值明显低于 28d 以后的回弹值，试验过程中也发现龄期 14d 时，砂浆墙体及试块还处于潮湿状态，砂浆表面较软，所以回弹值较低。龄期 28d、60d、90d、180d、365d 回归曲线已很接近，说明砂浆龄期 28d 后，龄期对回弹法检测砂浆强度无显著影响。

3）测强曲线

砂浆回弹测强曲线是以回弹值和相应的砂浆试块强度的关系建立的，通过分析实测数据采用不同的回归方程。回归结果表明，测强曲线选用幂函数的表达式是较好的曲线形式。

通过对相同碳化深度范围的测强曲线进行比较，不同砂浆品种、不同水泥品种、不同检测设备同粒径砂的回弹测强曲线都可合并使用，合并后的曲线（表 2-8）相关指数均大于 0.85。

表 2-8　砂浆回弹测强综合曲线

碳化深度（mm）	回归方程	n	相关指数
0~1	$f_2 = 13.97 \times 10^{-5} R^{3.57}$	648	0.92
1~3	$f_2 = 4.85 \times 10^{-4} R^{3.04}$	194	0.89
大于 3	$f_2 = 6.34 \times 10^{-5} R^{3.60}$	80	0.90

2. 检测设备

回弹仪按照弹击能量和用途可分为重型、中型和轻型 3 种类型，6 种规格、其中轻型回弹仪可用于砂浆和烧结砖的抗压强度检测，中型和重型（也叫高强回弹仪）用于混凝土抗压强度的检测。回弹仪的分类与代号见表 2-9。砂浆回弹仪的主要技术参数见表 2-10。

表 2-9　回弹仪的分类与代号

分类	标称能量（J）	类型代号
重型	9.800	H980
	5.500	H980
	4.500	H980
中型	2.207	M225
轻型	0.735	L75
	0.196	L20

表 2-10　砂浆回弹仪的主要技术参数

项　目		指　标
弹击能量（J）		0.196
弹击锤质量（g）		100 ± 2
钢砧回弹值，R		74 ± 2
弹击拉簧	自由长度（mm）	61.5 ± 0.3
	冲击长度（mm）	75.0 ± 0.3
	刚度（N/m）	69 ± 4
指针滑块摩擦力（N）		0.5 ± 0.1
弹击杆端部球面半径（mm）		25.0 ± 1.0

1）砂浆回弹仪的构造

现在应用的砂浆回弹仪主要有指针直读式和数字式回弹仪两种，它们是通过测定和读取回弹仪上的回弹值即位移值，通过对位移值及其他参数的计算和处理来推定被测砌筑砂浆的抗压强度值的。其中，以指针直读的直射锤击式回弹仪应用最广，其构造如图 2-13 所示。

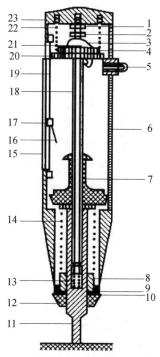

图 2-13　直射锤击式砂浆回弹仪构造

1—紧固螺母；2—调零螺钉；3—挂钩；4—挂钩销子；5—按钮；6—机壳；7—弹击锤；8—拉簧座；
9—卡环；10—密封毡圈；11—弹击杆；12—盖箱；13—缓冲压簧；14—弹击拉簧；15—刻度尺；
16—指针片；17—指针块；18—中心导杆；19—指针轴；20—导向阀；
21—挂钩压簧；22—压簧；23—尾盖

2）砂浆回弹仪的率定

钢砧的率定值是回弹仪的主要性能指标，是统一回弹仪标准状态的必要条件。因此，回弹仪每次在使用前和使用后都应进行率定，以便及时发现和解决回弹仪使用中出现的问题。钢砧率定的作用主要是：

（1）检验回弹仪的冲击能量是否等于或接近于 0.196，此时在钢砧上的率定值应为 74±2，此值作为检定回弹仪的标准之一。

（2）能较灵活地反映出弹击杆、中心导杆和弹击锤的加工精度以及工作时三者是否在同一轴线上。若不符合要求，则率定值低于 72，会影响测试值。

（3）转动呈标准状态回弹仪的弹击杆在中心导杆内的位置，可检验回弹仪本身测试的稳定性。当各个方向在钢砧上的率定值均为 74±2 时，即表示该台回弹仪的测试性能是稳定的。

（4）在回弹仪其他条件符合要求的情况下，用来检验回弹仪经使用后内部零部件有无损坏或出现某些障碍（包括传动部分及冲击面有无污物等），出现上述情况时率定值偏低且稳定性差。

砂浆回弹仪率定试验应在室温为 5～35℃ 的条件下进行，环境温度异常时，对回弹仪的性能有影响。率定回弹仪的钢砧的洛氏硬度（HRC）为 60±2，钢砧表面应干燥、清洁并稳固地平放在刚度大的物体上。钢砧表面如果潮湿或者有异物，会形成隔离层，影响回弹仪的率定值。测定回弹值时，应取连续向下弹击 3 次的稳定回弹值的平均值。率定应分 4 个方向进行，弹击杆每次应旋转 90°，弹击杆每旋转一次的率定平均值应为 74±2。

经常弹击率定回弹仪的钢砧时，其表面的硬度会随着弹击次数的增加而增加，因此，钢砧应每两年送有关单位进行检定或校准，以使钢砧有一个比较稳定的表面硬度。《砌体工程现场检测技术标准》（GB 50315—2011）规定，砂浆回弹仪的率定值应在 74±2 范围内，当钢砧率定值达不到要求时，应该对回弹仪进行保养、维护或进行检定。不允许用试块上的回弹值予以修正；更不允许旋转调零螺钉人为地使其达到率定值。试验表明上述方法尽管可以使回弹仪的率定值满足要求，但是这样做不符合回弹仪测试性能，并破坏了零点起跳即使回弹仪处于非标准状态。

3）砂浆回弹仪的保养和检定

回弹仪的使用环境比较恶劣时，灰尘易进入回弹仪中，影响回弹仪的使用，因此应该按规定进行保养，以保证检测结果的准确性。保养的目的是保证回弹仪处于良好的工作状态，一个合格的检测人员应该熟悉回弹仪的构造，熟练拆卸、装配回弹仪。许多回弹仪测试数据误差较大，其主要原因就是回弹仪得不到保养，不能处于良好的工作状态。当回弹仪存在下列情况之一时，应进行保养：

（1）回弹仪弹击超过 2000 次；

（2）在钢砧上的率定值不合格；

（3）对检测值有怀疑。

回弹仪应按下列步骤进行保养：

（1）使弹击锤脱钩后取出机芯，然后卸下弹击杆，取出里面的缓冲压簧，并取出弹击锤、弹击拉簧和拉簧座；

（2）清洁机芯各零部件，并重点清理中心导杆、弹击锤和弹击杆的内孔及冲击面。清理后应在中心导杆上薄薄涂抹钟表油，其他零部件均不得抹油；

（3）清理机壳内壁，卸下刻度尺，检查指针，其摩擦力应为 0.5 ~ 0.8N；

（4）数字式回弹仪还应按照厂商提供的维护手册进行维护；

（5）保护时不得旋转尾盖上已定位紧固的调零螺钉，不得自制或更换零部件。保养后应按规定进行率定。

各个厂家生产的回弹仪，其计量性能有一定的差别，回弹仪在使用一段时间后，其性能也会发生一些变化，各个部件的工作性能也可能改变。因此，回弹仪在开始使用之前和使用一定时间后就进行计量检定。计量检定的目的就是通过检查和测量回弹仪各个部件的工作状态参数来判断回弹仪是否处于标准状态。通过计量检定合格的回弹仪，其工作状态参数都是基本一致的，这样才能保证所有的回弹仪性能的统一性，才有利于回弹仪的推广和应用。

砂浆回弹仪的检定周期是根据回弹仪的使用状况和回弹仪的品质质量，经过长期的实践经验而定的。我国回弹仪检定规程规定，回弹仪具有下列情况之一时，应送计量检定机构进行检定。

（1）新回弹仪启用前；

（2）超过检定有效期限（回弹仪有效期限为半年）；

（3）累计弹击次数超过 6000 次；

（4）数字式回弹仪数字显示的回弹值与指针直读示值相差大于 1；

（5）经保养后在钢砧上的率定值不合格；

（6）遭受严重撞击或其他损害。

4）砂浆回弹仪的常见故障及排除方法

砂浆回弹仪在使用中出现故障时，一般应送检定单位进行修理和检定，未经专门培训的操作人员，不熟悉回弹仪的构造和工作原理，不能擅自拆卸回弹仪，以免损坏零部件。现将回弹仪常见故障、原因分析和检修方法列于表 2-11 中，供操作人员参考。

表 2-11　回弹仪常见故障、原因分析和检修方法

故障情况	原因分析	检修方法
回弹仪弹击时，指针块停在起始位置上不动	①指针块上的指针片相对于指针轴上的张角太小；②指针片折断	①卸下指针块，将指针片的张角适当扳大些；②更换指针片
指针块在弹回过程中抖动	①指针块的指针片的张角略小；②指针块与指针轴之间的配合太松；③指针块与刻度尺的局部碰撞摩擦或与固定刻度尺的小螺钉相碰撞、摩擦，或与机壳刻度槽局部摩阻太大	①卸下指针块，适量地把指针片的张角扳大；②将指针摩擦力调大一些；③修挫指针块的上平面或截短小螺钉，或修挫刻度槽
指针块在未弹击前就被带上来，无法计数	指针块上的指针张角太大	卸下指针块，将指针片的张角适当扳小
弹击锤过早击发	①挂钩的钩端已成小钝角；②弹击锤的尾端局部破碎	①更换挂钩；②更换弹击锤
不能弹击	①挂钩弹簧已脱落；②挂钩的钩端已折断或已磨成大钝角；③弹击拉簧已拉断	①装上挂钩弹簧；②更换挂钩；③更换弹击拉簧
弹击杆伸不出来，无法使用	按钮不起作用	用手握住尾盖并施加一定压力，慢慢地将尾盖拧开（当心压簧将尾部冲开弹击伤人），使导向法兰往下运动，然后调整好按钮，如果按钮零件缺损，则应更换
弹击杆易脱落	中心导杆端部与弹击杆内孔配合不紧密	取下弹击杆，若中心导杆部为爪瓣则适当扩大，若为簧圈则调整簧圈，如无法调整（装卸弹击杆时切勿丢失缓冲压簧）则更换中心导杆
回弹仪率定值偏低	①弹击锤与弹击杆的冲击平面有污物；②弹击锤与中心导杆间有污物，摩擦力增大；③弹击锤与弹击杆间的冲击面接触不均匀；④中心导杆端部分爪瓣折断；⑤机芯损坏	①用汽油擦洗冲击面；②用汽油擦洗弹击锤内孔及中心导杆，并薄薄地抹上一层 20 号机油；③更换弹击杆；④更换中心导杆；⑤回弹仪报废

3. 检测步骤

（1）检测准备工作

在进行检测前，先将被测灰缝外的粉刷层、勾缝砂浆、污物等清除干净，并对被测灰缝进行仔细打磨，打磨深度根据具体情况而定，规范要求为 5 ~ 10mm，建议最好磨掉整个碳化层的砂浆。

（2）回弹测试

在打磨好的每个测位灰缝上均匀布置 12 个弹击点，弹击点应避开砖的边缘、灰缝中的气孔或松动的砂浆。相邻两弹击点的间距不应小于 20mm。在每个弹击点上使用回弹仪连续弹击 3 次，第 1、2 次不读数，仅记读第 3 次的回弹值，回弹值读数应估读至 1。测试过程中，回弹仪应始终处于水平状态，其轴线应垂直于砂浆表面，且不得移位。

（3）碳化深度测试

在每一测位内选择 3 处灰缝，使用工具在测区表面打凿出直径约 10mm 的孔洞，其深度应大于砌筑砂浆的碳化深度，清除孔洞中的粉末和碎屑，且不得用水擦洗，然后将浓度为 1% ~ 2% 的酚酞酒精溶液滴在孔洞内壁边缘处，当已碳化与未碳化界限清晰时，采用碳化深度测定仪或游标卡尺测量已碳化与未碳化砂浆交界面到灰缝表面的垂直距离。

4. 检测基本计算

从每个测位的 12 个回弹值中，分别剔除最大值、最小值，将余下的 10 个回弹值计算算术平均值（R），精确至 0.1。取该测位各次碳化深度测量值的算术平均值（d），精确至 0.5mm。分别按下列公式计算每个测位的砂浆强度换算值

$d \leqslant 1.0$mm 时：

$$f_{2ij} = 13.97 \times 10^{-5} R^{3.57} \tag{2-21}$$

1.0mm $< d < 3.0$mm 时：

$$f_{2ij} = 4.85 \times 10^{-4} R^{3.04} \tag{2-22}$$

$d \geqslant 3.0$mm 时：

$$f_{2ij} = 6.34 \times 10^{-5} R^{3.60} \tag{2-23}$$

式中 f_{2ij}——第 i 个测区第 j 个测位的砂浆强度值（MPa）；

d——第 i 个测区第 j 个测位的平均碳化深度（mm）；

R——第 i 个测区第 j 个测位的平均回弹值。

计算每个测位的砂浆强度换算值 f_{2ij} 后，再按下式计算测区的砂浆抗压强度平均值：

$$f_{2i} = 1/n_1 \sum_{j=1}^{n_1} f_{2ij} \tag{2-24}$$

2.3.3 贯入法

1. 基本原理

采用贯入仪压缩工作弹簧加荷，把一测钉贯入砂浆中，根据测钉贯入砂浆的深度和砂浆抗压强度间的相关关系，由测钉的贯入深度通过测强曲线来换算砂浆

抗压强度的检测方法就是贯入法。

2．检测设备

（1）仪器及性能

贯入法检测砌筑砂浆抗压强度使用的仪器应包括贯入式砂浆强度检测仪（以下简称贯入仪）和数字式贯入深度测量表（以下简称贯入深度测量表）。

贯入仪（图2-14）、贯入深度测量表（图2-15）及测钉必须具有产品合格证，并应在贯入仪的明显位置具有下列标志：名称、型号、制造厂名、商标、出厂日期等。在使用时，贯入仪应进行校准。

贯入仪应符合下列规定：贯入力应为（800±8）N；工作行程应为（20±0.10）mm。

贯入深度测量表应符合下列规定：最大量程不应小于20.00mm；分度值应为0.01mm。

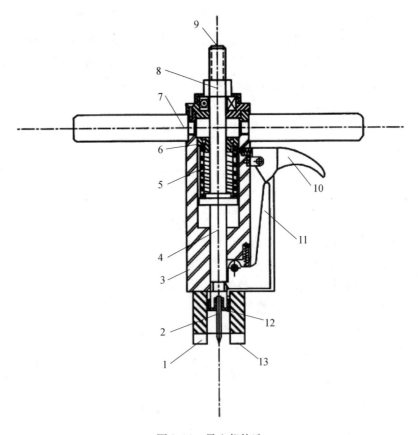

图2-14　贯入仪构造

1—扁头；2—测钉；3—主体；4—贯入杆；5—工作弹簧；6—调整螺母；7—把手；
8—螺母；9—贯入杆外端；10—扳机；11—挂钩；12—贯入杆端面；13—扁头端面

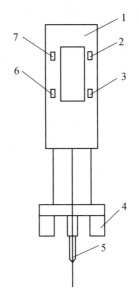

图 2-15　数字式贯入深度测量表

1—数字式百分表；2—清零键；3—开关；4—扁头；5—测头；

6—测量单位选择键；7—保持键

测钉宜采用高速工具钢制成，长度应为 40.00 ~ 40.10mm，直径应为 （3.50 ±0.05） mm，尖端锥度应为 45.0° ±0.5°。测钉量规的量规槽长度应为 39.50 ~39.60mm。

测钉和测钉量规的几何尺寸可由检测单位自行测量核查。以 100 根测钉为批次，随机抽取 3 根进行测量，不足 100 根按一个批次计。抽取的测钉都合格时，则该批测钉合格；否则应逐根核查测钉的几何尺寸，选取合格的测钉使用。

贯入仪和贯入深度测量表使用时的环境温度应为 – 4 ~40℃。

贯入仪在闲置和保存时，工作弹簧应处于自由状态。

（2）校准基本要求

正常使用过程中，贯入仪应由校准机构进行校准，校准周期不宜超过一年。

当遇到下列情况之一时，仪器应进行校准：新仪器启用前；达到校准周期；更换主要零件或对仪器进行过调整；检测数据异常；可能对检测数据产生影响时；累计贯入次数达到 100 次。

贯入深度测量表上的百分表应经计量部门检定合格。

3. 检测步骤

1）一般规定

开展现场检测工作时，应遵守国家有关安全、劳动保护和环境保护的规定，应做到正确和安全操作。

（1）采用贯入法检测的砌筑砂浆应符合下列规定：

① 自然养护；

② 龄期为 28d 或 28d 以上；

③ 风干状态；

④ 抗压强度为 0.4～16.0MPa。

（2）检测砌筑砂浆抗压强度时，委托单位宜提供下列资料：

① 建设单位、设计单位、监理单位、施工单位名称；

② 工程名称、结构类型、有关图纸；

③ 原材料试验资料、砂浆来源、砂浆种类、砂浆品种、砂浆设计强度等级和配合比；

④ 施工日期、施工及养护情况；

⑤ 检测原因。

2）测点布置

检测砌筑砂浆抗压强度时，应以面积不大于 25m² 的砌体构件或构筑物为一个构件。

按批抽样检测时，应取龄期相近的同楼层、同来源、同种类、同品种和同强度等级的砌筑砂浆且不大于 250m³ 砌体为一批，抽检数量不应少于砌体总构件数的 30%，且不应少于 6 个构件。基础砌体可按一个楼层计。

被检测灰缝应饱满，其厚度不应小于 7mm，并应避开竖缝位置、门窗洞口、后砌洞口和预埋件的边缘。检测加气混凝土砌块砌体时，其灰缝厚度应大于测钉直径。

多孔砖砌体和空斗墙砌体的水平灰缝深度不应小于 30mm。

检测范围内的饰面层、粉刷层、勾缝砂浆、浮浆以及表面损伤层等，应清除干净；应使待测灰缝砂浆暴露并经打磨平整后再进行检测。

每一构件应测试 16 点。测点应均匀分布在构件的水平灰缝上，相邻测点水平间距不宜小于 240mm，每条灰缝测点不宜多于 2 点。

3）贯入检测

（1）贯入检测应按下列程序操作：

① 将测钉插入贯入杆的测钉座中，测钉尖端朝外，固定好测钉；

② 当用加力杠杆时，将加力杠杆插入贯入杆外端，施加外力使挂钩挂上；

③ 当用旋紧螺母加力时，用摇柄旋紧螺母，直至挂钩挂上为止，然后将螺母退至贯入杆顶端；

④ 将贯入仪扁头对准灰缝中间，并垂直贴在被测砌体灰缝砂浆的表面，握住贯入仪把手，扳动扳机，将测钉贯入被测砂浆中。

每次贯入检测前，应清除测钉上附着的水泥灰渣等杂物，同时用测钉量规核

查测钉的长度，当测钉长度小于测钉量规槽时，应重新选用新的测钉。

操作过程中，当测点处的灰缝砂浆存在空洞或测孔周围砂浆有缺损时，该测点应作废，另选测点补测。

（2）贯入深度的测量应按下列程序操作：

① 开启贯入深度测量表，将其置于钢制平整量块上，直至扁头端面和量块表面重合，使贯入深度测量表的读数为零。

② 将测钉从灰缝中拔出，用橡皮吹风器将测孔中的粉尘吹干净。

③ 将贯入深度测量表的测头插入测孔中，扁头紧贴灰缝砂浆，并垂直于被测砌体灰缝砂浆的表面，从测量表中直接读取显示值 d_i 并记录。

④ 直接读数不方便时，可按一下贯入深度测量表中的"保持"键，显示屏会记录当时的示值，然后取下贯入深度测量表读数。

当砌体的灰缝经打磨仍难以达到平整时，可在测点处标记，贯入检测前用贯入深度测量表测读测点处的砂浆表面不平整度读数 d_i^0，然后在测点处进行贯入检测，读取 d'_i 贯入深度，按下式计算：

$$d_i = d'_i - d_i^0 \tag{2-25}$$

式中　d_i——第 i 个测点贯入深度值（mm），精确至 0.01mm；

　　　d_i^0——第 i 个测点贯入深度测量表的不平整度读数（mm），精确至 0.01mm；

　　　d'_i——第 i 个测点贯入深度测量表读数（mm），精确至 0.01mm。

4. 检测基本计算

检测数值中，应将 16 个贯入深度值中的 3 个较大值和 3 个较小值剔除，余下的 10 个贯入深度值应按下式取平均值：

$$m_{d_j} = \frac{1}{10}\sum_{i=1}^{10} d_i \tag{2-26}$$

式中　m_{d_j}——第 j 个构件的砂浆贯入深度代表值（mm），精确至 0.01mm；

　　　d_i——第 i 个测点的贯入深度值（mm），精确至 0.01mm。

将构件的贯入深度代表值 m_{d_j} 按不同的测强曲线计算其砂浆抗压强度换算值 $f_{2,j}^c$。有专用测强曲线或地区曲线时，应按专用测强曲线、地区测强曲线、本规程测强曲线顺序使用。

当所检测砂浆与《贯入法检测砌筑砂浆抗压强度技术规程》（JGJ/T 136—2017）建立测强曲线所用砂浆有较大差异时，在使用《贯入法检测砌筑砂浆抗压强度技术规程》（JGJ/T 136—2017）测强曲线前，宜进行检测误差验证试验，试验数量和范围应按检测的对象确定，其检测误差应满足相关规定，否则应建立专用测强曲线。

2.4 原位轴压法检测砌体抗压强度

2.4.1 基本原理

1. 方法概述

砌体抗压强度是决定砌体结构工程质量和既有砌体结构安全性鉴定最关键的性能指标之一，也是砌体房屋加固、加层改造中必不可少的数据。砌体抗压强度检测可分为间接检测评定与直接检测评定两大类。采用回弹、筒压等方法评定砂浆强度等级，采用取样试验或回弹法检测块体强度等级，然后按国家规范给出的经验公式计算砌体抗压强度可称为间接评定法。回弹法为非破损检验方法，应用简便，但在检测砂浆尤其是低强度砂浆时，检测数据离散较大，可靠性较差，使其应用范围受到限制。筒压法、点荷法等方法需取样检测，为微破损检测方法。这种采用公式计算的推断方法不能考虑砌体实际施工质量对砌体抗压强度的影响。试验研究表明，砌体的砌筑质量对砌体强度有极大的影响，由同一强度等级砖及砂浆砌筑的砌体，因砌筑人员操作技能的差异，抗压强度可相差一倍。在实际工程中，这种砌筑水平的好坏程度又难以掌握，故而间接检测评定并不能确切地检测砌体实际的抗压强度。

在现场直接测定砌体抗压强度的方法有切制抗压试件法、扁顶法、原位轴压法。切制抗压试件法是直接从墙体上截取与抗压标准试件尺寸相当的试验样本，运至实验室进行抗压强度试验。采用该方法要特别注意的是，在截取与搬运过程中应尽量避免扰动试件。扁顶法与原位轴压法则采用加载设备直接在局部墙体上进行抗压强度试验。显然这三种方法不仅可考虑材料强度变化对砌体抗压强度的影响，同时也可考虑砌体砌筑质量对砌体抗压强度的影响，因而与间接测定相比，具有更为直观、可靠的优点。与砂浆取样一样，直接测定法均会造成砌体一定程度的损伤，切制抗压试件法对墙体的破坏要更大一些。

2. 原位轴压法

最早意大利的 Rossi 使用一种合金薄板焊成的盒式扁顶，将其置于砖砌体的灰缝中，在古建筑的修复时测定砌体的工作应力。我国湖南大学也进行了同样的工作，并且将其应用于测试砌体的抗压强度。这种盒式扁顶的主要缺点是允许的极限变形较小，不能在压缩变形较大的砌体中使用，同时使用时扁顶出力后鼓起，再次使用时须将其压平，焊缝也易疲劳破坏，扁顶的使用次数受到一定的限制。西安建筑科技大学受到这一方法的启示，设计了一种液压扁式千斤顶（原位压力机）取代盒式扁顶，克服了盒式扁顶的上述缺点。但由于扁式千斤顶高度较高，测试时开槽不仅需剔除灰缝，尚需凿除一块砖，增加了测试工作量，同时扁式千斤顶自重较大，使用相对费力，这是原位轴压法的缺点。从另一方面考虑，由于液压扁式千斤顶出力大，能压碎砌体，可直接测得砌体的抗压强度，因此，为了保证砌体受压部位明确，破损仅在局部范围内，而不影响墙体的安全，设计时在扁顶四角设置了 4 根可拆卸的钢拉杆，并增装了块压板，从图 2-16 可以看到，实际上砌体原位压力机是一个小型自平衡压力机。其检测方法是在准备测定抗压强度的墙体上，沿垂直方向上下相隔一定距离处各开凿一个长 × 宽 × 高为 240mm × 240mm × 70mm 的水平槽（对 240 墙而言）。两槽间是受压砌体，称为"槽间砌体"。在上、下两个槽内分别放入液压式扁式千斤顶和自平衡式反力板，调整就位后，逐级对槽间砌体施加荷载，直至槽间砌体受压破坏，测得槽间砌体的极限破坏荷载值。因槽间砌体与标准砌体试件之间在尺寸和边界条件上的差异，最后通过换算公式求得相应的标准砌体的抗压强度，也即原位轴压法的核心在于建立槽间砌体与标准砌体试件强度之间的关系。

图 2-16　砌体原位轴压试验

2.4.2　检测设备

1. 原位压力机

原位压力机是原位轴压法的主要设备，它是使砌体承受轴向压力的装置，整个系统如图 2-17 所示。

2. 液压系统工作原理

如图 2-18 所示，原位压力机的液压系统由扁式千斤顶 1、压力表 2、高压溢流阀 3、高压单向阀 4、高压油泵 5、滤网 6、油箱 7、低压油泵 8、低压溢流阀 9、低压单向阀 10、回油阀 11、高压软管 12 以及外荷载 13 等部分组成。

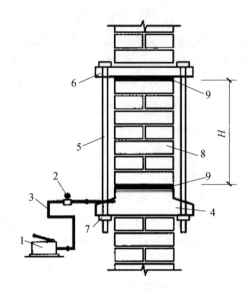

图 2-17 原位轴压法测试装置

1—手动油泵；2—压力表；3—高压油管；

4—扁式千斤顶；5—钢拉杆（共 4 根）；6—反力板；

7—螺母；8—槽间砌体；9—砂垫层

注：图中 H 为槽间砌体高度。

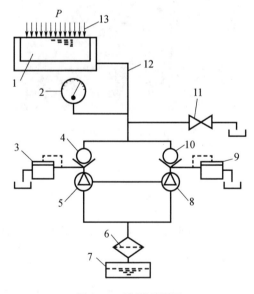

图 2-18 液压系统图

系统工作时，低压油泵 8 开始工作，泵出低压油，经低压单向阀 10、高压软管 12 进入扁式千斤顶 1，推动活塞克服外阻力（荷载）P 向上运动。当活塞上外荷载增大，系统油压超过 1MPa 时，液压系统自动切换到高压油泵 5 工作，泵出高压油经高压软管 12 进入扁式千斤顶 1，继续推动活塞克服外阻力产生向上运动趋势，扁式千斤顶结束工作后，可打开回油阀 11，油液回流至油箱中。

3. 扁式千斤顶

扁式千斤顶为检测砌体强度的关键设备，在使用前必须对原位压力机构造、技术性能有正确的了解。如图 2-19 所示，扁式千斤顶由顶盖 1、活塞 2、防尘圈 3、密封圈 4、进排油口 5、排气螺钉 6、缸体 7 等部分组成。

目前市面上的原位压力机是以扁顶的设计极限压力确定规格型号的。扁式千斤顶主要技术指标见表 2-12。在试验前，检测人员应对砌体的极限强度有一个大概的估计，以便选择合适的扁顶进行测试。

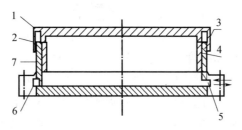

图 2-19 扁式千斤顶构造

表 2-12 扁式千斤顶主要技术指标

项目	指标		
	450 型	600 型	800 型
额定压力（kN）	400	550	750
极限压力（kN）	450	600	800
额定行程（mm）	15	15	15
极限行程（mm）	20	20	20
示值相对误差（%）	+3，-3	+3，-3	+3，-3

4. 操作注意事项

① 测试时，应排净高压软管及扁式千斤顶内空气，使活塞平稳伸出，若测试过程中活塞伸出不平稳，出现跳动现象，说明未排尽油缸内的空气，此时必须将空气排尽，方可继续测试。

② 测试结束后，因活塞无自动回缩功能，应打开回油阀泄压至零，拧紧拉杆上的螺母，将活塞压至原位后，才能将原位压力机从墙体上拆卸下来。

③ 在对砌体加载时，由于扁顶活塞极限行程只有 20mm，因此应注意避免超过额定行程。当受压的槽间砌体变形较大，超过了扁顶的额定行程时，应将扁顶

卸载后，重新调紧钢拉杆，将活塞压至原位，再继续加载。

④ 油泵为双级手动油泵，可由低压大流量启动，随着负荷的增加，实现高压小流量的切换，可以达到测试时省时省力的目的。

2.4.3 砌体原位轴压强度影响因素研究

1. 槽间砌体受压影响因素

不同品种的砌体抗压强度和弹性模量的取值是采用"标准砌体"进行抗压试定的。对于外形尺寸为 240mm × 115mm × 53mm 的普通砖和外形尺寸为 240mm × 115mm × 90mm 的各类多孔砖，其砌体抗压试件［图 2-20（a）、（b）］的截面尺寸 $t \times b$（厚度×宽度）采用 240mm × 370mm 或 240mm × 490mm。其他外形尺寸砖的砌体抗压试件，其截面尺寸可稍调整。试件高度 H 应按高厚比 β 确定，β 值宜为 3～5。试件厚度和宽度的制作允许误差应为 ±5mm。而原位轴压法测试的是槽间砌体的抗压强度，不难看出，槽间砌体的抗压强度受诸多因素的影响。也就是说，槽间砌体得到的抗压强度，不能代表标准砌体的抗压强度。原位轴压法测试的槽间砌体抗压强度，由于受两侧墙肢约束，其处于双向受压受力状态，极限强度高于标准试件的抗压强度。因此，原位轴压法的核心是建立砌体原位测试强度和标准试件强度之间的关系，采用强度换算系数考虑两侧墙体对测试槽间砌体约束的有利作用。

$$\xi = f_u/f_m \tag{2-27}$$

式中　ξ——强度换算系数；

　　　f_u——槽间砌体极限抗压强度；

　　　f_m——标准砌体抗压强度。

测试时，标准砌体抗压强度则由槽间砌体极限强度除以强度换算系数得到。

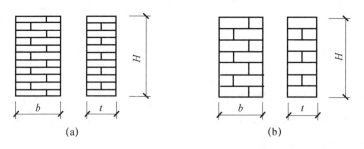

图 2-20　砌体标准抗压试件

（a）普通砖砌体；（b）多孔砖砌体

通过对槽间砌体承压时周边条件的分析，其强度与标准砌体相比受到如下因素的影响：①槽间砌体高度对槽间砌体强度的影响；②槽间砌体两侧约束墙肢宽度对槽间砌体破坏的影响；③墙体上部荷载对槽间砌体强度的影响；④槽间砌体两侧边界约束对槽间砌体强度的影响；⑤材料种类与砖类型不同对槽间砌体强度的影响等。

2. 槽间砌体高度

槽间砌体高度（两水平槽间净间距）对其抗压强度有明显的影响。随着高度的增大，上下槽所施加的局部荷载相互影响减小，而趋近于砌体的局部抗压强度，使抗压强度得以提高。反之，当槽间间距减小时，加载面的摩擦约束作用增大，并且随着受压砌体水平灰缝数量的减少，使砌体的抗压强度趋于砖的抗压强度，其抗压强度亦将提高。可见，在砌体抗压强度与槽间间距的相关曲线中存在一个限值，在该槽间间距检测时，槽间砌体的抗压强度最小，因而是槽间砌体高度合理的取值范围。如图 2-21 所示是在其他条件完全相同的情况下，不同槽间砌体高度的对比试验值。从图中可以看出，合理的槽间砌体高度大致为 440mm。为此，在试验时对普通砖可取 7 皮砖，约 420mm；对多孔砖可取 5 皮砖，约 500m 是适当的。

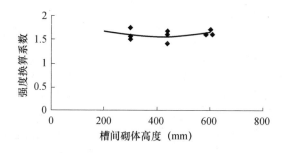

图 2-21　槽间砌体高度与强度换算系数

3. 槽间砌体两侧约束墙肢宽度

采用原位轴压法在被测墙体上进行原位测试时，槽间受压砌体两侧应保证均有一定宽度的墙体，使槽间砌体受压产生的横向变形受到两侧墙肢的约束。此时槽间砌体受压荷载有相当一部分将逐渐通过剪应力传递到两侧墙肢上，同时两侧墙肢还将约束槽间受压砌体的横向变形，使测得的极限抗压强度高于相同标准砌体试件的抗压强度。当有一侧约束墙肢宽度不足时，就会因墙肢不能有效承受受压槽间砌体的横向变形，而自槽口边缘在墙肢上产生斜裂缝，墙肢首先发生剪切破坏［图 2-22（a）］，进而槽间砌体因失去约束而受压破坏，此时显然已不能真实反映有约束砌体实际的抗压强度。

为确定两侧墙肢必须保证的最小宽度，研究人员进行了必要的试验研究与有限元分析，探讨槽间砌体受荷后，两侧墙肢的竖向应力的分布规律。如图 2-22（b）所示为试验墙片之一的测点布置及截面示意，试验墙片厚 240mm，高

1400mm，长 1750mm（槽宽 250mm、两侧墙肢宽度 750mm），上、下槽间净距 500mm。利用试件的对称性，测点布置于墙体一侧，有限元也按此尺寸划分，以便分析对比。当墙片上部均布压应力为 0.4MPa 时，如图 2-22（c）所示为沿墙体中部水平截面 B［图 2-22（b）］在槽间砌体施加各级荷载时，试验测得的竖向压应变分布；如图 2-22（a）所示为与试验墙片对应的有限元分析的竖向压应力分布图。

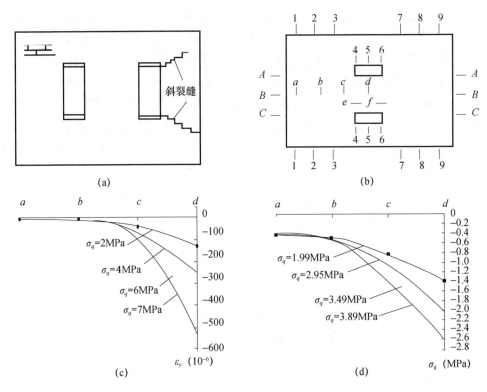

图 2-22　约束墙肢应力分析

（a）墙肢剪切破坏；（b）测点布置及截面示意；（c）应变 ε_y 分布试验值；（d）应变 σ_y 有限元计算值

从图 2-22（c）、图 2-22（d）可以看出，在测点 b 以外墙肢竖向压应力已经很小。测点 b 距槽间砌体边界约 550mm，与槽间砌体高度大致相当。试验及有限元分析均表明，每边的墙肢宽度大于槽间砌体的高度之后，传递给墙肢的荷载增量以及增强的约束作用已经很小。这一宽度也是防止墙肢剪切破坏的最小宽度。当墙体受上部荷载作用存在压应力 σ_0 时，由于 σ_0 可以有效提高砌体的抗剪强度，将有助于防止墙肢的剪切破坏。但在实际工程中，在布点测试时，为防止因两侧墙肢宽度不足发生剪切破坏，宜留有余地，应保证测点两侧的墙肢宽度不小于 1.5m。

4. 槽间砌体截面尺寸

槽间砌体受压截面尺寸为 240mm × 240mm，小于标准试件的截面尺寸。为确定槽间砌体受压破坏是否存在尺寸效应，同时砌筑了标准砌体试件（240mm × 370mm × 720mm）和槽间砌体试件（240mm × 240mm × 420mm）各 12 个。砌筑采用同盘砂浆各砌一个的方法，而试验顺序与砌筑顺序相同。试验结果：240mm × 240mm 砌体试件抗压强度是标准砌体试件抗压强度的 1.035 倍。根据《数据的统计处理和解释　在成对观测值情况下两个均值的比较》（GBJ 3361—1982）结果判断：在显著水平 0.05 条件下，240mm × 240mm 砌体试件抗压强度与标准砌体试件的抗压强度相等，即没有显著性差异，见表 2-13。

表 2-13　240mm × 240mm 砌体试件强度与标准砌体试件强度

序号	砌体抗压强度（MPa）		差值 $d_i = X_i - Y_i$	两个均值比较	
	标准砌体 X_i	240 砌体 Y_i		技术特征	计算
1	2.97	3.89	−0.92	样本大小 $n = 12$ 观察值的和 $\sum X_i = 47.63$ $\sum Y_i = 43.12$ 差的和 $\sum d_i = -1.44$ 差的平方和 $\sum d_i^2 = 5.071$ 给定值 $d_0 = 0$ 自由度 $v = 11$ 显著性水平 $\alpha = 0.05$	$d = \dfrac{1}{n} \sum d_i^2 = 0.12$ $S_d^2 = \dfrac{1}{n-1}$ $\left[\sum d_i^2 - \dfrac{1}{n}(\sum d_i)^2 \right]$ $= 0.445$ $\hat{\sigma}_d = \sqrt{S_d^2} = 0.667$ $t_{0.957}/\sqrt{n} =$ $0.635/\sqrt{12} = 0.183$ $A_2 = (t_{0.957}/\sqrt{n})\,\hat{\sigma}_d$ $= 0.122$
2	2.88	4.63	−1.75		
3	3.57	3.33	0.24		
4	3.96	3.13	0.86		
5	3.35	3.66	−0.31		
6	3.31	3.37	−0.06		
7	3.43	3.40	0.03		
8	4.00	3.54	0.46		
9	3.90	3.62	0.28		
10	3.26	3.40	−0.14		
11	3.47	3.54	−0.07		
12	3.58	3.61	−0.03		

结论：总体均值 D 与给定值零的比值，双侧情况：$|d - d_0| = 0.12 < 0.122$，在显著性水平为 5% 的情况下，满足两种砌体抗压强度相等的假设在进行页岩砖、灰砂砖、煤渣砖 3 种墙体试验时，同时砌筑的 16 组共 96 个 240mm × 240mm 砌体试件和标准砌体试件，其抗压强度的平均比值是 1.041，变异系数为 0.176，结论与上述一致。

对比试验表明，槽间砌体的抗压强度不会因尺寸的减小导致"尺寸效应"的作用而较标准砌体试件的抗压强度有所提高。这主要是 240mm × 240mm 砌体试件应力调节作用差，小尺寸试件材料或砌筑缺陷对抗压强度的影响比对大尺寸试件的影响大，导致砌体抗压强度没有增加，而与标准试件的抗压强度相当。

5. 槽间砌体受力状态

槽间砌体受压时，有相当一部分荷载将逐渐通过剪应力传递到两侧墙肢上，同时两侧墙肢还将约束槽间受压砌体的横向变形，使槽间砌体受压时，其应力状态与标准试件均匀受压时不同。如图2-23、图2-24所示分别为槽间砌体中心点f处横向应力σ_x随槽间砌体施加受压荷载σ_q增加的变化情况。如图2-25、图2-26所示为有限元分析沿槽间砌体边界截面及中心截面横向应力σ_x在不同荷载σ_q下的分布。

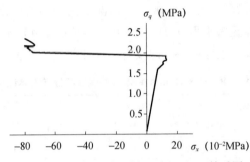

图2-23　有限元分析测点f处σ_x和σ_q关系图

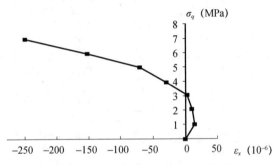

图2-24　试验时测点f处ξ_x和σ_q关系图

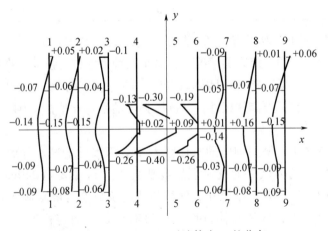

图2-25　$\sigma_q = 2.08$Pa时墙体中σ_x的分布

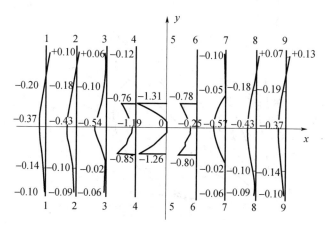

图 2-26　　$\sigma_q = 4.19\text{MPa}$ 时墙体中 σ_x 的分布

由图可以看出，在槽间砌体加载初期，槽间砌体中心点处水平方向处于受拉状态，随施加荷载 σ_q 增加，转而受压。同时在加载后期，槽间砌体边界截面水平方向应力 σ_x 也均为压应力，槽间砌体受 $\sigma_q = 4.19\text{MPa}$ 压应力作用时，其平均侧向压应力约为槽间受荷面压应力的 20%。墙体上部作用有压应力 σ_0 时，可以提高两侧墙肢的剪切刚度，并产生与槽间砌体反向的横向变形，约束压应力还会随上部压应力 σ_0 的存在而加大，理论分析与试验均表明在槽间砌体加载时，由于两侧墙肢的约束，限制了槽间砌体的侧向变形，使其整体处于双向受压状态。

6. 双向受压砌体强度

槽间砌体因承受扁顶的轴向压力和两侧墙肢的横向约束变形，因此处于双向受压受力状态，抗压强度要高于单轴受压强度以 K 表示砌体双向受压强度提高系数：

$$K = f_u / f_m \tag{2-28}$$

式中　f_u——砌体双向受压极限抗压强度；

　　　f_m——标准砌体抗压强度。

我国的唐岱新、苏联的 Гениев. Г. А 等人均进行过砖砌体双向受压强度的试验研究并给出了相近的研究结果。如图 2-27 所示为两人给出的双向受压砌体破坏包络图。

式（2-29）即为唐岱新依据各向异性材料破坏准则给出的平面应力状态下的强度表达式，式中 σ_y、σ_x 分别为垂直于水平灰缝和平行于水平灰缝的压应力，σ_y 在包络线上即为极限强度 f_u。

$$-13\left(\frac{\sigma_x}{f_m}\right) - 27.7\left(\frac{\sigma_y}{f_m}\right) + 17.86\left(\frac{\sigma_x}{f_m}\right)^2 + 28.57\left(\frac{\sigma_y}{f_m}\right)^2 - 20.68\left(\frac{\sigma_x}{f_m}\right)\left(\frac{\sigma_y}{f_m}\right) = 1.0$$

$$\tag{2-29}$$

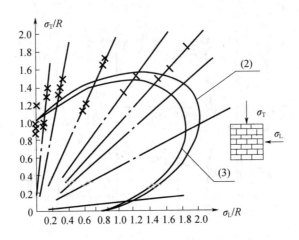

图 2-27　双向受压砌体破坏包络图

图 2-27 中的曲线（2）为式（2-29）的理论曲线，曲线（3）为 Гениев.
Г. А 给出的理论曲线。由图可见，理论曲线与试验结果吻合较好。图中 σ_T、σ_L
分别为垂直于水平灰缝和平行于水平灰缝的压应力，R 为标准砌体抗压强度。

按式（2-29）计算的强度提高系数 K 见表 2-14。

表 2-14　强度提高系数 K

σ_x/f_m	0.2	0.4	0.6	0.8	1.0	1.2	1.4	1.6
K	1.194	1.342	1.453	1.543	1.605	1.639	1.641	1.600

式（2-28）表明，强度提高系数 K 与极限抗压强度 f_u 呈线性关系，$1/f_m$ 为其
斜率。直线斜率随标准抗压强度的增大而减小，表明 f_u 相同时，砌体强度越高，
砌体受到的约束力越小，K 值越小。

由表 2-14 或图 2-27 可见，强度提高系数 K 与相对侧向压应力呈非线性关
系，σ_x/f_m 较小时，增加较快，σ_x/f_m 小于 0.3 时，近似呈线性关系，随 σ_x/f_m 增
加，K 增长趋于平缓。同时由双向受压强度试验数据及理论分析可见，强度提高
系数最大值一般不超过 2.0。

2.4.4　原位轴压法试验研究

1. 情况综述

（1）试验概况

为了求得原位轴压法测试槽间砌体抗压强度和标准试件抗压强度之间的关
系，确定强度换算系数 ξ，西安建筑科技大学、重庆市建筑科学研究院、上海市
建筑科学研究院进行了一系列强度对比试验。

对于普通砖砌体，先后做了 5 批砌体的对比试验，包括机制黏土砖、页岩砖、灰砂砖、煤渣砖砌体的对比试验。砖的强度等级为 MU30 ~ MU10，砂浆强度为 2.5 ~ 10.36MPa；上部墙体压应力 σ_0 为 0 ~ 0.69MPa。

西安建筑科技大学先后于 1997 年、2004 年、2005 年分 3 批完成多孔砖砌体原位轴压法试验，包括 P 型烧结多孔砖，DS1 型方孔多孔砖（尺寸为 180mm × 240mm × 90mm）砌体试验；上海建筑科学研究院进行了 P 型多孔砖砌体试验。

各批试验墙片长度不等，在每片墙上分别进行一个或多个测点的测试，如图 2-28 所示。砌筑墙片时，槽间砌体距墙边以及槽间砌体之间的净距均应有一定的宽度，以提供对槽间砌体的约束。在砌筑墙片的同时，采用同批砖和同批砂浆由同一名工人砌筑标准砌体抗压强度试件，以进行极限抗压强度对比。

图 2-28　实验室墙片试验

（2）加载制度

在测试砌体抗压强度时，安装扁顶，接通油路，分级加载，当需要考虑上部压应力 σ_0 作用时，按试验方案通过反力架、千斤顶、分配梁预先对墙体施加压应力 σ_0。试验前进行试加载试验，试加荷载取预估破坏荷载的 10%，用来检测加载系统的灵活性和可靠性，以及上下承压板和砌体受压面接触是否均匀密实。经试加荷载，测试系统正常后卸载，开始正式测试。正式测试时，分级加载，每级荷载取预估破坏荷载的 10%，并在 1 ~ 1.5min 内均匀加完，然后恒载 2min。加载至预估破坏荷载的 80% 后，均匀缓慢连续加载直至槽间砌体破坏。记录砌体的开裂荷载、破坏荷载。

砌体标准试件的抗压强度试验在压力机上进行。

（3）槽间砌体破坏形态

槽间砌体虽然处于两侧有约束的复合受力状态，但试验表明，其破坏特征与单轴受压砌体的破坏特征十分相似，典型的破坏形态如图 2-29 所示。破坏与单轴受压的不同之处仅在于有

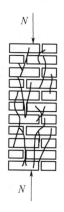

图 2-29　砌体的破坏特征

两侧墙肢的约束时，往往可以观察到槽间砌体出平面的横向变形。开裂荷载一般为极限荷载的50%~70%。

2. 试验结果

试验的4种普通砖砌体采用的砖外形尺寸均为240mm×115mm×53mm，对比试验测点总共93个，分别由不同强度等级的砖与砂浆砌筑而成。以相同砖、砂浆强度等级和相同墙体上部压应力 σ_0 的测点为一组，取其平均值，经过整理汇总，普通砖砌体对比试验结果见表2-15。

表2-15 普通砖砌体对比试验结果

类型	试件编号	σ_0（MPa）	MU（MPa）	M（MPa）	f_u（MPa）	f_m（MPa）	ξ
黏土烧结砖	NT-1（3）	0	15	10	3.193	2.56	1.25
	NT-2（3）	0.42	15	10	4.49	2.82	1.59
	NT-3（3）	0.42	15	10	4.24	2.82	1.50
	NT-4（2）	0	15	5	2.91	2.11	1.37
	NT-5（4）	0.42	15	5	4.31	2.79	1.54
	NT-6（3）	0.2	15	5	4.18	2.79	1.54
	NT-7（3）	0.21	15	5	4.91	3.58	1.37
	NT-8（3）	0.21	15	5	4.26	3.58	1.19
	NT-9（3）	0	15	2.5	2.82	1.92	1.47
	NT-10（3）	0.2	15	2.5	2.8	1.855	1.51
	NT-11（3）	0.4	10	2.5	4.25	2.6	1.63
	NT-12（2）	0.4	10	2.5	4.135	2.6	1.59
	NT-13（3）	0	15	5	2.63	1.877	1.40
	NT-14（3）	0.2	15	5	2.57	1.63	1.58
	NT-15（3）	0.35	15	5	2.9	1.98	1.46
	C-2-Ⅲ-2	0	10	5	5.82	5.26	1.106
	C-3-Ⅲ-1	0.69	10	5	6.08	5.26	1.156
	C-3-Ⅲ-2	0.42	10	5	8.47	5.26	1.61
内燃砖	NR-1（3）	0	30	10	12.43	10.316	1.20
	NR-2（3）	0.2	30	10	15.47	10.316	1.50
	NR-3（3）	0.6	30	10	14.95	10.316	1.45

续表

类型	试件编号	σ_0（MPa）	MU（MPa）	M（MPa）	f_u（MPa）	f_m（MPa）	ξ
页岩砖	SE-1（3）	0.289	10	2.56	6.71	4.58	1.47
	SE-2（3）	0.302	10	3.87	6.57	4.2	1.56
	SE-3（3）	0.569	10	5.33	8.84	4.86	1.82
	SE-4（3）	0.874	10	4.59	8.51	4.91	1.73
	SE-5（3）	0	10	5.13	4.93	3.71	1.33
	SE-6（3）	1.193	10	7.81	6.99	3.29	2.12
	SE-7（3）	1.034	10	6.32	9.67	5.28	1.83
	SE-8（3）	1.39	10	6.76	10.68	4.91	2.18
	SE-9（3）	0.673	10	7.61	5.96	3.19	1.87
	SE-10（3）	1.21	10	10.36	7.32	3.8	1.93
	SE-11（3）	0.448	15	6.46	7.36	4.39	1.68
	SE-12（3）	0.187	15	4.47	6.84	4.3	1.59
	SE-13（3）	0.637	15	6.06	8.17	4.17	1.96
	SE-14（3）	0.1	15	6.18	7.74	5.66	1.37
灰渣砖	HS-1（3）	0.298	10	9.13	8.41	5.82	1.45
	HS-2（3）	0.579	10	9.15	12.08	6.41	1.88
煤渣砖	MZ-1（3）	0.6	10	7.34	8.38	5.44	1.54
	MZ-2（3）	0.856	10	7.15	6.87	4.05	1.70
	MZ-3（3）	0.305	10	4.84	7.28	3.98	1.83

西安建筑科技大学的多孔砖砌体对比试验结果分别列于表 2-16～表 2-18。上海市建筑科学研究院的多孔砖砌体原位轴压试验结果见表 2-19。

表 2-16　第一批原位轴压强度试验结果与标准试件抗压强度对比

墙体编号	σ_0（MPa）	f_u（MPa）	f_m（MPa）	ξ
W1-1	0.15	5.642	2.812	2.006
W1-2	0.15	6.579	2.812	2.340
W2-1	0.3	4.948	2.812	1.760
W2-2	0.3	4.861	2.812	1.729
W3-1	0.45	5.469	2.812	1.945
W3-2	0.45	6.510	2.812	2.315
W4-1	0	4.861	4.037	1.204
W4-2	0	4.420	4.037	1.095
W5-1	0	4.250	4.037	1.053

墙体编号	σ_0 （MPa）	f_u （MPa）	f_m （MPa）	ξ
W5-2	0	4.601	4.037	1.140
W6-1	0	4.420	4.037	1.095
W7-1	0.6	4.514	3.860	1.169
W8-1	0.4	4.630	3.860	1.199
W8-2	0.4	5.903	3.860	1.529
W9-1	0.2	4.630	3.860	1.199
W9-2	0.2	4.167	3.860	1.080
W9-3	0	4.167	3.860	1.080
W10-1	0	3.472	2.815	1.233
W10-2	0	4.080	2.815	1.449
W10-3	0	3.125	2.815	1.110
W11-1	0	3.385	2.815	1.202
W11-2	0	3.819	2.815	1.357
W12-2	0	6.366	4.660	1.366
W12-3	0	6.181	4.660	1.326
W13-1	0	6.181	4.660	1.326
W13-2	0	8.102	4.660	1.739
W13-3	0	7.407	4.660	1.589

注：已剔除 ξ 小于 1.0 的 W3-2、W4-2、W4-3、W2-3、W4-1 测点数据。

表 2-17　第二批原位轴压强度试验结果与标准试件抗压强度对比

墙体编号	σ_0 （MPa）	f_u （MPa）	f_m （MPa）	ξ
KY1	0	3.816	3.208	1.19
KY2	0	3.37	2.936	1.148
KY3	0	4.767	3.061	1.557
KY4	0.3	4.152	2.795	1.486
KY5	0.3	3.314	3.241	1.023
KY6	0.3	3.286	2.637	1.246
KY7	0.6	5.269	2.782	1.894
KY8	0.6	4.599	2.862	1.607
KY10	0	3.482	3.421	1.018
KY13	0.6	4.041	3.47	1.165
KY14	0.6	3.035	2.708	1.121
KY16	0.3	4.208	3.138	1.341
KY17	0.3	3.143	2.912	1.079

注：已剔除 ξ 小于 1.0 的 KY9、KY11、KY12、KY15、KY18 测点数据。

表 2-18　第三批原位轴压强度试验结果与标准试件抗压强度对比

墙体编号	MU（MPa）	M（MPa）	σ_0（MPa）	f_u（MPa）	f_m（MPa）	ξ
W-1	15.2	6.9	0	6.75	4.12	1.638
W-2	15.2	6.9	0	4.21	4.12	1.022
W-3	15.2	10.3	0	7.58	5.26	1.441
W-6	15.2	6.9	0.24	6.86	4.12	1.665
W-7	15.2	6.9	0.24	5.85	4.12	1.420
W-8	15.2	6.9	0	5.45	4.12	1.323
W-9	15.2	6.9	0.24	5.85	4.12	1.420
W-10	15.2	6.9	0.4	6.92	4.12	1.680
W-11	15.2	6.9	0.4	6.16	4.12	1.604
W-12	15.2	6.9	0.4	6.16	4.12	1.604
W-13	15.2	10.3	0.4	9.13	5.26	1.736
W-14	15.2	10.3	0.4	7.19	5.26	1.367
W-15	15.2	10.3	0.4	9.57	5.26	1.819
W-16	15.2	10.3	0.24	8.08	5.26	1.536
W-17	15.2	10.3	0.24	7.52	5.26	1.430
W-18	15.2	10.3	0.24	8.66	5.26	1.646

注：MU 为砖强度等级；M 为砂浆强度等级。

表 2-19　上海建科院多孔砖砌体原位轴压对比试验结果

墙体编号	MU（MPa）	M（MPa）	σ_0（MPa）	f_u（MPa）	f_m（MPa）	ξ
D-3-Ⅲ-1	10	5	0.69	5.82	4.04	1.441
D-1-Ⅲ-2	10	5	0	4.4	4.04	1.089
D-2-Ⅲ-2	10	5	0	4.4	4.04	1.089
D-3-Ⅲ-2	10	5	0.42	4.84	4.04	1.198
E-1-Ⅲ-1	7.5	2.5	0	3.51	3.08	1.14
E-1-Ⅲ-2	7.5	2.5	0	3.34	3.08	1.084
F-1-Ⅲ-1	7.5	2.5	0	2.36	2	1.18

注：表中已剔除了 ξ 小于 1.0 的数据。

3. 系数 ξ 及计算参数

原位轴压法测试槽间砌体的受压极限强度，由于两侧墙肢约束，使其处于双向受压受力状态，极限强度高于标准试件的抗压强度。定义强度换算系数 ξ 为槽间砌体极限抗压强度与标准砌体抗压强度之比，ξ 恒大于 1.0。

由于槽间砌体受到的是被动侧向约束力，并不能直接计算强度换算系数，而需要选择某些参数反映侧向约束力对强度换算系数的影响。反映侧向约束力影响的因素主要有极限强度 f_u 和上部荷载产生的压应力 σ_0，强度换算系数与极限强度 f_u 成正比，上部荷载产生的压应力 σ_0 则通过两侧墙体受压产生的横向变形挤压槽间砌体，进一步加大了槽间砌体的侧向约束力，提高约束砌体的极限强度。《砌体工程现场检测技术标准》（GB/T 50315—2011）以 σ_0 为参数确定强度换算系数 ξ 值，现行上海地方标准《既有建筑物结构检测与评定标准》（DG/T J08-804）则以 f_u 为参数确定 ξ 值。约束力的强弱实际与砌体的本构关系、泊松比等反映砌体变形性能的参数有关，与砌体强度指标一样，这些变形参数同样受到施工因素较大的影响，有着比强度变异更大的离散性。从这一角度讲，槽间砌体极限强度更能直接、全面反映被测试砌体受约束作用的大小，而通过 σ_0 确定 ξ 值并不能反映测试槽间砌体实际受约束的情况，σ_0 又往往在实际工程中难以准确估算，使确定的可靠性减小。以 f_u 为参数无须计算 σ_0，应用十分简便，但实际表明，ξ 值与 f_m 成反比，当 f_u 相同时，不同 f_m 会有不同的 ξ 值，这不仅需要极大量的试验，给出对应关系，而且难以应用，因 f_m 是未知的，在建立 ξ 公式时，只能采用 f_m 某一变化范围内的 ξ 平均值近似估算标准砌体抗压强度，取值范围越宽，误差就会越大。以 f_u 为参数，按全部数据和按 f_m 分组的回归公式与相关系数，可以看出，按全部数据回归，数据离散性很大，相关性很差，而按 f_m 分组回归有很高的相关系数，但要精确评定既有砌体的抗压强度，需准确预判既有砌体的抗压强度 f_m 所在的强度范围，这往往也是不可能的。综上所述，σ_0 的作用使侧向约束力增加，使槽间砌体强度增加，可以看出，当 f_m 增加，使 σ_x/f_m 比值减小，强度提高系数相应减小，但变化幅度不大，即 σ_0 对其强度提高的影响，受需评定的 f_m 影响不大，ξ 值变化远小于以 f_u 为参数受 f_m 的影响。因此采用《砌体工程现场检测技术标准》（GB/T 50315—2011）的方案，以 σ_0 为参数确定强度换算系数 ξ 值更为合理。

砌体由块体与砂浆砌筑而成，是各向异性的非匀质的弹塑性材料，要在理论上确切解析受力后砌体的力学行为还十分困难，因此当前主要依据两者的强度对比试验确定槽间砌体抗压强度和标准砌体抗压强度之间的关系。

4. 系数 ξ 的影响因素

（1）砖、砂浆、砌体强度对 ξ 值的影响

将表 2-15 中的普通砖砌体 ξ 值相关数据分为两组，第一组数据是同一批页岩砖砌体（表 2-20）砂浆强度等级为 M2.5～M5，标准砌体强度值波动小，代表砖、砂浆、砌体强度基本一致的情况。ξ 与 σ_0 之间的回归方程为

$$\xi = 1.355 + 0.576\sigma_0 \tag{2-30}$$

式（2-30）相关系数为 0.948，剩余方差 $S_1^2 = 0.012$，其余计算数据：σ_0 的

离差平方 $L_{x1x1} = 1.236$，σ_0 的离差与 ξ 的离差乘积之和 $L_{y1y1} = 0.712$、ξ 的离差平方和 $L_{y1y1} = 0.46$，$S_1 = 0.108$，$\overline{X} = 0.572$，$a_1 = 1.355$，$b_1 = 0.576$。

第二组数据是三批页岩砖和两批黏土砖砌体，砂浆强度等级为 M5 ~ M10，标准砌体强度波动大，代表砖、砂浆、砌体强度均存在差异的情况（表 2-21）。ξ 与 σ_0 之间的回归方程为

$$\xi = 1.356 + 0.557\sigma_0 \tag{2-31}$$

式（2-31）相关系数为 0.928，剩余方差 $S_2^2 = 0.016$，其余计算数据：$L_{x1x1} = 2.087$，$L_{x2y2} = 1.186$，$L_{y2y2} = 0.830$，$S_2 = 0.125$，$\overline{X} = 0.500$，$a_2 = 1.186$，$b_2 = 0.568$。

表 2-20 第一组试验数据

组别	砖强度等级（MPa）	砂浆强度（MPa）	f_m（MPa）	f_u（MPa）	正应力（MPa）	ξ
SE-1	10	2.56	4.58	6.71	0.298	1.465
SE-2	10	3.87	4.20	6.57	0.302	1.564
SE-3	10	5.33	4.86	8.94	0.569	1.840
SE-4	10	4.59	4.91	8.51	0.874	1.733
SE-5	10	5.13	4.71	4.93	0	1.329
SE-8	10	6.76	4.91	10.68	1.390	2.175

表 2-21 第二组试验数据

组别	砖强度等级	砂浆强度（MPa）	f_m（MPa）	f_u（MPa）	正应力（MPa）	ξ
SE-6	MU10	7.81	3.298	6.99	1.193	2.125
SE-7	MU10	6.32	5.28	9.67	1.034	1.831
SE-9	MU10	7.61	3.19	5.96	0.673	1.868
SE-10	MU10	10.36	3.8	7.32	1.21	1.926
SE-11	MU15	6.46	4.39	7.36	0.448	1.677
SE-12	MU15	4.47	4.3	6.84	0.187	1.591
NT-1	MU15	M10	2.56	3.19	0	1.25
NT-2	MU15	M10	2.82	4.49	0.42	1.592
NT-4	MU15	M5	2.11	2.91	0	1.374
NT-5	MU15	M5	2.79	4.31	0.42	1.545
NT-6	MU15	M5	2.79	4.18	0.20	1.50
NT-7	MU15	M5	3.58	4.91	0.21	1.37

比较式（2-30）和式（2-31）的三个特征值，检验其显著水平 $\alpha = 0.05$ 时有无差异。

① 两个方程的剩余方差检验

$t = S_1^2/S_2^2 = 0.744$，因 $t < F_{0.95} = 3.20$，两个方程的剩余方差无显著差异。两个方程的共同标准差为

$$S = \sqrt{\left[(n_1-2) S_1^2 + (n_2-2) S_2^2 \right] / (n_1+n_2-4)} = 0.0145$$

② 两个方程的回归系数（$b_1 - b_2$）检验

$$t = S_1^2/S_2^2 = 0.744, \quad t = \frac{|b_1 - b_2|}{\sqrt{\dfrac{\left[(n_1-2) S_1 + (n_2-2) S_2 \right]}{(n_1+n_2-4)} \times \left(\dfrac{1}{L_{x1x2}} + \dfrac{1}{L_{x2x2}} \right)}} = 0.019$$

因 $t < F_{0.95} (18) = 1.734$，两个方程的回归系数无显著差异。

③ 两个方程的常数项（$a_1 - a_2$）检验

$$t = \frac{a_1 - a_2}{\sqrt{S\left[\left(\dfrac{1}{n_1} + \dfrac{1}{n_2} + (X_1^2 + X_2^2) / (L_{x1,x2} + L_{x2,x1}) \right) \right]^{1/2}}} = 1.140$$

因 $t < F_{0.95} (18) = 1.734$，两个方程的常数项无显著差异。

（2）不同品种砖对 ξ 值的影响

砌墙砖按其生产方式分为烧结、蒸压、蒸养三大种类。它们三者之间的单砖的折压比、干缩性、与混合砂浆的粘结性能以及砌体的力学性能和变形性能都存在一定的差异，能否采用统一的 ξ 值表达式也需要通过试验来验证。在此选择灰砂砖和煤渣砖两种砌体对比试验结果，它们的试验条件和试验数量完全相同。

把表 2-14 中的普通砖砌体试验数据进行统一回归分析，得到砌体抗压强度换算系数 ξ 值与上部正应力 σ_0 的相关方程为

$$\xi = 1.34 + 0.55\sigma_0 \tag{2-32}$$

式（2-32）的物理意义在于：常数项 $a = 1.34$ 为槽间砌体受两侧墙肢约束的提高系数；一次项 $0.55\sigma_0$ 即为由上部正应力作用引起的提高系数。

按式（2-32）分别计算灰砂砖和煤渣砖砌体的强度换算系数 ξ 值，并与试验值比较，比较结果见表 2-22。从表 2-22 可以看出，两组灰砂砖墙片的试验强度换算系数 ξ 值与按式（2-32）计算的值的平均比值为 1.046。3 组煤渣砖墙片的试验强度换算系数值与按式（2-32）计算的 ξ 值的平均比值为 1.023。两种砖砌体平均比值相当，表明不同种类的砖砌体的强度换算系数 ξ 值均可按式（2-32）求得，不同材料的砖对 ξ 值没有显著影响。

表 2-22　灰砂砖和煤渣砖砌体的比较试验结果

砖品种	MU（MPa）	M（MPa）	f_{ms}（MPa）	σ_0（MPa）	f_{us}（MPa）	$\xi'\left(\dfrac{f_{us}}{f_{mc}}\right)$	ξ	$\dfrac{\xi'}{\xi}$
灰砂砖	10.7	9.13	5.82	0.298	8.41	1.445	1.50	0.963
	10.7	9.15	6.41	0.597	12.08	1.885	1.67	1.129
煤渣砖	10.5	7.34	5.44	0.600	8.38	1.540	1.67	0.922
	10.5	7.15	2.89	0.856	6.87	1.696	1.81	0.937
	10.5	4.84	3.17	0.305	7.28	1.829	1.51	1.211

5. 系数 ξ 与正压力 σ_0 的关系式

槽间砌体因受到侧向约束压应力作用，抗压强度得以提高。在没有 σ_0 作用时，侧向约束压应力由槽间砌体两侧墙体提供，其大小主要取决于砖和砂浆的变形性能。当墙体有 σ_0 作用时，墙体受压产生的横向变形挤压槽间砌体，进一步加大了槽间砌体的侧向约束力，槽间砌体抗压强度进一步得以提高，以下根据对比试验数据进行统计回归分析，建立强度换算系数与上部作用压应力的关系。

（1）普通砖砌体

对表 2-15 中的 40 组实心砖砌体原位轴压法试验数据进行分析：

① 没有 σ_0 作用时，强度换算系数 ξ 值测点数据共 7 组，标准试件砌体抗压强度为 1.88~10.36MPa。强度换算系数 ξ 最小值为 1.084，最大值为 1.47，平均值为 1.32。

② 全部 40 组数据中，标准试件砌体抗压强度为 1.88~10.36MPa。σ_0 为 0.10~1.19MPa，鉴于由两侧墙肢约束产生的被动侧向压应力不会过大，强度提高系数接近线性变化，可近似采用线性回归，回归方程如式（2-32），相关系数为 0.78。回归散点图如图 2-30（a）所示。

（2）多孔砖砌体

① 没有 σ_0 作用时，由表 2-16~表 2-18 可见，强度换算系数 ξ 值 29 个，标准试件砌体抗压强度为 2~5.26MPa。ξ 最小值为 1.018，最大值为 1.739，平均值为 1.26。

② 表 2-16~表 2-18 中，有 σ_0 作用数据 34 个，无 σ_0 作用数据 29 个，总数据 63 个。标准砌体抗压强度为 2.71~5.26MPa；σ_0 为 0.15~0.69MPa。考虑到多孔砖砌体试验数据中两个测点 $\sigma_0 = 0.15$MPa 的值均在 2.0 以上，已不合理，4 个测点 $\sigma_0 = 0.6 \sim 0.69$MPa 的值仅为 1.121~1.169，低于多孔砖砌体 $\sigma_0 = 0$ 时的均值 1.26，使多孔砖砌体出现 σ_0 增加值反而减小的不合理情况，分析时均予以剔除，因此总数据为 59 个，同样采用线性回归，方程如式（2-33），相关系数为 0.6，

回归散点图如图 2-30（b）所示。

$$\xi = 1.25 + 0.77\sigma_0 \tag{2-33}$$

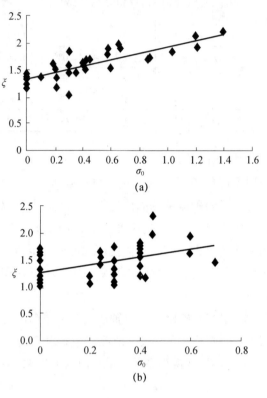

图 2-30　砌体 ξ 与 σ_0 的关系

（a）普通砖砌体 ξ 与 σ_0 的关系；（b）多孔砖砌体 ξ 与 σ_0 的关系

（3）多孔砖砌体与普通砖砌体 ξ 值的比较

将普通砖砌体回归公式式（2-32）及多孔砖砌体回归公式式（2-33）计算结果进行比较，比较结果见表 2-23。

表 2-23　以 σ_0 为参数的 ξ 值计算结果比较

σ_0（MPa）	0	0.1	0.2	0.3	0.4	0.5	0.6	0.7
实心砖砌体：式（2-32）	1.34	1.396	1.451	1.507	1.562	1.618	1.673	1.729
多孔砖砌体：式（2-33）	1.25	1.327	1.404	1.481	1.558	1.635	1.712	1.789
差值	0.09	0.069	0.047	0.023	0.004	-0.017	-0.039	-0.06
相对差值（%）	6.7	4.9	3.2	1.52	0.25	-1	-2.3	-3.5

由表 2-23 可见，以 σ_0 为参数的两种砌体的 ξ 计算值吻合良好，仅 σ_0 为零

时，两者相差 6.7%，多数情况相差均在 4% 以内。由此可以说明，多孔砖砌体与普通砖砌体墙肢的约束作用对槽间砌体极限强度的影响没有明显差异，因而可采用统一的 ξ 计算公式。

（4）标准统一表达式

以上的试验结果与分析表明，对各类砖砌体、不同材料强度均可采用统一 ξ 值计算表达式，在此以全部对比试验数据进行线性回归。参数回归方程见式（2-34），回归方程相关系数为 0.683（图 2-31）。

$$\xi = 1.275 + 0.626\sigma_0 \tag{2-34}$$

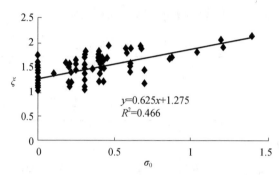

图 2-31　GB/T 50315—2011 公式中 ξ 与 σ_0 的关系图

《砌体工程现场检测技术标准》（GB/T 50315—2000）颁布时仅可应用于普通砖砌体，近年来的试验研究表明，原位轴压法检测砌体抗压强度亦可应用于多孔砖砌体，因此该标准 2011 年版扩大了原位轴压法的应用范围，对砖砌体采用统一值计算表达式，为简化计算公式并与扁顶法计算公式一致，采用如下公式：

$$\xi = 1.25 + 0.60\sigma_0 \tag{2-35}$$

式（2-35）的 ξ 计算值与试验值的平均比值为 1.033，比值标准差为 0.148，计算值与试验值吻合良好，表明式（2-35）可满足工程使用要求。

2.4.5　检测方法

1. 测点选取

在选择检测部位时，除应考虑具有代表性外，还应注意测试部位不要选在砌体受力较大处、挑梁下、应力集中部位以及墙梁的墙体计算高度范围内，以免在试验时造成不必要的危险。

同一墙体上，测点不宜多于 1 个，且宜选在沿墙体长度的中间部位，尽量保证测试部位墙体应力均匀。当同一墙体上多于 1 个测点时，其水平净距不得小于

2.0m，以避免墙体损伤过大和影响测试结果的准确性。

2. 开槽要求

测试部位宜选在距楼、地面1m左右的高度处，以便架设压力机和在试验过程中进行裂缝观察。测点每侧的墙体宽度不应小于1.5m，以保证墙体对测试部位的约束，使测试时的条件与理论分析时的条件一致。同时，约束墙体宽度小于1.5m，容易造成墙体开裂，严重影响安全。测试部位上、下水平槽之间的墙体，称为槽间砌体。对普通砖砌体，槽间砌体应为7皮砖；对多孔砖砌体，槽间砌体应为5皮砖。开凿的上、下水平槽应对齐，尺寸应符合表2-24的要求。开槽过程中，应避免扰动四周的砌体，槽间砌体的承压面应修平整。

表2-24　水平槽尺寸

名称	长度（mm）	厚度（mm）	高度（mm）
上水平槽	250	240	70
下水平槽	250	240	≥110

3. 原位压力机安装

压力机应按下面要求进行安装，以保证试验结果的准确性。

（1）在上槽内的下表面和扁式千斤顶的顶面，应分别均匀铺设湿细砂或石膏等材料的垫层，垫层厚度可取10mm。

（2）将反力板置于上槽孔，扁式千斤顶置于下槽孔，安放4根钢拉杆，使两个承压板上、下对齐后，拧紧螺母并调整其平行度；4根钢拉杆的上、下螺母间的净距误差不应大于2mm。

（3）正式测试前，应进行试加荷载试验，试加荷载值可取预估破坏荷载的10%。检测测试系统的灵活性和可靠性，以及上、下压板和砌体受压面接触是否均匀密实。经试加荷载，测试系统正常后卸荷，并再次调整螺母的松紧，使压力机的4根拉杆受力保持一致。

4. 轴压试验

正式测试时，应分级加荷。每级荷载可取预估破坏荷载的10%，并应在1～1.5min内均匀加完，然后恒载2min。加荷至预估破坏荷载的80%后，应按原定加荷速度连续加荷，直至槽间砌体破坏。当槽间砌体裂缝急剧扩展和增多，油压表的指针明显回退时，槽间砌体达到极限状态。

试验过程中，如发现上、下压板与砌体承压面因接触不良，槽间砌体一侧开裂而另一侧开裂时间晚，表明槽间砌体呈局部受压或偏心受压状态，此时应停止试验。在重新调整试验装置后，进行试验。当无法调整时，应更换。测点试验过程中，应仔细观察槽间砌体初裂裂缝与裂缝开展情况，记录逐级荷载下的油压表读数、测点位置、裂缝随荷载变化情况简图等。试压完成后拆卸原位压力机前，应打开回油阀，泄压至零，均匀拧紧自平衡拉杆螺母，将伸出的活塞压回原位后，方可取出扁式千斤顶。

5. 检测基本计算

根据槽间砌体初裂和破坏时的油压表读数，分别减去油压表的初始读数，按扁式千斤顶的校验结果，计算槽间砌体的初裂荷载值和破坏荷载值。

槽间砌体的抗压强度应按下式计算：

$$f_{uij} = \frac{N_{uij}}{A_{ij}} \qquad (2\text{-}36)$$

式中 f_{uij}——第 i 个测区第 j 个测点槽间砌体的抗压强度（MPa）；

N_{uij}——第 i 个测区第 j 个测点槽间砌体的受压破坏荷载值（N）；

A_{ij}——第 i 个测区第 j 个测点槽间砌体的受压面积（mm²）。

槽间砌体抗压强度换算为标准砌体的抗压强度，应按下列公式计算：

$$f_{mij} = \frac{f_{uij}}{\xi_{1ij}} \qquad (2\text{-}37)$$

$$\xi_{1ij} = 1.25 + 0.60\sigma_{0ij} \qquad (2\text{-}38)$$

式中 f_{mij}——第 i 个测区第 j 个测点的标准砌体抗压强度换算值（MPa）；

ξ_{1ij}——原位轴压法的无量纲的强度换算系数；

σ_{0ij}——该测点上部墙体的压应力（MPa），其值可按墙体实际所承受的荷载标准值计算。

测区的砌体抗压强度平均值应按下式计算：

$$f_{mi} = \frac{1}{n_1} \sum_{j=1}^{n_1} f_{mij} \qquad (2\text{-}39)$$

式中 f_{mi}——第 i 个测区的砌体抗压强度平均值（MPa）；

n_1——第 i 个测区的测点数。

2.5 钻芯法检测砌体抗剪强度

砌体结构造价低，施工工艺简单，具有良好的保温、隔热、隔声性能，在我国建筑结构体系中占有重要地位。我国城镇数十亿平方米的公共建筑、工业厂房和住宅为砌体结构。

在当前全球应对气候变暖的行动中，西方发达国家从各个方面推进绿色环保、节能减排的工作。我国绿色新型墙体材料发展也较为迅速，改变了过去实心黏土砖一统天下的局面，走上了多品种发展的道路，但绿色新型墙材现场检测技术发展未得到重视，由于绿色建筑砌体由高性能砂浆及绿色新型墙体材料组成，其物理特性与传统砌体明显不同，其强度增长机理与传统砌体差别很大，传统的砌体强度现场检测技术不能用于绿色建筑砌体强度的现场检测，从而导致大量的绿色建筑砌体工程质量在检测鉴定时无相应技术依据，检测技术发展的滞后不利于新型墙材推广应用和健康发展。这就亟待我们对绿色建筑砌体的强度现场检测技术进行研究，并制定科学合理的检测方法。

汶川大地震后，人们对结构的抗震性能更加重视，震害分析显示：砖混结构的墙体多表现在剪切型破坏、弯剪倾覆破坏和弯曲型破坏，在对抗地震作用时，砌体沿通缝截面抗剪强度发挥较大作用；在水平地震力作用下，砌体结构中的墙体往往产生交叉斜裂缝，产生这种裂缝的原因是墙体的抗剪强度不足，因而，砌体的抗剪强度直接关系到砌体结构抗震性能。

本课题的研究将为包括绿色新型墙体材料在内的砌体结构质量检测评定及工程质量事故分析处理提供科学依据，为砌体结构设计与验算提供准确的设计参数，保证砌体结构既节能环保又有良好的结构抗震性能；本课题的研究将为新标准的编制提供依据，使新型墙体材料质量的现场检测有章可循，创造新型墙体材料发展的良好外部环境，推进新型墙体材料技术进步，具有良好的社会、经济综合效益。

2.5.1　砌体抗剪强度理论

砌体的抗剪强度是砌体进行抗震验算的基本指标之一，可分为沿通缝截面的抗剪、齿缝抗剪和沿阶梯形截面的抗剪。砌体沿通缝截面和沿阶梯形截面的抗剪强度相等。由于实际工程中竖向灰缝的砂浆很难饱满，并且由于砂浆硬化时的收缩大大削弱甚至完全破坏了竖向灰缝和砖的粘结，因此，对于竖向灰缝的粘结强度可以不予考虑，本文只对通缝截面的抗剪强度进行研究。

1. 砌体剪切应力状态及破坏形态

（1）剪切应力状态

当砌体承受剪力和压力共同作用时，如果砌体单元的应力状态仅存在剪应力 τ，则称之为纯剪受力状态，如图 2-32 所示。实际上，纯剪受力的砌体很难发生，而大多数的工程中，砌体处于剪压复合受力状态。当进行二维平面分析时，往往会将 z 方向的正应力 σ_z 和剪应力 τ_{xz}、τ_{yz} 省略，从而形成图 2-33 所示的应力状态。

（2）破坏形态

目前对砌体在剪压复合受力状态下的破坏形态划分有很多种方式，其中，普遍接受的是将砌体剪压破坏归纳为三类：

① 以水平缝滑移为代表的剪摩破坏（块体和砂浆的分离）形态，见图 2-34；

② 以阶梯形斜裂缝为代表的剪压破坏形态，见图 2-35；

③ 以砂浆层、块体劈裂为代表的斜压破坏形态，见图 2-36。

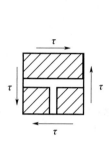　　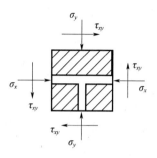

图 2-32　纯剪平面应力状态　　图 2-33　平面剪压应力状态

图 2-34　剪摩破坏　　图 2-35　剪压破坏　　图 2-36　斜压破坏

上述三类破坏形态的特征非常明显，而实际工程中砌体的剪压破坏常常会表现出剪摩-剪压或者剪压-斜压的复合破坏形态，如图 2-37、图 2-38 所示。

　　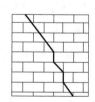

图 2-37　剪摩-剪压复合破坏　　图 2-38　剪压-斜压复合破坏

所以，可以将剪压复合作用下砌体的破坏分为五类，即剪摩破坏、剪摩-剪压复合破坏、剪压破坏、剪压-斜压复合破坏和斜压破坏。

2. 砌体抗剪强度理论和计算方法

1）主拉应力破坏理论

根据莫尔应力圆理论，可求得主拉应力 σ_1 为

$$\sigma_1 = \frac{\sigma_x + \sigma_y}{2} + \sqrt{\left(\frac{\sigma_x + \sigma_y}{2}\right)^2 + \tau_{xy}^2}$$

忽略 σ_x 的影响，上式可简化为

$$\sigma_1 = -\frac{\sigma_y}{2} + \sqrt{\left(\frac{\sigma_y}{2}\right)^2 + \tau_{xy}^2}$$

砌体剪切破坏是由于其主拉应力 σ_1 超过砌体材料的抗主拉应力强度 f_{t0}，则有：

$$\sigma_1 = -\frac{\sigma_y}{2} + \sqrt{\left(\frac{\sigma_y}{2}\right)^2 + \tau_{xy}^2} \leqslant f_{t0}$$

2）库仑破坏理论

认为砌体的剪切破坏取决于剪切面上最大的剪应力，同时还受正应力的影响，其一般表达式为

$$f_v = f_{v0} + \mu\sigma_y$$

式中 μ——摩擦系数。

3）我国现行规范采用的公式

（1）砌体结构设计规范公式：

$$f_v = f_{v0} + \alpha\mu\sigma_0$$

当 $\gamma_G = 1.20$ 时，$\mu = 0.26 - 0.082\frac{\sigma_0}{f}$；当 $\gamma_G = 1.35$ 时，$\mu = 0.23 - 0.065\frac{\sigma_0}{f}$。

式中 f_v——剪压复合作用下砌体抗剪强度设计值；

$\quad f_{v0}$——无竖向压应力作用下砌体抗剪强度设计值；

$\quad \gamma_G$——荷载分项系数；

$\quad f$——砌体抗压强度设计值；

$\quad \sigma_0$——永久荷载设计值产生的水平截面平均压应力；

$\quad \mu$——剪压复合受力影响系数；

σ_0/f——轴压比；

$\quad \alpha$——修正系数，当 $\gamma_G = 1.20$ 时，砖砌体取 0.60；当 $\gamma_G = 1.35$ 时，砖砌体取 0.64。

（2）建筑抗震设计规范公式：

$$f_{vE} = \zeta_N f_{v0}$$

砖砌体：

$$\zeta_N = \frac{1}{1.2}\sqrt{1 + 0.45\sigma_0/f_{v0}}$$

3. 砌体工程现场检测技术

依据现行国家标准《砌体工程现场检测技术标准》（GB/T 50315），砌体抗剪强度检测方法有两种：原位单剪法和原位双剪法。

原位单剪法属原位检测，直接在墙体上测试，检测结果综合反映材料质量和施工质量，直观性强，检测部位有较大局部破损。原位单剪法可用于检测各种砖砌体的抗剪强度，但测点时需选在窗下墙部位，而且承受反作用的墙体应有足够的长度。

原位双剪法属原位检测，直接在墙体上测试，检测结果综合反映了材料质量和施工质量，直观性较强，设备较轻便，检测部位局部破损。原位双剪法适用于检测烧结普通砖和烧结多孔砖砌体的抗剪强度。

1）原位单剪法

原位单剪法适用于推定砖砌体沿通缝截面的抗剪强度。检测时，测试部位宜选在窗洞口或其他洞口下三皮砖范围内，试件具体尺寸应符合图 2-39 的规定。

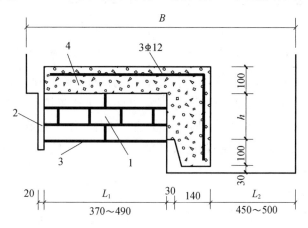

图 2-39 原位单剪试件大样

1—被测砌体；2—切口；3—受剪灰缝；4—现浇混凝土传力件；

h—三皮砖的高度；B—洞口宽度；L_1—剪切面长度；L_2—设备长度预留空间

试件的加工过程中，应避免扰动被测灰缝。测试部位不应选在后砌窗下墙处，且其施工质量应具有代表性。

（1）加载方式与测试步骤

① 加载方式

测试设备应包括螺旋千斤顶或卧式千斤顶、荷载传感器及数字荷载表等。试件的预估破坏荷载值应为千斤顶、传感器最大测量值的 20% ~ 80%。检测前，应标定荷载传感器及数字荷载表，其示值相对误差不应大于 2%。

② 测试步骤

a. 在选定的墙体上，应采用振动较小的工具加工切口，现浇钢筋混凝土传力件（图 2-40）的混凝土强度等级不应低于 C15。

b. 测量被测灰缝的受剪面尺寸，应精确至 1mm。

c. 安装千斤顶及测试仪表，千斤顶的加力轴线与被测灰缝顶面应对齐。

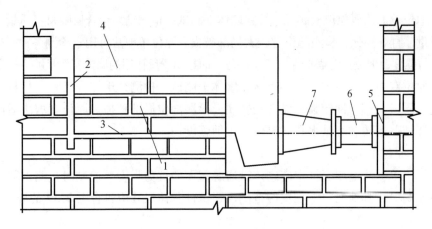

图 2-40 原位单剪法测试装置

1—被测砌体；2—切口；3—受剪灰缝；4—现浇混凝土传力件；5—垫板；6—传感器；7—千斤顶

d. 加荷时应匀速施加水平荷载，并应控制试件在 2～5min 内破坏。当试件受剪面滑动、千斤顶开始卸荷时，应判定试件达到破坏状态；应记录破坏荷载值，并应结束测试；应在预定剪切面（灰缝）破坏，测试有效。

e. 加荷测试结束后，应翻转已破坏的试件，检查剪切面破坏特征及砌体砌筑质量，并详细记录。

（2）数据分析

分析数据时，应根据测试仪表的校验结果，进行荷载换算，并应精确至10N。砌体沿通缝截面的抗剪强度应按下式计算：

$$f_{vij} = \frac{N_{vij}}{A_{vij}}$$

式中 f_{vij}——第 i 个测区第 j 个测点的砌体沿通缝截面抗剪强度（MPa）；

N_{vij}——第 i 个测区第 j 个测点的抗剪强度荷载（N）；

A_{vij}——第 i 个测区第 j 个测点的受剪面积（mm²）。

测区的砌体沿通缝截面抗剪强度平均值，应按下式计算：

$$f_{vi} = \frac{1}{n_1} \sum_{j=1}^{n_1} f_{vij}$$

式中 f_{vi}——第 i 个测区的砌体沿通缝截面抗剪强度平均值（MPa）。

2）原位双剪法

原位双剪法（图 2-41）应包括原位单砖双剪法和原位双砖双剪法。原位单砖双剪法适用于推定各类墙厚的烧结普通砖或烧结多孔砖砌体的抗剪强度，原位双砖双剪法仅适用于推定 240mm 厚墙的烧结普通砖或烧结多孔砖砌体的抗剪强度。检测时，应将原位剪切仪的主机安放在墙体的槽孔内，并应以一块或两块并列完整的顺砖及其上、下两条水平灰缝作为一个测点（试件）。

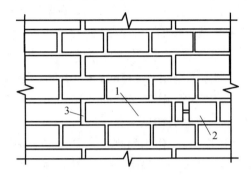

图 2-41　原位双剪法测试示意

1—剪切试件；2—剪切仪主机；3—掏空的竖缝

（1）一般规定

① 原位双剪法宜选用释放或可忽略受剪面上部压应力 σ_0 作用的测试方案；当上部压应力 σ_0 较大且可较准确计算时，也可选用在上部压应力 σ_0 作用下的测试方案。

② 在测区内选择测点，应符合下列要求：

a. 测区应随机布置 n_1 个测点，对原位单砖双剪法，在墙体两面的测点数量宜接近或相等。

b. 试件两个受剪面的水平灰缝厚度应为 8 ~ 12mm。

c. 下列部位不应布设测点：门、窗洞口侧边 120mm 范围内；后补的施工洞口和经修补的砌体；独立砖柱。

③ 同一墙体的各测点之间，水平方向净距不应小于 1.5m，垂直方向净距不应小于 0.5m，且不应在同一水平位置或纵向位置。

（2）设备与测试步骤

原位剪切仪的主机应为一个附有活动承压钢板的小型千斤顶。其成套设备如图 2-42 所示。

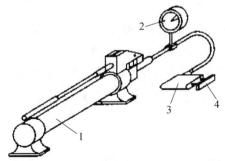

图 2-42　成套原位剪切仪示意

1—油泵；2—压力表；3—剪切仪主机；4—承压钢板

测试步骤如下：

a. 安放原位剪切仪主机的孔洞，应开在墙体边缘的远端或中部。当采用带有上部压应力 σ_0 作用的测试方案时，应按图 2-43 所示制备出安放主机的孔洞，并应清除四周的灰缝。原位单砖双剪试件的孔洞截面尺寸，普通砖砌体不得小于 115mm×65mm；多孔砖砌体不得小于 115mm×110mm。原位双砖双剪试件的孔洞截面尺寸，普通砖砌体不得小于 240mm×65mm；多孔砖砌体不得小于 240mm×110mm；应掏空、清除剪切试件另一端的竖缝。

b. 当采用释放上部压应力 σ_0 作用的测试方案时，应按图 2-43 所示，掏空试件顶部两皮砖之上的一条水平灰缝，掏空范围：应由剪切试件的两端向上按 45°角扩散至灰缝 4，掏空长度应大于 620mm，深度应大于 240mm。

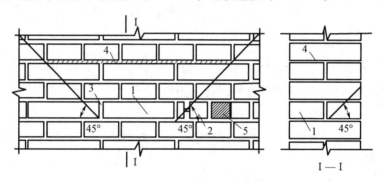

图 2-43　释放 σ_0 方案示意

1—试样；2—剪切仪主机；3—掏空竖缝；4—掏空水平缝；5—垫块

c. 试件两端的灰缝应清理干净。开凿清理过程中，严禁扰动试件；发现被推砖块有明显缺棱掉角或上、下灰缝有松动现象时，应舍去该试件。被推砖的承压面应平整，不平时应用扁砂轮等工具磨平。

d. 测试时，应将剪切仪主机放入开凿好的孔洞中（图 2-43），并应使仪器的承压板与试件的砖块顶面重合，仪器轴线与砖块轴线应吻合。开凿孔洞过长时，在仪器尾部应另加垫块。

e. 操作剪切仪，应匀速施加水平荷载，直至试件和砌体之间产生相对位移，试件达到破坏状态。加荷的全过程宜为 1～3min。

f. 记录试件破坏时剪切仪测力计的最大读数，应精确至 0.1 分度值。采用无量纲指示仪表的剪切仪时，尚应按剪切仪的校验结果换算成以 N 为单位的破坏荷载。

（3）数据分析

烧结普通砖砌体单砖双剪法和双砖双剪法试件沿通缝截面的抗剪强度，应按下式计算：

$$f_{vij} = \frac{0.32N_{vij}}{A_{vij}} - 0.70\sigma_{0ij}$$

式中 A_{vij}——第 i 个测区第 j 个测点单个灰缝受剪截面的面积（mm^2）;

σ_{0ij}——该测点上部墙体的压应力（MPa），当忽略上部压应力作用或释放
上部压应力时，取为 0。

烧结多孔砖砌体单砖双剪法和双砖双剪法试件沿通缝截面的抗剪强度，应按
下式计算：

$$f_{vij} = \frac{0.29N_{vij}}{A_{vij}} - 0.70\sigma_{0ij}$$

原位单剪法和原位双剪法都属于原位检测方法，直接在墙体上测试，检测结
果综合反映了材料质量和施工质量，直观性强。原位单剪法可用于检测各种砖砌
体的抗剪强度，但原位单剪法有较大的局部破损，且选测点时需选在窗下墙部
位，而且承受反作用的墙体应有足够的长度，测点位置受限。原位双剪法检测部
位破损较小，且测点位置限制小，但原位双剪法仅适用于检测烧结普通砖和烧结
多孔砖砌体的抗剪强度，对于采用新型墙体材料（如混凝土多孔砖、蒸压粉煤灰
砖、蒸压灰砂砖等）砌筑而成的墙体则不适用。

2.5.2 试验方法

1. 试验研究的目的

本次试验的研究目的是通过对由不同种类和强度等级的砂浆和砌块砌筑而成
的砌体（烧结黏土砖、烧结页岩普通砖、烧结页岩多孔砖、混凝土普通砖、混凝
土多孔砖、蒸压灰砂砖、蒸压粉煤灰砖）芯样、标准抗剪试件进行抗剪试验，测
试其抗剪强度，测试砌块及标准砂浆试块的抗压强度。根据试验得到的结果，采
用回归分析确定芯样抗剪强度与砌块、砂浆抗压强度的换算公式，以及芯样抗剪
强度与标准砌体抗剪强度的换算公式；采用最小二乘法原理回归测强曲线，并计
算出回归曲线的相对标准误差及平均相对误差。钻芯抗剪强度试验可方便测得砌
体沿通缝截面抗剪强度和砌筑砂浆抗压强度，为设计验算或鉴定加固提供依据。

2. 试验方案

采用砌块和砂浆按现行国家标准《砌体结构工程施工质量验收规范》（GB
50203）的要求砌筑 $1m \times 3m \times 0.24m$ 的墙体，同时采用相同的砌块及砂浆按现行
国家标准《砌体基本力学性能试验方法标准》（GB/T 50129）的要求砌筑标准抗
剪试件 3 组（每组 4 个），与此同时采用砌筑墙体的砂浆，按现行国家标准《建
筑砂浆基本性能试验方法标准》（JGJ/T 70）的要求制作边长为 70.7mm 的标准
砂浆试块 6 组（其中 3 组为有底试模，3 组为无底模，以上铺湿报纸的同条件块

材为底）。标准抗剪试件和标准砂浆试块与墙体同条件养护。在龄期到达 28d、90d、180d 时，在所砌筑的墙体上钻取芯样一组（每组 3 个），对一组芯样和一组标准抗剪试件进行抗剪试验，检测其抗剪强度，选取两组标准砂浆试块（一组有底模，一组无底模），对其进行抗压试验，检测其抗压强度。根据试验结果研究芯样抗剪强度与砌块种类、砌块强度砂浆种类、砂浆强度的关系，芯样抗剪强度与标准抗剪试件抗剪强度的关系以及龄期对芯样、标准抗剪试件抗剪强度的关系。

在研究砖砌体抗剪强度时，砌块类型、砌块强度、砂浆种类、砂浆强度等是主要影响参数（因素），每个参数又有相应的工作状态（水平数），本次试验所选用的砌块类型有：烧结黏土砖、烧结页岩普通砖、烧结页岩多孔砖、混凝土普通砖、混凝土多孔砖、蒸压灰砂砖、蒸压粉煤灰砖。砌块强度等级为使用较多的 MU10、MU15 这两种强度等级。所选用的砂浆类型为水泥砂浆、混合砂浆以及预拌砂浆，砂浆强度等级为针对应用较多的强度等级，即 M1、M2.5、M5、M7.5、M10、M15、M20。由于试验的因素水平较多，本试验采用了正交实验设计方法。

正交试验设计是在大量实践的基础上总结出来的一种科学的试验设计方法，它是用一套规格的正交表格，采用均衡分散性、整齐可比性的设计原则，合理安排试验。正交试验设计主要包括三方面的内容：根据试验要求选择因素和水平数；根据因素水平数选取正交表，制订试验方案；进行试验并对试验结果进行分析和计算。

本试验选取的因素水平见表 2-25。

表 2-25　试验因素水平表

水平	因素			
	A 砌块种类	B 砌块强度等级	C 砂浆种类	D 砂浆强度等级
1	烧结页岩普通砖	MU10	水泥砂浆	M1
2	烧结页岩多孔砖	MU15	混合砂浆	M2.5
3	混凝土实心砖		预拌砂浆	M5
4	混凝土多孔砖			M7.5
5	蒸压粉煤灰砖			M10
6	蒸压灰砂砖			M15
7	烧结黏土砖			M20

根据所选择的因素水平，采用 SPSS 统计分析软件，设计出正交表，根据正交表制订出试验方案，见表 2-26。

表 2-26　正交试验设计方案

正交试验编号	A 砌块种类	B 砌块强度等级	C 砂浆种类	D 砂浆强度等级
1	3 混凝土实心砖	2MU15	1 水泥砂浆	3M5
2	5 蒸压粉煤灰砖	2MU15	1 水泥砂浆	5M10
3	4 混凝土多孔砖	1MU10	1 水泥砂浆	4M7.5
4	6 蒸压灰砂砖	2MU15	2 混合砂浆	4M7.5
5	1 烧结页岩普通砖	1MU10	3 预拌砂浆	2M2.5
6	5 蒸压粉煤灰砖	1MU10	3 预拌砂浆	4M7.5
7	5 蒸压粉煤灰砖	2MU15	2 混合砂浆	1M1
8	5 蒸压粉煤灰砖	2MU15	1 水泥砂浆	2M2.5
9	3 混凝土实心砖	1MU10	3 预拌砂浆	4M7.5
10	6 蒸压灰砂砖	1MU10	1 水泥砂浆	3M5
11	3 混凝土实心砖	2MU15	2 混合砂浆	6M15
12	3 混凝土实心砖	1MU10	1 水泥砂浆	7M20
13	4 混凝土多孔砖	2MU15	2 混合砂浆	2M2.5
14	7 烧结黏土砖	1MU10	1 水泥砂浆	2M2.5
15	3 混凝土实心砖	1MU10	1 水泥砂浆	5M10
16	4 混凝土多孔砖	2MU15	1 水泥砂浆	6M15
17	7 烧结黏土砖	2MU15	1 水泥砂浆	7M20
18	6 蒸压灰砂砖	1MU10	1 水泥砂浆	6M15
19	5 蒸压粉煤灰砖	1MU10	2 混合砂浆	3M5
20	4 混凝土多孔砖	1MU10	1 水泥砂浆	1M1
21	6 蒸压灰砂砖	1MU10	3 预拌砂浆	7M20
22	5 蒸压粉煤灰砖	1MU10	1 水泥砂浆	7M20
23	1 烧结页岩普通砖	2MU15	2 混合砂浆	4M7.5
24	3 混凝土实心砖	2MU15	3 预拌砂浆	2M2.5
25	2 烧结页岩多孔砖	1MU10	1 水泥砂浆	4M7.5
26	1 烧结页岩普通砖	1MU10	1 水泥砂浆	5M10
27	7 烧结黏土砖	1MU10	2 混合砂浆	3M5
28	1 烧结页岩普通砖	2MU15	1 水泥砂浆	3M5
29	4 混凝土多孔砖	1MU10	3 预拌砂浆	3M5
30	2 烧结页岩多孔砖	1MU10	3 预拌砂浆	1M1
31	7 烧结黏土砖	2MU15	3 预拌砂浆	1M1
32	1 烧结页岩普通砖	1MU10	1 水泥砂浆	1M1

正交试验编号	A 砌块种类	B 砌块强度等级	C 砂浆种类	D 砂浆强度等级
33	6 蒸压灰砂砖	2MU15	1 水泥砂浆	1M1
34	7 烧结黏土砖	2MU15	1 水泥砂浆	4M7.5
35	2 烧结页岩多孔砖	2MU15	1 水泥砂浆	6M15
36	6 蒸压灰砂砖	1MU10	2 混合砂浆	2M2.5
37	2 烧结页岩多孔砖	2MU15	2 混合砂浆	7M20
38	7 烧结黏土砖	1MU10	3 预拌砂浆	6M15
39	1 烧结页岩普通砖	2MU15	3 预拌砂浆	7M20
40	1 烧结页岩普通砖	1MU10	2 混合砂浆	6M15
41	7 烧结黏土砖	1MU10	2 混合砂浆	5M10
42	4 混凝土多孔砖	1MU10	2 混合砂浆	7M20
43	2 烧结页岩多孔砖	2MU15	3 预拌砂浆	3M5
44	2 烧结页岩多孔砖	1MU10	1 水泥砂浆	2M2.5
45	6 蒸压灰砂砖	2MU15	3 预拌砂浆	5M10
46	2 烧结页岩多孔砖	1MU10	2 混合砂浆	5M10
47	4 混凝土多孔砖	2MU15	3 预拌砂浆	5M10
48	5 蒸压粉煤灰砖	1MU10	3 预拌砂浆	6M15
49	3 混凝土实心砖	1MU10	2 混合砂浆	1M1

由于烧结页岩普通砖、烧结页岩多孔砖、蒸压粉煤灰砖未购买到强度等级为 MU15 的砖，故用同种类强度等级为 MU10 的砖来替代，预拌砂浆厂家不生产 M1、M2.5 的预拌砂浆，故用 M5 的预拌砂浆来替代。替代后正交试验编号为 43 的各因素水平实际状况与正交试验编号为 30 的一致，故未安排正交试验编号为 43 的试验。

按照正交试验设计方案砌筑墙体，随墙砌筑标准抗剪试件并制备砂浆试块。在达到相应龄期时在墙体上钻取芯样，检测芯样抗剪强度、标准抗剪试件抗剪强度以及砂浆试块抗压强度。采用极值分析法对检测结果进行分析，分析影响芯样抗剪强度及标准抗剪试件抗剪强度的因素，并按照影响大小进行排序；根据试验结果采用最小二乘法原理进行回归分析，确定芯样抗剪强度与标准抗剪试件抗剪强度的换算公式以及芯样抗剪强度和砂浆强度的换算公式。

2.5.3　试验介绍

1. 试件制备

（1）砂浆配合比设计

本试验中所用到的砂浆有水泥砂浆、混合砂浆和预拌砂浆，其中水泥砂浆和混合砂浆为现场配制，预拌砂浆为直接从厂家购买。依据《砌筑砂浆配合比设计规程》（JGJ/T 98—2010），M15 及以下强度等级的砌筑砂浆选用 32.5 级的普通硅酸盐水泥，强度等级为 M20 的砌筑砂浆选用 42.5 级的普通硅酸盐水泥；砂选用中砂，石灰膏从石灰膏厂购买。预拌砂浆从天津市裕川干粉砂浆有限公司石家庄生产基地购置。

依据《砌筑砂浆配合比设计规程》（JGJ/T 98—2010）配置水泥砂浆及混合砂浆。砂浆配合比设计见表 2-27。

表 2-27　砂浆配合比设计

	每立方砂浆材料用量（kg）			
	砂浆强度等级	水泥用量	石灰膏用量	砂用量	水
混合砂浆	M1	165	185	1450	270
	M2.5	184	166	1450	270
	M5	214	136	1450	270
	M7.5	245	105	1450	270
	M10	275	75	1450	270
	M15	336	14	1450	270
	M20	304	46	1450	270
水泥砂浆	M1	185	0	1450	310
	M2.5	200	0	1450	310
	M5	210	0	1450	310
	M7.5	230	0	1450	310
	M10	275	0	1450	310
	M15	320	0	1450	310
	M20	360	0	1450	310

（2）试件制备

砌筑墙体尺寸为 $1m \times 3m \times 0.24m$，由两名中等技术水平的瓦工，按现行国家标准《砌体结构工程施工质量验收规范》（GB 50203）的要求砌筑，共砌筑墙体 48 道，砌筑墙体如图 2-44 所示。试验中所用到的烧结页岩普通砖、混凝土实心砖、蒸压粉煤灰转、蒸压灰砂砖、烧结黏土砖规格为 240mm×115mm×53mm，烧结页岩多孔砖、混凝土多孔砖规格为 240mm×115mm×90mm。

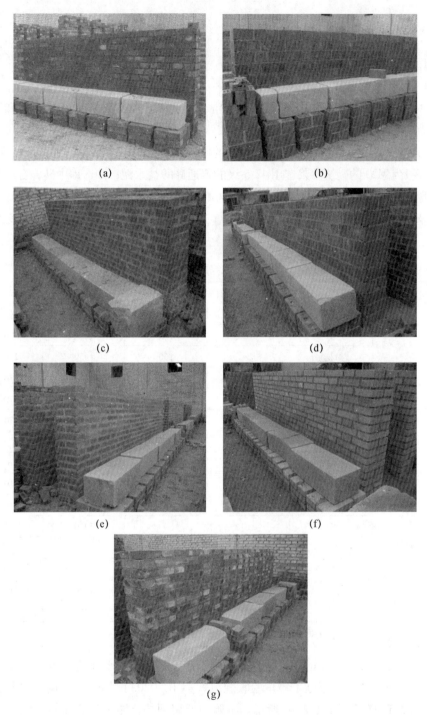

图 2-44　墙体试件

（a）烧结页岩普通砖；（b）烧结页岩多孔砖；（c）混凝土实心砖；

（d）混凝土多孔砖；（e）蒸压粉煤灰砖；（f）蒸压灰砂砖；（g）烧结黏土砖

标准抗剪试件按照《砌体基本力学性能试验方法标准》（GB/T 50129—2011）的要求砌筑，采用 9 块砖砌筑，为三皮砖砌体。由烧结页岩普通砖、混凝土实心砖、蒸压粉煤灰转、蒸压灰砂砖、烧结黏土砖砌筑而成的标准抗剪试件样式如图 2-45（a）所示；由烧结页岩多孔砖、混凝土多孔砖砌筑而成的标准抗剪试件样式，如图 2-45（b）所示。标准抗剪试件随墙体一起砌筑，每道墙体砌筑标准抗剪试件 3 组（每组 4 个），标准抗剪试件中砖种类、强度等级和砂浆种类、强度等级与墙体一致。标准抗剪试件与墙体同条件养护。

(a)   (b)

图 2-45　标准抗剪试件示例

（a）实心砖砌体抗剪试件示例；（b）多孔砖砌体抗剪试件示例

砌体芯样抗剪试件采取在砌筑的墙体上钻取芯样而成，当砌筑的墙体的龄期达到 28d、90d、180d 时，在垂直于墙体水平方向钻取砌体芯样一组（每组 3 个芯样试件），在墙体上取芯的位置见图 2-46，现场取芯及取出的芯样见图 2-47。由烧结页岩普通砖、混凝土实心砖、蒸压粉煤灰砖、蒸压灰砂砖、烧结黏土砖砌筑而成的墙体上钻取直径为 150mm 的芯样，由烧结页岩多孔砖、混凝土多孔砖砌筑而成的墙体上钻取直径为 190mm 的芯样。钻取的芯样包括三层砖和两条灰缝。

标准砂浆试块按现行国家标准《建筑砂浆基本性能试验方法标准》（JGJ/T 70）的要求制作，标准砂浆试块为边长 70.7mm 的立方体试块。每道墙体预留砂浆制作 6 组标准砂浆试块（其中 3 组为有底试模，3 组为无底模，以上铺湿报纸的同条件块材为底）。砂浆试块和墙体同条件养护。部分砂浆试块见图 2-48。

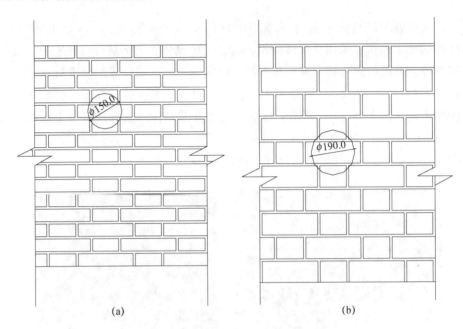

(a) (b)

图 2-46 钻取芯样位置图示

（a）实心砖砌体钻取芯样位置；（b）多孔砖砌体钻取芯样位置

(a) (b)

(c)

图 2-47 现场取芯及芯样试件

（a）实心砖砌体现场取芯；（b）多孔砖砌体现场取芯；（c）部分墙体钻取的芯样试件照片

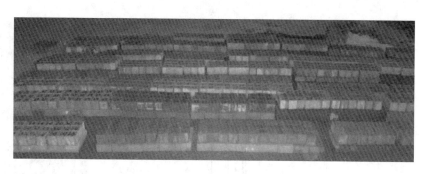

图 2-48　标准砂浆试块

2. 试件加载

1）试件要求

标准抗剪试件的承压面和加荷面平整。钻取的芯样试件应保证加荷面和承压面平整，芯样试件端面与轴线的不垂直度应不大于 1°。标准砂浆试块在制作完成 24h 后脱模，脱模后与墙体和标准抗剪试件同条件养护。

2）试件加载

试件加载设备由 HC-20 型锚杆拉拔仪和反力架组成。HC-20 型锚杆拉拔仪主要由手动泵、液压缸、智能压力数值显示器及带快速接头的高压油管等部分组成。加载设备量程为 0～200kN，最小分辨率为 0.01kN，具有峰值保持功能，液压缸行程为 80mm。加载时匀速压动手动泵手柄，对试件进行加载直至试件破坏。

（1）标准抗剪试件

试验之前用直尺测量试件的受剪面尺寸，测量精度应为 1mm；在加载设备承压面上平铺一层细湿砂，将试件立放于其上，试件的中心线应与加载设备上下压板轴线重合，然后在试件上部受压面平铺一层细湿砂，将加荷面钢板放置于试件上部承压面，具体见图 2-49。抗剪试验采用匀速连续加荷方法，避免冲击。加荷速度应按试件在 1～3min 内破坏进行控制。当有一个受剪面被剪坏即认为试件破坏，记录试件的破坏荷载值和试件破坏特征。

（2）砌体芯样抗剪试件

与标准抗剪试件的试验方法相同，加载前对芯样的受剪面尺寸进行测量并保证精度控制在 1mm 以内。将试件立放于加载设备上下压板中间，试件的中心线与加载设备上下压板轴线重合，具体见图 2-50。为保证试件与加载设备上下压板接触密合，在试件与上下压板接触面平铺一薄层细湿砂。抗剪试验采用匀速连续加荷方法，避免冲击。加荷速度应按试件在 1～3min 内破坏进行控制。当有一个受剪面被剪坏即认为试件破坏，记录试件的破坏荷载值和试件破坏特征。

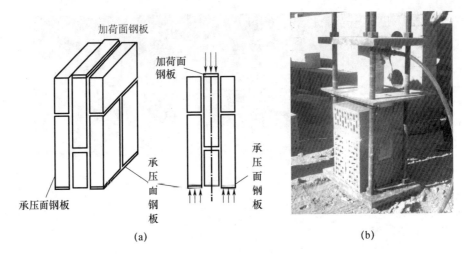

图 2-49　标准抗剪试件加载

（a）标准抗剪试件及其受力情况；（b）标准抗剪试件现场加载照片

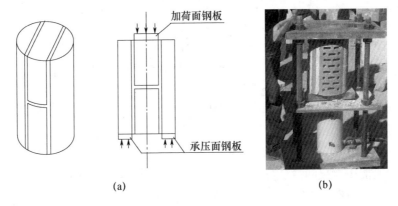

图 2-50　芯样抗剪试件加载

（a）标准抗剪试件及其受力情况；（b）芯样抗剪试件现场加载照片

（3）砂浆立方体试块

砂浆立方体试块的抗压强度试验参照《建筑砂浆基本性能试验方法》（JGJ 70—2009）进行，应首先测量试件尺寸、检查其外观，并计算试件的承压面积。然后将试件放置于加载设备上下压板中间，试件中心与加载设备上下压板中心对准，加载时应保证试件均衡受压，如图 2-51 所示。加载时应连续而均匀地施加荷载，加荷速度控制在 0.25～1.5kN/s，记录试件的破坏荷载 N_u。

3. 试件强度计算

（1）标准抗剪试件沿通缝截面的抗剪强度计算

标准抗剪试件沿通缝截面的抗剪强度按《砌体基本力学性能试验方法标准》

图 2-51 砂浆立方体试块加载

（GB/T 50129—2011）第 5.0.4 条的公式计算，公式如下：

$$f'_{\mathrm{v}} = \frac{N_{\mathrm{v}}}{2A}$$

式中 f'_{v}——试件沿通缝截面的抗剪强度（N/mm²）；

N_{v}——试件的抗剪破坏荷载值（N）；

A——试件的一个受剪面的面积（mm²）。

（2）芯样试件沿通缝截面的抗剪强度计算

对抗剪强度试验结果进行分析时，应考虑砂浆饱满度对试验结果的影响，单个试件沿通缝截面的抗剪强度 $f_{\mathrm{v},i}$ 应按下式计算：

$$f_{\mathrm{v}} = \frac{N_{\mathrm{v}}}{\mu_1 A_1 + \mu_2 A_2}$$

式中 f_{v}——芯样试件沿通缝截面的抗剪强度，精确至 0.01N/mm²；

N_{v}——芯样试件的抗剪破坏荷载值（N）；

A_1、A_2——芯样试件两个受剪面的面积（mm²）；

μ_1、μ_2——芯样试件两个受剪面的砂浆饱满度。

（3）砂浆试块的立方体抗压强度计算

砂浆立方体抗压强度应按下式计算：

$$f_{\mathrm{m,cu}} = \frac{N_{\mathrm{cu}}}{A}$$

式中 $f_{\mathrm{m,cu}}$——砂浆立方体抗压强度（N/mm²）；

N_{cu}——砂浆试块的抗压破坏荷载值（N）；

A——砂浆试块受压面的面积（mm²）。

2.5.4 试验结果计算分析

1. 试验现象及分析

标准抗剪试件和芯样抗剪试件自试件加载开始到受剪破坏前，整个过程中并没有出现明显裂缝，当达到极限承载力时，试件沿受剪面突然发生破坏，呈现出明显的脆性破坏特征。标准抗剪试件和芯样抗剪试件破坏多发生在一个受剪面，因砖块本身破坏而丧失承载力的情况很少。试件破坏主要以单剪面为主，当发生双剪面破坏时，也是抗剪能力较弱的一侧剪切面先发生破坏，另一侧紧接着发生破坏，很少有两剪切面同时破坏的情况。这是由于砂浆为非匀质性材料，在加载时，试件中单侧抗剪面砂浆在局部发生破坏，快速发展至此面完全破坏，另一侧砂浆剪切应力瞬间增大，随即也发生破坏。

标准抗剪试件和芯样抗剪试件的破坏形态主要有以下三种：

（1）发生在砂浆与块体的粘结面上，砂浆本体破坏，破坏表面较为平整；

（2）表现为砂浆砖粘结面-砂浆-砂浆砖粘结面破坏，即试件上部与下部呈现出砂浆与砖粘结破坏，中部为受剪面砂浆在主拉应力下沿45°方向斜拉破坏；

（3）表现为砂浆砖粘结面-砂浆-砖破坏，即试件上部呈现出砂浆与砖粘结破坏，中部为受剪面砂浆及砖块体在主拉应力下沿45°方向斜拉破坏。

标准抗剪试件和芯样抗剪试件破坏形态主要为第一种和第二种，仅有少数几个由蒸压灰砂砖和强度等级较高的砂浆（强度等级为 M15 和 M20）的试件的破坏形态为第三种。

2. 试验结果

（1）龄期为 28d 试验结果

龄期为 28d 时对标准抗剪试件和芯样抗剪试件进行抗剪试验，对砂浆立方体试块进行抗压试验，试验结果见表2-28。

表 2-28 龄期 28d 试验结果

正交试验编号	砂浆立方体抗压强度平均值（有底模）（MPa）	砂浆立方体抗压强度平均值（无底模）（MPa）	标准抗剪试件抗剪强度平均值（MPa）	芯样试件抗剪强度平均值（MPa）
1	2.12	3.11	0.30	0.32
2	5.95	7.89	0.72	0.66
3	6.05	6.49	0.40	0.27
4	5.68	7.10	0.37	0.55

正交试验编号	砂浆立方体抗压 强度平均值 （有底模） （MPa）	砂浆立方体抗压 强度平均值 （无底模） （MPa）	标准抗剪试件抗剪 强度平均值 （MPa）	芯样试件抗剪 强度平均值 （MPa）
5	6.21	8.56	0.31	0.70
6	8.87	9.75	0.48	0.82
7	2.15	3.04	0.26	0.43
8	4.14	5.02	0.51	0.75
9	8.13	10.31	0.41	0.48
10	3.23	4.14	0.29	0.45
11	9.47	10.65	0.43	1.21
12	10.20	9.67	0.52	0.65
13	2.35	2.70	0.19	0.19
14	3.64	4.26	0.40	0.33
15	7.41	8.50	0.23	0.47
16	8.22	8.68	0.42	0.56
17	10.83	16.91	0.42	0.47
18	7.71	8.10	0.36	0.65
19	3.19	4.35	0.48	0.71
20	2.41	3.27	0.34	0.30
21	17.17	22.94	0.30	0.36
22	10.28	11.50	0.75	1.03
23	5.36	8.14	0.39	0.39
24	5.41	4.45	0.31	0.55
25	3.82	5.12	0.34	0.46
26	6.81	10.11	0.38	0.53
27	3.99	6.21	0.27	0.43
28	5.15	6.41	0.37	0.60
29	4.33	5.78	0.28	0.45
30	5.11	7.35	0.46	0.49
31	4.36	6.59	0.47	0.50
32	1.88	1.93	0.39	0.31
33	2.90	4.48	0.46	0.67
34	4.32	4.67	0.35	0.48
35	8.07	9.21	0.39	0.76

正交试验编号	砂浆立方体抗压强度平均值（有底模）（MPa）	砂浆立方体抗压强度平均值（无底模）（MPa）	标准抗剪试件抗剪强度平均值（MPa）	芯样试件抗剪强度平均值（MPa）
36	2.50	3.43	0.39	0.35
37	13.41	17.66	0.63	1.00
38	11.81	18.64	0.43	0.39
39	19.08	26.23	0.25	0.49
40	10.89	16.65	0.53	0.64
41	6.40	10.31	0.40	0.61
42	12.07	14.62	0.43	1.02
43	11.05	12.52	0.41	1.01
44	2.08	3.57	0.45	0.38
45	9.68	12.51	0.32	0.39
46	6.93	7.73	0.71	0.62
47	10.88	11.28	0.41	0.68
48	11.55	17.77	0.41	0.66
49	2.14	2.38	0.14	0.25

（2）龄期为90d试验结果

龄期为90d时对标准抗剪试件和芯样抗剪试件进行抗剪试验，对砂浆立方体试块进行抗压试验，试验结果见表2-29。

表2-29　龄期90d试验结果

正交试验编号	砂浆立方体抗压强度平均值（有底模）（MPa）	砂浆立方体抗压强度平均值（无底模）（MPa）	标准抗剪试件抗剪强度平均值（MPa）	芯样试件抗剪强度平均值（MPa）
1	2.94	3.17	0.28	0.27
2	8.45	11.17	0.66	1.11
3	6.46	6.77	0.29	0.71
4	7.03	9.47	0.28	0.82
5	7.81	8.33	0.43	0.58
6	8.81	13.87	0.27	0.65
7	3.14	4.71	0.27	0.28
8	5.15	6.21	0.30	0.67
9	9.77	12.23	0.34	0.53

续表

正交试验编号	砂浆立方体抗压强度平均值（有底模）（MPa）	砂浆立方体抗压强度平均值（无底模）（MPa）	标准抗剪试件抗剪强度平均值（MPa）	芯样试件抗剪强度平均值（MPa）
10	4.03	4.86	0.20	0.54
11	12.17	13.69	0.36	0.76
12	12.38	13.16	0.45	1.11
13	2.95	3.39	0.18	0.39
14	3.79	5.32	0.72	0.57
15	9.55	11.81	0.38	0.59
16	9.86	10.55	0.45	1.31
17	13.07	18.74	0.36	0.55
18	10.45	11.83	0.59	0.55
19	4.22	6.51	0.38	0.59
20	2.99	3.36	0.25	0.49
21	20.38	27.31	0.28	0.46
22	12.33	16.37	0.69	1.26
23	6.56	10.18	0.42	0.51
24	6.20	7.56	0.37	0.58
25	4.27	5.61	0.42	0.78
26	8.11	11.06	0.36	0.71
27	4.85	7.77	0.28	0.76
28	5.77	7.70	0.50	0.48
29	7.37	7.70	0.40	0.81
30	7.57	8.96	0.48	0.66
31	6.25	8.17	0.33	0.70
32	1.62	4.09	0.54	0.41
33	3.37	4.30	0.39	0.52
34	4.89	6.81	0.52	0.50
35	10.56	12.24	0.45	0.89
36	3.30	4.37	0.22	0.33
37	16.69	21.41	0.52	0.97
38	13.27	24.70	0.32	0.35
39	20.91	31.24	0.39	0.59
40	15.95	21.31	0.56	0.59

正交试验编号	砂浆立方体抗压强度平均值（有底模）（MPa）	砂浆立方体抗压强度平均值（无底模）（MPa）	标准抗剪试件抗剪强度平均值（MPa）	芯样试件抗剪强度平均值（MPa）
41	6.76	11.15	0.47	0.70
42	17.56	21.30	0.57	1.67
43	11.75	13.12	0.47	1.18
44	2.42	4.23	0.40	0.65
45	13.65	15.17	0.42	0.44
46	8.48	13.22	0.57	0.70
47	12.50	13.90	0.51	1.29
48	14.33	21.74	0.38	0.80
49	2.97	2.92	0.14	0.23

（3）龄期为180d试验结果

龄期为180d时对标准抗剪试件和芯样抗剪试件进行抗剪试验，对砂浆立方体试块进行抗压试验，试验结果见表2-30。

表2-30　龄期180d试验结果

正交试验编号	砂浆立方体抗压强度平均值（有底模）（MPa）	砂浆立方体抗压强度平均值（无底模）（MPa）	标准抗剪试件抗剪强度平均值（MPa）	芯样试件抗剪强度平均值（MPa）
1	1.87	3.58	0.18	0.35
2	9.31	13.50	0.69	0.52
3	6.29	7.77	0.40	0.42
4	7.94	9.30	0.46	0.49
5	8.62	9.37	0.43	0.45
6	8.18	11.95	0.60	0.57
7	3.62	5.88	0.28	0.39
8	5.66	7.93	0.57	0.38
9	9.38	11.59	0.35	0.63
10	3.20	3.76	0.21	0.72
11	15.05	16.92	0.54	0.94
12	16.37	15.50	0.37	0.83
13	3.28	3.91	0.19	0.31
14	3.90	4.26	0.38	0.53

正交试验编号	砂浆立方体抗压强度平均值（有底模）（MPa）	砂浆立方体抗压强度平均值（无底模）（MPa）	标准抗剪试件抗剪强度平均值（MPa）	芯样试件抗剪强度平均值（MPa）
15	7.28	11.00	0.47	0.48
16	9.56	11.38	0.47	0.68
17	16.41	22.67	0.41	0.90
18	11.60	12.62	0.59	0.58
19	5.22	8.12	0.41	0.44
20	1.57	3.26	0.21	0.34
21	15.01	20.91	0.30	0.31
22	14.35	16.83	0.87	0.92
23	7.59	11.51	0.44	0.78
24	6.21	6.92	0.37	0.62
25	4.54	4.83	0.54	0.49
26	8.36	11.21	0.35	0.58
27	5.94	9.32	0.46	0.54
28	6.74	3.53	0.35	0.56
29	5.79	6.69	0.39	0.74
30	8.44	10.08	0.39	0.55
31	6.95	10.80	0.36	0.66
32	1.25	5.34	0.43	0.32
33	0.31	2.49	0.40	0.68
34	5.09	6.59	0.27	0.29
35	12.03	13.85	0.61	0.88
36	3.67	4.64	0.22	0.36
37	15.66	18.10	0.58	0.85
38	14.37	18.37	0.26	0.30
39	22.14	34.05	0.50	0.91
40	14.16	15.53	0.55	0.72
41	7.58	8.60	0.45	0.50
42	17.26	19.62	0.65	0.89
43	12.04	13.32	0.52	1.20
44	2.36	3.87	0.36	0.40
45	11.01	16.44	0.37	0.39

正交试验编号	砂浆立方体抗压强度平均值（有底模）（MPa）	砂浆立方体抗压强度平均值（无底模）（MPa）	标准抗剪试件抗剪强度平均值（MPa）	芯样试件抗剪强度平均值（MPa）
46	10.21	10.09	0.80	0.60
47	12.55	14.45	0.42	0.57
48	13.33	16.07	0.60	0.87
49	2.95	3.93	0.14	0.33

3. 立方体砂浆试块抗压强度试验结果分析

（1）龄期对立方体砂浆抗压强度的影响

按照有、无底模，分别计算各龄期砂浆试块的抗压强度平均值，并进行对比分析，见图2-52。

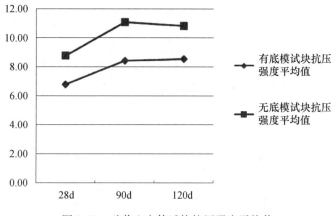

图2-52 砂浆立方体试块抗压强度平均值

龄期90d与28d立方体砂浆（有底模）抗压强度比值的平均值为1.24，标准差为0.15，变异系数为0.12；龄期90d与28d立方体砂浆（无底模）抗压强度比值的平均值为1.28，标准差为0.21，变异系数为0.16。从中可以看出，随着试验龄期的增加，立方体抗压强度值均呈现不同程度的增加。养护龄期为3个月时，立方体抗压强度值增加了26%。

这一结果表明，砂浆立方体试块在砌筑完成后到龄期达到28d这段时间，其抗压强度迅速增长，在28d到90d，抗压强度增长趋势变缓，到90d时基本达到最高值，到180d，其抗压强度与90d时基本保持一致。因此在后续的分析中以90d的试验结果作为代表值。

（2）不同试模类型对砂浆立方体抗压强度的影响

由图2-53可知，对于不同种类的砂浆立方体试块，无底模的砂浆试块立方体抗压强度均普遍高于有底模的砂浆试件，无底模的砂浆试块立方体抗压强度与有底模砂浆试块抗压强度比值的平均值为1.33。其主要原因：由于操作上的需要，砌筑砂浆应具有一定的稠度，在此情况下，拌制砂浆的用水量是大大超过水泥水化所需要的用水量的，而砂浆试块在制作时，由于周围模具不吸水，无底模的试块底部是铺有湿报纸的块材，吸水性较好，在砂浆试块成型后，底部的块材吸去砂浆中的水分较多，从而使砂浆自然蒸发掉的水分减少，密度相对增加，致使砂浆试块的强度提高。而且，无底模砂浆试块所处的状态，与墙体中砂浆的状态更为接近，可认为无底模砂浆试块的强度与墙体中砂浆的强度相一致，在后续的分析中所提到的砂浆立方体抗压强度为无底模砂浆立方体抗压强度。

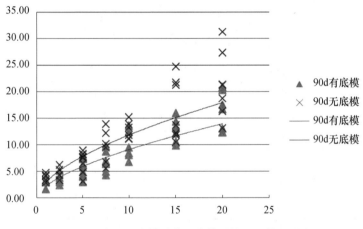

图 2-53　有、无底模砂浆立方体试块 90d 抗压强度

4. 砌体抗剪强度试验结果分析

通缝抗剪强度是砌体基本强度指标之一，大量砖砌体的通缝抗剪试验表明，除了低强度等级砂浆的试件是砂浆层而被剪坏，试件破坏全部是砖与砂浆的接触面脱开，即通缝抗剪强度取决于砂浆与砖的切向粘结强度。因而通缝抗剪强度的影响因素有龄期、砌块种类、砌块强度、砌筑砂浆种类、砌筑砂浆强度等。本试验通过正交试验设计方法进行试验方案设计，又对试验结果的处理分析得出了各因素对试验结果影响的大小，并对各因素对试验结果的影响进行了分析。

（1）各因素对砌体抗剪强度影响的大小

正交试验设计是一种试验次数少又能快速得出比较好结果的试验设计方法。由于正交表具有均衡分散性和整齐可比性，在假设试验误差比较小的前提下，可以认为试验结果的波动是由因子水平的变化引起的。本试验采用直观分析法（又称为极值分析）对试验结果进行分析，根据极差 R 的大小，可以判断各因素对试验结果的影响大小。

结合试验结果数据，用 K_i 表示同一水平各因素的试验指标芯样抗剪强度的总和；k_i 表示相应试验结果的平均值；极差 R 为同一水平各因素中平均值的最大值与最小值之差，即 $k_{max} - k_{min}$。比较各列的极差，极差大表示在这个水平变化范围内造成的差别大，对试件指标产生的影响较大，是主要影响因素；极差小的对试验结果产生的影响较小，是次要影响因素。在龄期达到 90d 时，各种试件的性能均达到稳定状态，因此此次分析采用龄期为 90d 的试验数据进行分析。

各因素对砌体标准抗剪试件抗剪强度的影响见表 2-31。

表 2-31　各因素对砌体标准抗剪试件抗剪强度的影响

参数	砌块种类	砌块强度	砂浆种类	砂浆强度
K_1	3.19	15.77	9.22	1.60
K_2	2.84	3.55	5.21	1.83
K_3	2.32		4.90	3.64
K_4	2.65			2.54
K_5	2.38			3.37
K_6	2.95			3.10
K_7	2.99			3.24
k_1	0.46	0.42	0.44	0.32
k_2	0.47	0.36	0.37	0.37
k_3	0.33		0.38	0.36
k_4	0.38			0.36
k_5	0.34			0.48
k_6	0.42			0.44
k_7	0.43			0.46
极差 R	0.14	0.06	0.07	0.16

从表 2-31 可以看出，砂浆强度和砌块种类对砌体标准抗剪试件抗剪强度的影响程度较大；砌块强度和砂浆种类对芯样抗剪强度的影响程度则很小，对砌体标准抗剪试件抗剪强度影响因素按照影响从大到小排序，依次为砂浆强度、砌块种类、砂浆种类、砌块强度。

各因素对砌体芯样抗剪试件抗剪强度的影响见表 2-32。

表 2-32　各因素对砌体芯样抗剪试件抗剪强度的影响

参数	砌块种类	砌块强度	砂浆种类	砂浆强度
K_1	3.86	26.29	14.67	1.92
K_2	4.66	6.11	9.29	2.60
K_3	4.06		8.44	5.97
K_4	6.67			4.50
K_5	3.67			5.54
K_6	5.36			5.26
K_7	4.13			6.61
k_1	0.55	0.69	0.70	0.38
k_2	0.78	0.61	0.66	0.52
k_3	0.58		0.65	0.60
k_4	0.95			0.64
k_5	0.52			0.79
k_6	0.77			0.75
k_7	0.59			0.94
极差 R	0.43	0.08	0.05	0.56

从表 2-32 可以看出，砂浆强度和砌块种类对砌体芯样抗剪试件抗剪强度的影响程度较大；砌块强度和砂浆种类对芯样抗剪强度的影响程度则很小，对砌体芯样抗剪试件抗剪强度影响因素按照影响从大到小排序，依次为砂浆强度、砌块种类、砌块强度、砂浆种类。

根据表 2-31 和表 2-32，可以得出砌体标准抗剪试件抗剪强度和砌体芯样抗剪试件抗剪强度的影响因素的大小基本上相一致，砂浆强度和砌块种类对其影响较大，砌块强度和砂浆种类对其影响较小，可以忽略。

（2）砂浆强度对砌体抗剪强度的影响

砌筑砂浆保证砌块共同受力，其强度的高低直接影响砌体整体性的好坏，从而影响砌体的抗剪强度。

砌体标准抗剪试件抗剪强度与砂浆立方体抗压强度的关系见图 2-54，砌体芯样抗剪试件抗剪强度与砂浆立方体抗压强度的关系见图 2-55。

从图 2-54 和图 2-55 中可以看出，砌体标准抗剪试件抗剪强度和砌体芯样试件抗剪强度均随砂浆立方体抗压强度增大而增大，变化趋势较为一致。

（3）砌块种类对砌体抗剪强度的影响

本试验所用到的砌块种类有烧结页岩普通砖、烧结页岩多孔砖、混凝土实心砖、混凝土多孔砖、蒸压粉煤灰砖、蒸压灰砂砖、烧结黏土砖。

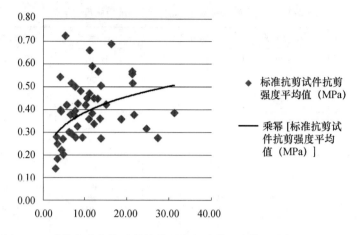

图 2-54　砌体标准抗剪试件抗剪强度与砂浆立方体试块抗压强度的关系

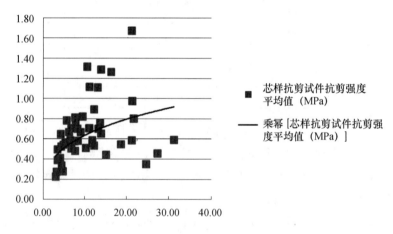

图 2-55　砌体芯样抗剪试件抗剪强度与砂浆立方体试块抗压强度的关系

　　不同种类砌块的砌体标准抗剪试件抗剪强度与砂浆立方体试块抗压强度的关系见图2-56，不同种类砌块的砌体芯样抗剪试件抗剪强度与砂浆立方体试块抗压强度的关系见图2-57。

　　从图2-56和图2-57中得出，不同砌块种类的砌体抗剪强度与砂浆立方体抗压强度关系差异较明显，说明砌块种类对抗剪强度影响较大，这与试验结果相同，在下一节将重点对砌体芯样抗剪试件抗剪强度与砌筑砂浆立方体试块抗压强度之间的关系进行分析。同一材料的砌块，在砂浆强度较高时，多孔砖的散点均分布在实心砖上部，这也说明多孔砖的抗剪强度要高于实心砖。这是因为实心砖表面较光滑平整，砌体抗剪强度低，而多孔砖与砂浆粘结充分，大大增加了剪切面积，"销键"作用明显使砌体抗剪强度提高，但是"销键"作用在砂浆强度较低时则不明显。

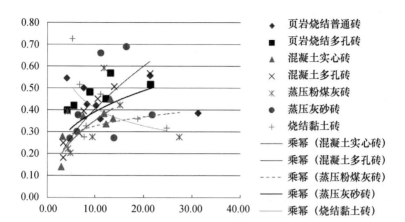

图 2-56　砌体标准抗剪试件抗剪强度与砂浆立方体试块抗压强度的关系

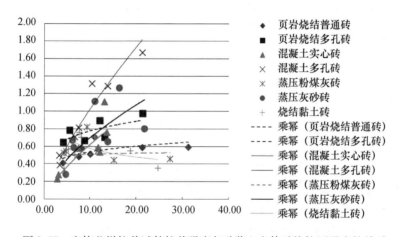

图 2-57　砌体芯样抗剪试件抗剪强度与砂浆立方体试块抗压强度的关系

5. 钻芯法检测砌体抗剪强度及砌筑砂浆强度测强曲线

砌体芯样的抗剪强度可以从一定程度上反映出砌体的抗剪强度以及砌筑砂浆的强度。本研究通过对大量试验数据整理分析，得出了砌体芯样抗剪试件抗剪强度与砌体标准抗剪试件抗剪强度以及砂浆强度存在明显相关性，并通过回归分析建立了相应的经验公式。

根据上文的分析，砌体芯样抗剪试件抗剪强度与砂浆强度、砌块种类关系密切，现根据砌块种类来确定砌体芯样抗剪试件抗剪强度与砌体标准抗剪试件抗剪强度以及砂浆强度的关系，砌体芯样抗剪试件抗剪强度与砌体标准抗剪试件抗剪强度的关系见表 2-33，砌体芯样抗剪试件抗剪强度与砌筑砂浆强度的关系见表 2-34。

表 2-33　砌体抗剪强度换算公式

砌块种类	换算公式	平均相对误差	相对标准差
烧结页岩普通砖	$f'_v = 0.429 f_v^{0.059}$	0.14	0.17
烧结页岩多孔砖	$f'_v = 0.551 f_v^{0.336}$	0.16	0.18
混凝土实心砖	$f'_v = 0.494 f_v^{0.811}$	0.16	0.2
混凝土多孔砖	$f'_v = 0.426 f_v^{0.591}$	0.12	0.15
蒸压粉煤灰砖	$f'_v = 0.523 f_v^{0.542}$	0.15	0.18
蒸压灰砂砖	$f'_v = 0.577 f_v^{0.715}$	0.14	0.18
烧结黏土砖	$f'_v = 0.470 f_v^{0.308}$	0.15	0.18

表 2-34　砌筑砂浆抗压强度换算公式

砌块种类	换算公式	平均相对误差	相对标准差
烧结页岩普通砖	$f_{m,cu} = 19.27 f_v^{1.05}$	0.12	0.15
烧结页岩多孔砖	$f_{m,cu} = 19.01 f_v^{1.64}$	0.17	0.19
混凝土实心砖	$f_{m,cu} = 20.37 f_v^{1.46}$	0.14	0.18
混凝土多孔砖	$f_{m,cu} = 13.19 f_v^{1.10}$	0.18	0.20
蒸压灰砂砖	$f_{m,cu} = 11.23 f_v^{0.81}$	0.18	0.20
烧结黏土砖	$f_{m,cu} = 12.01 f_v^{0.69}$	0.17	0.19

式中　f'_v——砌体标准抗剪试件沿通缝截面的抗剪强度（N/mm^2）；

　　　f_v——砌体芯样抗剪试件沿通缝截面的抗剪强度（N/mm^2）；

$f_{m,cu}$——砌筑砂浆立方体试块抗压强度（N/mm^2）。

当砌块种类为蒸压粉煤灰砖时，抗剪试验破坏面大部分发生在块体与砂浆的界面，砂浆层本体基本未发生破坏，且根据对试验数据的处理分析，得出砌体芯样抗剪试件抗剪强度与砌体标准抗剪试件抗剪强度有较好的相关性，而砌体芯样抗剪试件抗剪强度与砌筑砂浆强度相关性较差，因此列出了蒸压粉煤灰砖的砌体芯样抗剪试件抗剪强度与砌体标准抗剪试件抗剪强度的关系，而未列出蒸压粉煤灰砖的砌体芯样抗剪试件抗剪强度与砌筑砂浆强度的关系。

根据《砌体结构设计规范》（GB 50003—2011），各种砌体抗剪强度设计值见表 2-35，按照本节回归分析得出的公式计算得出的各种砌体抗剪强度计算值见表 2-36。

表 2-35　各种砌体抗剪强度设计值（GB 50003—2011）

砌块种类	砂浆强度等级			
	≥M10	M7.5	M5	M2.5
烧结普通砖、烧结多孔砖	0.17	0.14	0.11	0.08
混凝土普通砖、混凝土多孔砖	0.17	0.14	0.11	—
蒸压灰砂普通砖、蒸压粉煤灰普通砖	0.12	0.10	0.08	—

表 2-36　按照本节公式计算得出的各种砌体抗剪强度计算值

砌块种类	砂浆强度等级			
	≥M10	M7.5	M5	M2.5
烧结页岩普通砖	0.42	0.41	0.40	0.38
烧结页岩多孔砖	0.48	0.46	0.42	0.36
混凝土实心砖	0.33	0.28	0.23	0.15
混凝土多孔砖	0.37	0.31	0.25	0.17
蒸压灰砂砖	0.52	0.40	0.28	0.15
烧结黏土砖	0.43	0.38	0.32	0.23

　　通过对比表 2-35 和表 2-36，可以得出《砌体结构设计规范》（GB 50003—2011）中抗剪强度设计值偏低，根据试验回归得出的计算值与规范中的设计值比值的均值为 3.04，安全储备过大。砌体的材料分项系数取为 1.6，考虑施工水平的影响取系数 1.1，烧结普通砖、烧结多孔砖的砌体抗剪强度设计值可以乘以 1.38 的系数，混凝土普通砖、混凝土多孔砖的砌体抗剪强度设计值可以乘以 1.11 的系数，蒸压灰砂普通砖的砌体抗剪强度设计值可以乘以 2.01 的系数。

第3章　砌筑质量控制与评价

3.1　房屋施工质量控制

3.1.1　施工质量控制的理论及方法

1. 施工质量控制的含义

（1）施工质量控制的基本概念

关于质量的概念有多种，在 ISO 标准中关于质量的定义是一组固有特性满足的程度。质量包括的范围很广，所指的不仅仅是产品的质量，还可以是某项活动或过程的工作质量，也可以是质量管理体系运行的质量。质量由一组固有特性组成，这些特性是区分不同质量之间的特征，如建筑工程质量的特性主要有适用性、耐久性、安全性、可靠性、经济性和与环境的协调性六个方面，这些特性要满足一些明示或隐含的要求，如满足合同、规范、标准、技术、文件和图纸中明确的规定，或满足传统的习惯、组织的惯例等隐性要求。特性满足要求的程度反映了质量的好坏。

建设工程项目质量的形成包含一系列的过程，从项目可行性研究开始，经项目决策、工程勘察与设计、工程施工，最后到工程竣工阶段。其中，工程施工是一个重要的阶段，它是集人力、材料、机械设备、工艺流程，在建筑地点环境条件的有限空间，于规定的日期内，通过人的管理操作物化劳动，实现工种交叉、工序交接的工艺过程，将建筑项目从设计意图转变成工程实体的阶段。工程施工是建筑项目的实施过程，施工质量高低直接决定了建筑产品的安全、适用、美观等方面的性能，因此要对其进行有效控制，以保障建筑工程质量。施工质量控制主要是通过科学的策划管理与严格的检查验收，指导、控制、监督、评价工序作业。具体来说就是对建筑材料、施工工艺、施工方法等因素进行一系列质量控制，明确控制对象，确立控制重点，选定控制方法，将施工质量的波动限定在要

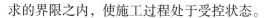

求的界限之内，使施工过程处于受控状态。

（2）施工质量的影响因素

砌体房屋施工质量影响因素是多方面的，归纳起来主要是 5 个方面，即人员素质、工程材料、机械、方法和环境条件。下面结合砌体房屋抗震施工的特点，对影响施工质量的五个因素进行详细分析。

人员是指直接参与建设施工的组织者、指挥者和操作者，是建设施工过程的主体。在砌体房屋建设过程中，参与施工的人员技术水平普遍较低，而且缺乏抗震设防意识及有效的管理，因此，人员素质是影响抗震施工质量的一个较为重要的因素。

工程材料是指施工过程中所用到的构成工程实体的各类建筑材料、构配件、半成品等，它是工程建设的物质条件，是施工质量的基础。在抗震施工中，黏土砖、水泥、砂等材料的选用是否合理，产品是否合格，材质是否经过检验、保管使用是否得当等都将直接影响结构强度、刚度，影响房屋抵抗地震的能力。

施工机具设备是施工生产的手段，是指施工过程中使用的各类机具设备。工程所用的机具设备质量优劣，设备类型是否符合工程施工要求，性能是否先进稳定，操作是否方便安全等，都会影响施工项目的质量。受施工人员操作水平及经济条件限制，砖砌体房屋的施工使用的机具设备极为简陋，有些地区缺乏最为基本的施工机具，导致施工质量得不到有效保证。

影响施工质量的方法因素是指工艺方法、操作方法和施工方案，是影响施工质量的关键因素。在工程施工过程中，由于施工方案考虑不周、施工工艺落后而造成施工进度推迟、影响质量和增加施工成本的情况时有发生，为此在制订施工方案和施工工艺时必须结合工程实际从技术、组织、管理、经济等方面进行分析，综合考虑，以确保施工方案技术上可行，经济上合理，有利于提高施工质量。

环境条件是指对施工质量特性起重要作用的环境因素。在工程地质方面，场地条件会影响房屋的震害程度，气温的高低会影响砌筑砂浆和混凝土的性能；在施工现场方面，施工作业面大小、劳动设施、光线和通信条件等作业环境会对施工效率造成一定的影响；在工程管理环境方面，良好的质量保证体系、质量管理制度等会提高抗震施工质量。

（3）施工质量控制的目标、内容及依据

施工质量控制的目标是保证施工质量影响因素和建筑工程质量的波动处于合理范围之内。针对砖砌体房屋抗震施工过程，施工质量控制的目标主要包括以下五个方面：

① 施工人员的素质满足抗震施工的要求。

② 施工所使用的建筑材料、机具设备满足使用的要求。

③ 采取的施工工艺、施工方法经济可行。

④ 施工过程中各种隐蔽工程的质量满足要求。

⑤ 房屋的抗震性能满足建筑的抗震设防目标，即当遭受低于本地区抗震设防烈度的多遇地震影响时，一般不需修理，可继续使用；当遭受相当于本地区抗震设防烈度的地震影响时，主体结构不致严重破坏，围护结构不发生大面积倒塌。

工程项目的施工过程由一系列相互关联、相互制约的工序所构成，施工质量控制首先对各工序质量进行控制，再在此基础上对工程项目的施工整体质量进行分析与处理。施工质量控制的主要内容包括以下四个方面：

① 主动控制工序施工条件。工序施工条件包括的内容较多，涉及施工人员的技术水平、管理人员的数量、施工材料的质量、所使用的机具设备状态、制订的施工方法等。工序施工条件的主动控制可通过分析施工质量影响因素及产生质量缺陷的原因，然后制订相应的预控对策和管理制度等措施，将影响因素控制在受控状态，避免系统性因素变异的发生，保证每道工序质量正常、稳定。

② 设置质量控制点。质量控制点是指为了保证工序质量而需要进行控制的重点、关键部位、薄弱环节，以便在一定时期内、一定条件下进行强化管理，使工序处于良好的控制状态。合理设置质量控制点并进行控制，是保证施工质量的重要方面。

③ 及时检验工序质量。工序实施效果是评价工序质量是否符合标准的尺度。为此，必须加强质量检验工作，对质量状况进行综合统计与分析，及时掌握质量动态，发现质量问题，随即研究处理，自始至终使工序实施效果的质量满足规范和标准的要求。

④ 评价工程项目的施工质量。工程项目的整个施工过程由一系列工序活动组成，不同工序质量对项目施工质量的影响程度也有所差异。在工序质量控制点的检验结果基础上，采用层次分析法综合分析，得出工程项目施工质量的整体评价，若项目施工质量的评价不满足既定要求，应分析原因，并制订相应的处理方案。

施工质量控制应依据国家现行标准、规程和构造图集进行。目前，针对砖砌体房屋的抗震施工方面的依据较少，主要有《镇（乡）村建筑抗震技术规程》（JGJ 161—2008）、《农村民居建筑抗震设计施工规程》（DB11/T 536—2008）、《砌体结构工程施工质量验收规范》（GB 50203—2011）、《混凝土结构工程施工质量验收规范》（GB 50204—2015）等。

2. 施工质量控制的方法

1）质量控制的统计分析方法

施工质量控制可采用数理统计方法分析质量影响因素、质量波动状态等。常用的统计方法有分层法、排列图法、因果分析图法、控制图法、相关图法等。

（1）分层法

分层法又叫分类法，是将调查收集的原始数据，根据不同的目的和要求，按某一性质进行分组、整理的分析方法。分层的结果使数据各层间的差异突出地显示出来，层内的数据差异减少了，在此基础上再进行层间、层内的比较分析，可以更深入地发现和认识质量问题的原因。分层法是质量控制统计方法中最基本的一种方法。其他统计方法如排列图法、直方图法、控制图法、相关图法等，常常是首先利用分层法将原始数据分门别类，然后进行统计分析。

（2）排列图法

排列图法是利用排列图寻找影响质量的主次因素的一种有效方法，它是将影响质量的因素进行分类，然后按影响程度的大小加以排列。排列图一般由两个纵坐标、一个横坐标、若干个矩形和一条曲线组成。在分析时，可按累计频率划分为 0%～80%、80%～90%、90%～100% 三部分，与其对应的影响因素分别为 A、B、C 三类。A 类为主要因素，B 类为次要因素，C 类为一般因素。

（3）直方图法

直方图法即频数分布直方图法，它是将收集到的质量数据进行分组整理，绘制成频数分布直方图，用以描述质量分布状态。它将一批数据按取值大小划分为若干组，在横坐标上用各组为底作矩形，以落入该组的数据的频数或频率作为矩形的高。矩形的面积与各组的频数或频率成比例。常见的直方图类型有标准型、锯齿型、偏峰型、陡壁型、平顶型、双峰型、孤岛型等。

（4）因果分析图法

因果分析图法是利用因果分析图来系统整理分析某个质量问题与其产生原因之间关系的有效工具。因果分析图由质量特性（质量结果，指某个质量问题）、要因（产生质量问题的主要原因）、枝干（指一系列箭线表示不同层次的原因）、主干（指较粗的直接指向质量结果的水平箭线）等组成。

（5）控制图法

控制图是能够表达施工过程中质量波动状态的一种图形，可用来分析和判断工序是否处于稳定状态并带有控制界限的一种有效的图形工具。它能够及时地提供施工中质量状态偏离控制目标的信息，提醒人们及时采取措施，使质量始终处于受控状态。控制图是在平面直角坐标系中作出三条平行于横轴的直线而形成的。其中，纵坐标表示需要控制的质量特性值及其统计量，横坐标表示样本序号或抽样时间。在平行的三条横线中，在上面的一条虚线称为上控制界限，用符号UCL 表示；在下面的一条虚线称为下控制界限，用符号 LCL 表示；中间的一条实线称为中心线，用符号 CL 表示。中心线标志着砖砌体结构住宅施工质量控制及评价研究质量特性值分布的中心位置，上下控制界限标志着质量特性值允许波动范围。

（6）相关图法

相关图法是对质量数据之间的相关关系进行处理、分析和判断的一种方法。在工程施工中，工程质量的相关关系有三种类型：第一种是质量特性和影响因素之间的关系；第二种是质量特性与质量特性之间的关系；第三种是影响因素与影响因素之间的关系。采用相关图进行分析时，可用 y 和 x 分别表示质量特性值和影响因素，通过绘制相关图，计算相关系数等，分析两个变量之间是否存在相关关系，以及这种关系密切程度如何，进而通过对相关程度密切的两个变量中的一个变量进行观察控制，去估计控制另一个变量的数值，以达到保证质量的目的。

2）PDCA 循环控制法

PDCA 循环是人们在管理实践中形成的基本理论方法，其中 P 表示计划（Plan），D 表示实施（Do），C 表示检查（Check），A 表示处理（Action）。在施工过程中，可采用 PDCA 循环原理来实现质量控制目标。

PDCA 循环划分为四个阶段、八个步骤。

第一阶段是计划阶段即 P 阶段。该阶段的主要工作任务是制订质量控制目标活动计划和管理项目的具体实施措施。这个阶段的具体工作步骤可以分为四步。

① 分析现状，找出质量问题。对一些常见的质量问题，或一些技术复杂、难度大、质量要求高的项目，以及新工艺、新技术、新结构、新材料的项目，要依据大量检测数据和相关的资料，用数理统计方法分析、反映问题。

② 分析产生质量问题的原因和影响因素。

③ 从各种原因和影响因素中找出影响质量的主要原因或影响因素。

④ 针对影响质量的主要因素制定对策，拟订改进质量的管理、技术和组织措施，提出执行计划和预期效果。在进行这一步工作时，需要明确回答如下问题：①为什么要提出这样的计划、采取这些措施？为什么需要这样改进（Why）？②改进后要达到什么目的，有何效果（What）？③改进措施在何处（哪道工序、哪个环节、哪个过程）进行（Where）？④计划和措施在何时执行和完成（When）？⑤谁来执行（Who）？⑥用何种方式完成（How）？

第二阶段是实施阶段即 D 阶段。该阶段的主要工作任务是按照第一阶段所制订的计划，采取相应措施组织实施。在实施阶段，首先应做好计划、措施的交底和落实，包括组织落实、技术落实和物资落实，有关人员需要经过训练、考核，达到要求后才能参与实施。同时应采取各种措施保证计划得以实施。这是管理循环的第五步，即执行计划和采取措施。

第三阶段是检查阶段即 C 阶段。该阶段的主要工作任务是将实施效果与预期目标对比，检查执行的情况，判断是否达到了预期效果，同时进一步查找问题。这是管理循环的第六步，即检查效果、发现问题。然后转入下一个管理循环，为下一期计划的制订或完善提供数据资料和依据。

第四阶段是处理阶段即 A 阶段。该阶段的主要工作任务是对检查结果进行总结和处理。这一阶段分两步，即管理循环的第七步和第八步。第七步是总结经验，纳入标准。经过第六步检查后，明确有效果的措施通过制订相应的工作文件、规程、作业标准以及各种质量管理的规章制度，总结好的经验，巩固成绩，防止问题的再次发生。第八步是将遗留问题转入下一个循环。

3.1.2　质量控制点设置

1. 质量控制点设置原则

可做质量控制点的对象涉及面广，它可以是技术要求高、施工难度大的结构部位，也可以是影响质量的关键工序、操作或某一环节。结构部位、影响质量的关键工序、操作、施工顺序、技术、材料、机械、自然条件、施工环境等均可作为质量控制点来控制。

（1）施工过程中的关键工序或环节以及隐蔽工程，如墙体拉结筋的设置、构造柱中钢筋的绑扎。

（2）施工中的薄弱环节，以及质量不稳定的工序、部位或对象。

（3）对后续工程施工或对后续工序质量、安全有重大影响的工序、部位、对象，如圈梁模板的支撑与固定。

（4）采用新技术、新工艺、新材料的部位或环节。

（5）施工上无足够把握的、施工条件困难的或技术难度大的工序、环节。是否设为质量控制点，主要视其对质量特性影响的大小、危害程度以及其质量保证的难度大小而定。

2. 质量控制点重点控制对象

质量控制点应重点控制的对象主要有：

（1）操作者的行为。某些工序或操作重点应控制人的行为，避免人的失误造成质量问题。如对高空、高温、危险作业等，对人的身体素质和心理应有相应的要求；技术难度大或精度要求高的作业，对人的技术水平有相应的较高要求。

（2）材料的质量和性能。材料的质量和性能是直接影响工程质量的主要因素，对于某些工序尤为重要，常作为控制的重点。

（3）关键的操作。如砂浆搅拌，原材料计量是保证配合比和砂浆强度、和易性性能的关键工序，应重点控制。

（4）施工顺序。对某些工作必须严格执行作业之间的顺序，例如，对冷拉钢筋，应先对焊、后冷拉，否则会失去冷强；对屋架固定，一般应采取对角同时施焊，以免焊接应力使已校正的屋架发生变形。

（5）施工技术间歇。有些作业之间需要有必要的技术间歇时间，例如，砖端砌筑后与抹灰工序之间，以及抹灰与粉刷之间，均应保证有足够的间歇时间；混凝土浇筑后至拆模之间也应保持一定的间歇时间。

（6）技术参数。有些技术参数与质量密切相关，亦必须严格控制。如砂浆中外加剂的掺量，混凝土的水灰比，灰缝的饱满度，回填土、三合土的最佳含水量等，都将直接影响强度、密实度、耐冻性，均应作为工序质量控制点。

（7）易产生质量问题的工序。产品质量不稳定、不合格率较高及易发生质量通病的工序应列为重点，仔细分析，严格控制。

（8）新工艺、新技术、新材料应用。对于某些新工艺、新技术的施工，由于操作人员缺乏经验，施工质量难以保证，应将其作为重点进行严格控制。

（9）施工工法。施工工法中对质量产生重大影响问题，如大模板施工中模板的稳定和组装问题等，均作为质量控制的重点。

3.1.3 施工工序质量控制

1. 工序质量监控的内容和实施要点

1）工序质量监控的内容

工序质量监控主要包括两个方面的监控：对工序活动条件的监控和对工序活动效果的监控。

（1）对工序活动条件的监控，包括以下两个方面：

① 施工准备方面的控制。在工序施工前应对影响工序质量的因素或条件进行监控。要控制的内容一般包括人的因素、材料因素、施工机械设备的条件、采用的施工方法及工艺是否恰当、产品质量有无保证、施工的环境条件是否良好等。这些因素或条件应符合规定的要求或保持良好状态。

② 施工过程中对工序活动条件的控制。对影响工序产品质量的各因素的控制不仅体现在开工前的施工准备中，而且应贯穿于整个施工过程中，包括各工序、各工种的质量保证与控制。

（2）对工序活动效果的监控。工序活动效果的监控主要反映在对工序产品质量性能的特征指标的控制上，主要是指对工序活动的产品采取一定的检测手段

进行检验，根据检验结果分析、判断该工序活动的质量（效果），从而实现对工序质量的控制。其监控步骤如下：

① 实测。采用必要的检测手段对抽取的样品进行检验，测定其质量特性指标（例如混凝土的抗压强度）。

② 分析。对检测所得数据进行整理、分析，找出规律。

③ 判断。根据对数据分析的结果判断该工序产品是否达到了规定的质量标准，如果未达到，应找出原因。

④ 纠正或认可。如发现质量不符合规定标准，应采取措施纠正，如果质量符合要求则予以确认。

2）工序活动质量监控实施要点

实施工序活动质量监控应分清主次、抓住关键，依靠完善的质量体系和质量检查制度完成工序活动的质量控制，其实施要点如下：

① 确定工序质量控制计划。

② 工序质量控制计划是以完善的质量体系和质量检查制度为基础的。

③ 进行工序分析，分清主次，重点控制。

④ 对工序活动实施跟踪的动态控制。

⑤ 对设置工序活动的质量控制点进行控制。所谓质量控制点，是指为了保证工序质量而确定的重点控制对象、关键部位或薄弱环节。

2. 工序质量检验数量

对工序质量的控制点进行检验时，检验数量应根据控制点部位、重要性、复杂程度和可操作性来决定。一般有全数检验、抽样检验和免检三种。全数检验是对质量控制点总体中的全部个体进行逐一观察、测量、计数、登记，从而获得对控制点质量水平评价结论的方法。全数检验由于统计数据多，结果能较真实地反映质量状况，但要消耗很多人力、物力、财力和时间。全数检验适合于关键工序部位或隐蔽工程，不能用于砖体结构住宅施工质量控制及评价研究具有破坏性的检验。抽样检验是按随机抽样的原则，从总体中抽取部分个体作为样本，根据样本的检测结果，判断总体质量水平的方法。抽样检验具有经济、高效的特点，抽取的样本不受检验人员主观意愿的支配，具有充分的代表性。抽样检验适合于数量较大的建筑材料检验或破坏性的检验等。

免检是针对已有足够证据证明质量有保证的一般材料或产品，或实践证明其产品质量长期稳定、质量保证资料齐全者，或是某些难以检测的项目。

3. 工序质量检验方法

工序质量的检验方法有检查、量测和试验三种。

检查是一种最简易和直接的一种质量检验方法，是根据确定的质量控制点，采用看、摸、敲、照等方法，对照质量标准中要求的内容逐项检查，评价施工质量是否满足要求。"看"就是根据质量标准要求进行外观检查；"摸"就是通过触摸手感进行检查、鉴别；"敲"是运用敲击方法进行声音检查；"照"就是通过人工光源或反射光照射，仔细检查难以看清的部位。

量测就是利用测量工具或计量仪表，通过实际量测结果与规定的质量标准或规范的要求相对照，从而判断质量是否符合要求。量测的方法可归纳为靠、吊、量、套。"靠"是用直尺检查诸如地面、墙面的平整度等；"吊"是指用托线、板线锤检查垂直度；"量"是指用量测工具或计量仪表等检查断面尺寸、轴线、标高、温度、湿度等数值并评定其偏差；"套"是指用方尺套方辅以塞尺，检查构件的垂直度、转角的角度。

试验是通过对样品进行理化试验，或通过对确定的监测点用无损检测的方法进行现场检测，取得实测数据，然后与规定的质量标准或规范的要求相对照，分析判断质量情况。工程中常用的理化试验包括各种物理力学性能的检验和化学成分及含量的测定等两个方面。力学性能的检验如各种力学指标的测定，如抗拉强度、抗压强度、抗弯强度、抗折强度、冲击韧性、硬度、承载力等。各种物理性能方面的测定如密度、含水量、凝结时间、安定性、抗渗、耐磨、耐热等。各种化学方面的试验如化学成分及其含量的测定，以及耐酸、耐碱、抗腐蚀等。此外，必要时还可在现场通过诸如对地基土进行钎探试验来粗略判断地基的承载力和均匀性；对混凝土现场取样，通过实验室的抗压强度试验，确定混凝土达到的强度等级。无损检测是借助于专门的仪器、仪表等手段探测结构物或材料、设备内部组织结构或损伤的状态。如超声波探测仪可检测混凝土的内部密实度或裂缝开展的情况，回弹测试仪可检测砖、砂浆、混凝土等的抗压强度，钢筋探测器可检测钢筋混凝土构件中钢筋的尺寸、位置和数量。

3.2　抗震施工质量的评价

评价指标选择人工、材料、机具和工艺四个方面的质量控制点，因为质量控制点的状态可反映出工序施工质量的好坏。在给出各评价指标的划分标准后，让专家根据标准对各指标进行打分，根据打分结果来构建各层次的判断矩阵，并计算指标的权值，最后给出新建砖砌体房屋施工质量的评定标准。

3.2.1　抗震施工质量缺陷分析

在新建房屋施工过程中，一些质量缺陷会降低施工质量，影响房屋抗震性能。本节采用因果分析图法，从人员、工艺、材料、机具四个方面对缺陷产生的原因进行分析。

1. 砂浆强度不稳定

现象：砌筑砂浆强度波动大，匀质性差，部分砂浆强度低于设计要求。

从图 3-1 可知，砂浆强度不稳定的原因有：

（1）砂浆搅拌质量。在砂浆拌制过程中，原材料计量不准会导致砂浆配合比发生改变，砂浆中水泥拌和不均匀会使砂浆强度波动性大。

（2）配合比设计不合理。配合比设计不合理是影响砂浆强度的主要因素。配合比中石灰膏的掺量对砂浆强度影响很大。

（3）养护不充分。墙体砌筑后若不及时养护，会导致砂浆失水过多，降低砂浆的强度。

（4）施工人员责任心差。施工人员责任心不足，对原材料不过磅称量，往往根据经验对材料的质量进行估计，这样会增大材料用量的误差，影响砂浆强度。

（5）施工人员技术水平低。

（6）水泥过期。

（7）砂含泥量大。

（8）称量仪器未调试，测量不准。

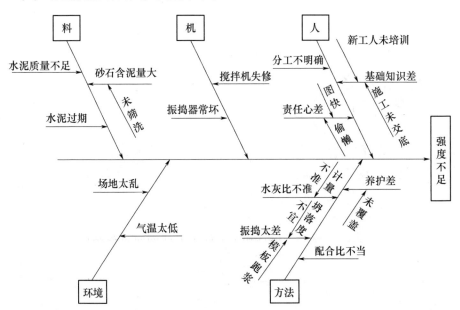

图 3-1　砂浆强度不稳定的因果分析图

2. 灰缝砂浆不饱满

现象：竖向灰缝会出现瞎缝和通缝、水平灰缝中砂浆饱满度低于 80%。

从图3-2可知，灰缝砂浆不饱满的原因有：

（1）配合比设计不合理。砂浆中水泥用量少、砂率过高，导致砂浆不满足和易性、稠度等方面的性能要求，使砌砖时挤浆压薄灰缝十分费劲。

（2）砌筑前未对砖浇水湿润。黏土砖孔隙率大，吸水性强，砖未湿水直接砌筑，砂浆中水分会被下层砖吸走导致流动性丧失，使新摆砖与砂浆粘结不好。

（3）石灰质量差。石灰含有较多的灰渣、杂物，不能起到改善砂浆和易性的作用。

（4）砌筑人员技术水平不高，或操作不熟练。砌筑人员不按正确操作方法施工，砂浆的饱满度没有保证。

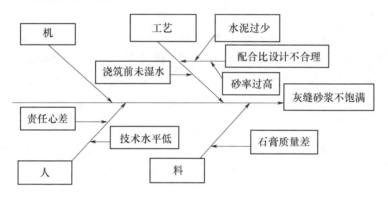

图3-2　灰缝砂浆不饱满的因果分析图

3. 钢筋漏放

现象：附加钢筋、墙体拉结筋未按要求放。

从图3-3可知，钢筋漏放的原因有：

（1）拉结筋下料错误。拉结筋下料错误，是造成拉结筋长度过短的主要原因。

（2）施工人员疏忽。施工人员责任心不强，在砖墙砌筑时漏放拉结筋。

（3）施工人员偷工减料。

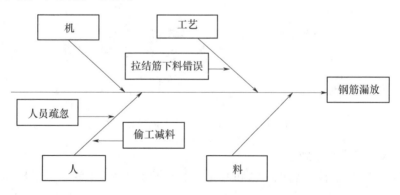

图3-3　钢筋漏放的因果分析图

4. 混凝土浇筑质量差

现象：构造柱出现烂根、断层现象；混凝土出现蜂窝、麻面。

从图 3-4 可知，混凝土浇筑质量差的原因有：

（1）模板不密实。构造柱、圈梁模板与墙体接触以及拼缝不严密，在混凝土浇捣时会因为跑浆而造成浇筑质量差。

（2）未对模板进行湿润。浇筑前，未对木模板浇水湿润，造成混凝土表面出现麻面。

（3）混凝土振捣不足。混凝土未分层振捣或漏振，导致混凝土不密实，出现蜂窝或露筋现象。

（4）模板内未清理干净。

（5）混凝土配合比不合理。混凝土的配合比不合理，水灰比大、砂率偏低。

（6）粗骨料粒径大。混凝土的粗骨料粒径大，马牙槎等部位混凝土不易密实。

（7）振捣棒工作性能不稳定。

（8）施工人员操作水平差。

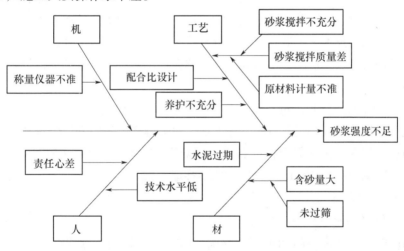

图 3-4　混凝土浇筑质量差的因果分析图

5. 构造柱断面尺寸不足或轴线位移超差

现象：构造柱断面尺寸小于构造或设计要求；构造柱的轴线偏移，并将构造柱钢筋预埋部分弯曲。

从图 3-5 可知，构造柱断面尺寸不足或轴线位移超差的原因有：放线定位不准确；马牙槎砌筑质量差；施工人员技术水平低。

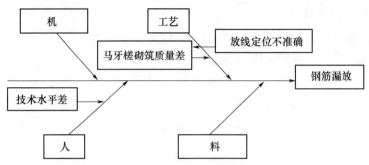

图 3-5　断面尺寸不足或轴线位移偏差的因果分析图

3.2.2　抗震施工质量控制点设置及控制

按照施工质量控制点设置的原则，分析影响抗震性能的施工方法和质量问题，选择以下对象作为新建砖砌体抗震施工的质量控制点。

1. 人的方面

（1）熟练工人的比例

施工人员的技术水平、熟练程度会对施工质量造成直接影响。应着重对熟练的砌筑工、混凝土工、钢筋工的比例进行控制。控制措施：选择合适的施工队伍，坚决不采用技术水平低、抗震质量意识差的队伍；在施工过程中，对人员的操作水平进行考核，对不合格的人员进行调换；定期对施工人员进行培训，提高人员的技术水平。

（2）施工现场管理人员

施工现场应具备一定数量的管理人员，对关键部位工序进行监督和管理。控制措施：施工现场应根据规模配备 1～2 管理人员，应选择有丰富的施工经验、有抗震设防意识和责任感的人员作为现场管理人员。

2. 材料的方面

（1）钢筋的质量

钢筋的质量会影响拉结钢筋、圈梁、构造柱等抗震措施的有效性。控制措施：应选择合适的生产厂家，钢筋进场时应对其进行验收，认真检查钢筋型号、产品合格证、出厂检验报告等。

（2）水泥的质量

水泥的质量对砌筑砂浆和混凝土的强度有重要的影响。控制措施：应选择合适的生产厂家；水泥进场时应对其品种、级别、出厂日期进行检查；水泥应选择干燥场地进行存放，避免因受潮而影响质量。

（3）砖的质量

砖是墙体的主要组成材料，它的质量会影响墙体的抗压、抗剪强度。控制措

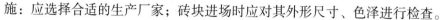

施：应选择合适的生产厂家；砖块进场时应对其外形尺寸、色泽进行检查。

3. 机具的方面

（1）机具完备程度

采用合理的机具能提高房屋施工质量、构件强度，避免材料的浪费。现场应配置混凝土搅拌机、砂浆搅拌机、振捣棒等机具。控制措施：对现场缺乏必要的施工机具，应及时采购。

（2）机具工作性能

混凝土搅拌机械、振捣棒等机具工作性能不稳定会降低混凝土的浇筑质量。控制措施：应对现场的机具进行定期维护，发现工作不稳定时应及时修理。

4. 工艺方法的方面

（1）配合比设计

混凝土、砂浆的配合比会极大影响材料的强度、和易性。控制措施：应根据强度、和易性等方面的要求选择合适的配合比，配合比应进行试配。现场材料状态与配合比设计的条件不符合时，应对配合比进行调整。

（2）墙体砌筑

墙体的砌筑质量会对墙体的抗压、抗剪性能产生重要影响。砌筑质量的控制主要包括砂浆质量、灰缝饱满度、厚度，砖的组砌方式，砌体轴线，墙面的平整度及垂直度。控制措施：砂浆制备时，对原材料精确计量，严格按配合比投料；在砌筑前对施工人员进行技术交底；砌筑过程中，严格按正确的方法施工，并设专人进行监督检查。

（3）拉结筋设置

拉结筋的长度、位置、数量影响纵横墙的连接强度。控制措施：钢筋下料时，应控制下料的长度和数量，在墙体或混凝土进行施工时，应检查拉结筋放置情况，避免漏放、少放。

（4）模板支设

模板固定不牢会引起胀模；构造柱、圈梁模板与墙面之间存在间隙，会造成混凝土构件的不密实。控制措施：检查模板的拉结螺栓、砖托、金属卡子的间距；检查模板与墙面的贴紧程度。

（5）混凝土浇筑

混凝土浇筑施工工序、振捣质量会对混凝土构件的施工质量造成重要影响。混凝土浇筑质量控制主要包括：混凝土质量、振捣工序、振捣方法。质量控制：混凝土制备时，严格控制原材料计量、搅拌时间；混凝土浇筑前，制订浇筑方案，并对工人进行技术交底；振捣时应按操作规范进行，设专人进行监督检查。

第4章 砌体结构的鉴定

4.1 可靠性鉴定

本章的多层砖砌体结构房屋，主要指民用建筑的多层砖砌体承重的房屋，包括烧结普通黏土砖和烧结多孔黏土砖砌体承重的多层房屋。

既有多层砖砌体结构房屋，或因设计、施工存在质量缺陷，或因使用不当、存在损坏，或因改变用途、改变使用条件，或因超过设计使用年限拟继续使用，或因装修改造等情况和原因，需要对其安全性、正常使用性（包括适用性和耐久性）进行检测鉴定，即进行可靠性鉴定。对既有多层砖砌体结构房屋的可靠性鉴定，应按国家现行有关标准进行，其基本规定、鉴定方法和要求如下：

4.1.1 基本规定

（1）多层砖砌体结构房屋的可靠性鉴定，应依据现行国家标准《民用建筑可靠性鉴定标准》（GB 50292）规定的鉴定方法和相关要求进行。它主要适用于以静力为主的可靠性鉴定，对地震区的多层砖砌体结构房屋进行可靠性鉴定时，一般应与抗震鉴定结合进行，并应遵守现行国家标准《建筑抗震鉴定标准》（GB 50023）的有关规定。

（2）对既有多层砖砌体结构房屋进行可靠性鉴定时，可根据民用建筑的特点以及鉴定的目的和要求，仅进行安全性鉴定或仅进行正常使用性鉴定，也可同时进行这两种鉴定。具体在什么情况下应进行可靠性鉴定，在什么情况下可仅进行安全性鉴定或仅进行正常使用性鉴定，详见现行《民用建筑可靠性鉴定标准》（GB 50292）。

（3）对既有多层砖砌体结构房屋的可靠性鉴定，其鉴定程序及其工作内容、鉴定分级标准（包括安全性鉴定评级的各层次分级标准，正常使用性鉴定评级的各层次分级标准，以及可靠性鉴定评级的各层次分级标准等），均应遵守现行《民用建筑可靠性鉴定标准》（GB 50292）的有关规定。

4.1.2　鉴定的方法和要求

对既有多层砖砌体结构房屋进行可靠性鉴定，现行国家标准《民用建筑可靠性鉴定标准》（GB 50292）所给出的鉴定方法和相关要求主要有：

（1）既有多层砖砌体结构房屋的安全性和正常使用性的鉴定评级，应按构件、子单元（按地基基础、上部承重结构和围护系统划分为三个子单元）和鉴定单元（通常按建筑物的变形缝划分为一个或多个鉴定的区段作为一个或多个鉴定单元）各分三个层次，每一层次分为四个安全性等级和三个使用性等级，并从构件层次开始逐层逐步进行安全性和正常使用性等级的评定。需要进行可靠性鉴定评级时，各层次的可靠性等级应以该层次安全性和正常使用性的评定结果为依据进行综合确定，每一层次的可靠性等级分为四级。

（2）砌体结构构件的安全性鉴定，应按承载能力、构造以及不适于继续承载的位移和裂缝等四个检查项目，分别评定每一受检构件等级，并取其中最低一级作为该构件的安全性等级。

砌体结构构件安全性鉴定的检查评定项目及其分级原则，是在我国现行国家标准《建筑结构可靠性设计统一标准》（GB 50068）定义的结构承载能力极限状态的基础上，根据其工作性能和工程鉴定经验等确定的。可归为两类：一是按承载能力验算项目评定，即在对结构详细调查检测的基础上按国家现行设计规范进行验算；二是按承载状态调查检测结果评定，包括结构构造的检查评定和不适于构件继续承载的位移或裂缝的检测评定。因为合理的结构构造与正确的连接方式，始终是结构可靠传力和安全承载的重要保证措施，如墙、柱的实际高厚比是否满足规范的规定要求即保证受压构件正常工作承载所必需的最低刚度，同时，过大的高厚比很容易诱发墙、柱产生意外的破坏；当存在不适于继续承载的位移或裂缝时，结构构件此时虽未达到最大承载能力，但已彻底不能使用，故也应视为已达到承载能力极限状态的情况。其中：

① 当砌体结构构件的安全性按承载能力评定时，应按表4-1中的规定，分别评定每一验算项目的等级，然后取其中最低一级作为该构件承载能力的安全性等级。

表 4-1　砌体构件承载能力等级的评定

构件类别	R $(\gamma_0 S)$			
	a_u 级	b_u 级	c_u 级	d_u 级
主要构件及连接	≥1.0	≥0.95	≥0.90	<0.90
一般构件	≥1.0	≥0.90	≥0.85	<0.85

注：1. 表中 R 和 S 分别为结构构件的抗力和作用效应；γ_0 为结构重要性系数，应按验算所依据的国家现行设计规范选择的安全等级确定本系数的取值。
　　2. 结构倾覆、滑移、漂浮的验算，应符合国家现行有关规范的规定。
　　3. 当材料的最低强度等级不符合原设计当时应执行的国家标准《砌体结构设计规范》（GB 50003）的要求时，应直接定为 c_u 级。

② 当砌体结构构件的安全性按连接及构造评定时，应按墙、柱的高厚比，连接及构造两个检查项目［详见现行国家标准《民用建筑可靠性鉴定标准》（GB 50292）表 5.4.3 的规定］分别评定等级，然后取其中较低一级作为该构件的安全性等级。

③ 当砌体结构构件的安全性按不适于继续承载的位移或变形评定时，对墙、柱出现的水平位移（或倾斜），当实测值大于《民用建筑可靠性鉴定标准》（GB 50292）规定的限值时，宜根据其严重程度、结合工程经验以及承载力验算结果，进行综合分析评定其等级。

④ 当砌体结构的承重构件出现《民用建筑可靠性鉴定标准》（GB 50292）所指明的受力裂缝时［详见《民用建筑可靠性鉴定标准》（GB 50292）第 5.4.5 条的规定］，应视为不适于继续承载的裂缝，并应根据裂缝的严重程度评为 c_u 级或 d_u 级。因为对砌体结构的承重构件，往往由于其承载能力严重不足，会在相应部位出现这种受力裂缝。

（3）砌体结构构件的正常使用性鉴定，应按位移、非受力裂缝和腐蚀（风化或粉化）三个检查项目，分别评定每一受检构件等级，并取其中最低一级作为该构件的使用性等级。

位移检查项目的评定，主要是对砌体墙、柱的顶点水平位移（或倾斜）的检测结果评定，评定原则详见《民用建筑可靠性鉴定标准》（GB 50292）第 6.4.2 条的规定；非受力裂缝检查项目的评定，是对砌体结构构件的非受力裂缝检测结果的评定，砌体结构构件的非受力裂缝是指由温度收缩、膨胀和地基不均匀沉降等变形因素引起的裂缝，也称为变形裂缝，在脆性的砌体结构中一旦出现非受力裂缝，往往较宽、较长或较多，将影响结构的正常使用，故在砌体结构件的正常使用性鉴定评级中将其作为检查评定项目，并按《民用建筑可靠性鉴定标准》（GB 50292）第 6.4.3 条的规定评定其等级；风化（或粉化）检查项目的评定，是对砌体结构构件出现的风化或粉化检测结果的评定，包括对砌体块材和砂浆层（灰缝）的风化或粉化检测结果的评定，并按《民用建筑可靠性鉴定标准》（GB 50292）第6.4.4条的规定评定其等级。

（4）需要对房屋的子单元如对上部承重结构的安全性和正常使用性进行鉴定评级时，可根据其所含各种构件的安全性等级、结构的整体性等级，以及结构存在的不适于继续承载的侧向位移等级，综合确定上部承重结构的安全性等级；根据其所含各种构件的使用性等级和结构的侧向位移等级，综合确定上部承重结构的使用性等级。为此，在现行《民用建筑可靠性鉴定标准》（GB 50292）中，给出了由单个构件安全性等级（或使用性等级）到每种构件安全性等级（或使用性等级）的评级方法［详见《民用建筑可靠性鉴定标准》（GB 50292）第7.3.5、7.3.6和8.3.2条的规定］，以及对结构整体性和结构侧移的鉴定评级做出了相应规定［详见《民用建筑可靠性鉴定标准》（GB 50292）第7.3.9、7.3.10和8.3.6条的规定］。

（5）需要对鉴定单元的安全性进行鉴定评级时，应根据其地基基础、上部承重结构和围护系统承重部分等的安全性等级以及与整幢建筑有关的其他安全问题进行评定，其评定原则详见《民用建筑可靠性鉴定标准》（GB 50292）第9.1.2和9.1.3条的规定；鉴定单元的正常使用性鉴定评级应根据地基基础、上部承重结构和围护系统的使用性等级以及与整幢建筑有关的其他使用功能问题进行评定，其评定原则详见《民用建筑可靠性鉴定标准》（GB 50292）第9.2.2和9.2.3条的规定。

（6）需要对多层砖砌体结构房屋进行可靠性鉴定时，各层次的可靠性评定等级可根据各层次的安全性和正常使用性的评定结果综合确定。当其安全性不符合鉴定要求时，应以安全性等级作为该层次的可靠性等级；当其安全性符合或略低于鉴定要求时，可取其安全性等级和正常使用性等级中较低的等级作为该层次的可靠性等级。

（7）当仅要求鉴定某层次的安全性或正常使用性时，检测和评定工作可只进行到该层次规定的相应要求。

4.2　抗震鉴定

对地震区的既有多层砖砌体结构房屋，或因为原规定的抗震设防类别已提高，或因为现行区划图中的抗震设防烈度提高而设防要求随之提高，或因为设防类别和设防烈度同时提高，都需要进行以预防为主的抗震鉴定。如最近正在进行的教育建筑中幼儿园、中小学校舍的抗震鉴定，其中有相当部分校舍为多层砖砌体结构房屋，就是因为其抗震设防类别从原来的标准设防类（丙类）全面提高到重点设防类（乙类），而普遍需要进行抗震鉴定。《建筑抗震鉴定标准》（GB 50023—2009）按 A、B、C 三类建筑进行抗震鉴定。下面主要介绍有关 A、B 类既有多层砖砌体结构房屋抗震鉴定的方法和要求。

4.2.1　一般规定

（1）现行 GB 50023—2009 第 5 章适用于烧结普通黏土砖、烧结多孔黏土砖承重的多层房屋的抗震鉴定。对于单层砖砌体房屋，当横墙间距不超过三开间时，可按该章规定的原则进行抗震鉴定。

（2）现有多层砌体房屋抗震鉴定时，房屋的高度和层数、抗震墙的厚度和间距、墙体实际达到的砂浆强度等级和砌筑质量、墙体交接处的连接以及女儿墙、楼梯间和出屋面烟囱等易引起倒塌伤人的部位应重点检查；抗震烈度为 7～9 度时，尚应检查墙体布置的规则性，检查楼、屋盖处的圈梁，检查楼、屋盖与墙体的连接构造等。

（3）多层砌体房屋的外观和内在质量应符合下列要求：

① 墙体不空鼓、无严重酥裂和明显歪斜；

② 支承大梁、屋架的墙体无竖向裂缝，承重墙、自承重墙及其交接处无明显裂缝；

③ 木楼、屋盖构件无明显变形、腐朽、蚁蚀和严重开裂；

④ 混凝土构件应符合有关规范的规定。

（4）既有多层砖砌体结构房屋的抗震鉴定，应按房屋高度和层数、结构体系的合理性、墙体材料的实际强度、房屋整体性连接构造的可靠性、局部易损易倒部位构件自身及其与主体结构连接构造的可靠性以及墙体抗震承载力的综合分析，对整幢房屋的抗震能力进行鉴定。

当多层砌体房屋层数超过规定时，应评定为不满足抗震鉴定要求；当仅有出入口、人流通道处的女儿墙、出屋面烟囱等不符合规定时，应评定为局部不满足抗震鉴定要求。

（5）A 类砌体房屋应进行综合抗震能力两级鉴定。在第一级鉴定中，墙体的抗震承载力应依据纵、横墙间距进行简化验算，当符合第一级鉴定的各项规定时，应评为满足抗震鉴定要求；不符合第一级鉴定要求时，除有明确规定的情况外，应在第二级鉴定中采用综合抗震能力指数的方法，计入构造影响做出判断。

B 类砌体房屋，在整体性连接构造的检查中尚应包括构造柱的设置情况，墙体抗震承载力应采用现行国家标准《建筑抗震设计规范》（GB 50011）的底部剪力等方法进行验算或按照 A 类砌体房屋计入构造影响进行综合抗震能力的评定。

对于 A、B 类既有多层砌体结构房屋采用的两级鉴定，可分别参照图 4-1 和图 4-2 进行。

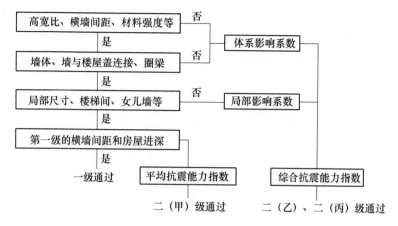

图 4-1 A 类多层砌体房屋的两级鉴定

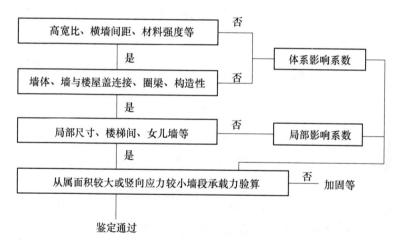

图 4-2 B 类多层砌体房屋的鉴定

4.2.2 A 类砖砌体房屋的抗震鉴定

1. 第一级鉴定（抗震措施鉴定）

（1）房屋的高度和层数

对多层砖砌体结构房屋，其抗震能力基于砌体材料的脆性性质和震害经验的宏观调查，除依赖于横墙间距、砖和砂浆强度等级、结构的整体性和施工质量等因素外，还与房屋的总高度和层数直接有关。因此，对多层砖砌体结构房屋，限制其层数和高度是所采取的主要抗震措施之一。

A 类既有多层砖砌体房屋的高度和层数不宜超过表4-2所列的范围。对横墙较少的多层砖砌体房屋，其适用高度和层数应比表4-2的规定分别降低3m和一层；对横墙很少的多层砖砌体房屋，还应再减少一层。横墙较少的多层砌体房屋，是指同一楼层内开间大于4.2m的房间占该层总面积的40%以上；横墙很少的多层砌体房屋，是指同一楼层内开间大于4.20m的房间占该层总面积的80%以上。

表4-2　A 类多层砖砌体房屋的最大高度（m）和层数限值

墙体类别	墙体厚度（mm）	烈度							
		6 度		7 度		8 度		9 度	
		高度	层数	高度	层数	高度	层数	高度	层数
普通砖实心墙	≥240	24	八	22	七	19	六	13	四
	180	16	五	16	五	13	四	10	三
多孔砖墙	180～240	16	五	16	五	13	四	10	三

注：1. 房屋高度计算方法同现行国家标准《建筑抗震设计规范》（GB 50011）的规定。
　　2. 乙类设防时应允许按本地区设防烈度查表，但层数应减少一层且总高度应降低3m；其抗震墙不应为180mm普通砖实心墙。

当房屋层数和高度超过适用范围时，应提高对综合抗震能力的要求或提出改变结构体系的要求等。

（2）结构体系

既有多层砖砌体房屋结构体系的检查鉴定，包括刚性和规则性的判别、大跨度梁支承结构构件和现浇楼盖的要求，以及防震缝和楼梯间的设置等。应检查是否符合下列要求：

① 现有房屋的结构体系应符合刚性体系的要求，应检查房屋实际的抗震横墙最大间距，以及房屋总高度与总宽度的最大比值（高宽比）是否满足现行 GB 50023 第5.2.1条的规定要求。

② 烈度为7～9度时，应检查房屋的平、立面和墙体布置是否符合下列规则性的要求：

a. 房屋质量和刚度沿高度分布比较规则均匀，立面高度变化不超过一层，同一楼层的楼板标高相差不大于500mm；

b. 楼层的质心和计算刚心基本重合或接近。

③ 跨度不小于6m的大梁，不宜由独立砖柱支承；乙类设防时不应由独立砖柱支承。

④ 教学楼、医疗用房等横墙较少、跨度较大的房间，宜为现浇或装配整体式楼、屋盖。

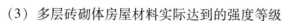

（3）多层砖砌体房屋材料实际达到的强度等级

对 A 类多层砖砌体房屋，需按有关规定抽检承重墙体的砌筑砂浆、普通砖和多孔砖实际达到的强度等级，以及构造柱、圈梁实际达到的混凝土强度等级，检查是否满足鉴定标准的最低要求：

砖强度等级不宜低于 MU7.5，且不低于砌筑砂浆强度等级；墙体的砌筑砂浆强度等级，烈度为 6 度或 7 度时二层及以下的砖砌体不应低于 M0.4，烈度为 7 度时超过二层或烈度为 8、9 度时不宜低于 M1；构造柱、圈梁实际达到的混凝土强度等级不宜低于 C13。

（4）整体性连接构造

既有多层砖砌体房屋的整体性连接构造，包括纵横向抗震墙的交接处、楼（屋）盖及其与墙体的连接处、圈梁布置和构造的判别，以及构造柱布置和构造等要求，应着重检查是否符合下列要求：

① 墙体布置在平面内应闭合，纵横墙交接处应有可靠连接，不应被烟道、通风道等竖向孔道削弱；乙类设防时，还需按本地区抗震设防烈度和鉴定标准的要求检查构造柱的设置情况。

纵横墙交接处应咬槎较好；当为马牙槎砌筑或有钢筋混凝土构造柱时，沿墙高每 10 皮砖或 500mm 应有 2φ6 拉结筋。

② 木屋架不应为无下弦的人字屋架，隔开间应有一道竖向支撑或有木望板和木龙骨顶棚。

③ 装配式混凝土楼、屋盖（或木屋盖）砖房的圈梁布置和配筋，不应少于现行 GB 50023 中表 5.2.4-2 的规定；纵墙承重房屋的圈梁布置要求应相应提高圈梁的布置和构造，尚应检查是否符合现行 GB 50023 中第 5.2.5 条的有关规定。

④ 楼盖、屋盖的连接，尚应检查楼盖、屋盖构件的支承长度是否符合现行 GB 50023 中表 5.2.5 的规定，检查混凝土预制构件是否有座浆、预制板缝是否有混凝土填实等。

（5）房屋中易引起局部倒塌的部件及其连接

既有多层砖砌体房屋中易引起局部倒塌部件及其连接的检查鉴定，包括对墙体局部尺寸、楼梯间、悬挑构件、女儿墙、出屋面小烟囱等的判别，应检查是否符合下列要求：

① 出入口或通道处的女儿墙和门脸等装饰物应有锚固；出屋面小烟囱在出入口或人流通道处应有防倒塌措施；钢筋混凝土挑檐、雨罩等悬挑构件应有足够的稳定性。

② 楼梯间的墙体，悬挑楼层、通长阳台或房屋尽端局部悬挑阳台，过街楼的支承墙体，与独立承重砖柱相邻的承重墙体，均应提高有关墙体承载能力的

要求。

③ 对既有结构构件的局部尺寸、支承长度和连接，如承重的门窗间墙最小宽度和外墙尽端至门窗洞边的距离，楼梯间及门厅跨度不小于 6m 的大梁在砖墙转角处的支承长度，出屋面的楼梯间、电梯间和水箱间等小房间墙体的构造与连接，预制楼盖、屋盖与墙体的连接等，检查是否符合现行 GB 50023 的要求。

对非结构构件的既有构造，如隔墙与两侧墙体或柱的拉结，隔墙较长或高度较高时墙顶与梁板的连接，无拉结女儿墙和门脸等装饰物凸出屋面的高度及女儿墙封闭等，检查是否符合现行 GB 50023 的要求。

2. 第二级鉴定（抗震承载力验算）

对 A 类多层砖砌体房屋，鉴定标准推荐采用简化方法，即楼层综合抗震能力指数法（面积率方法），其验算公式如下：

楼层综合抗震能力指数为

$$\beta_{ci} = \psi_1 \psi_2 \beta_i \qquad (4-1)$$

楼层综合抗震能力指数为

$$\beta_i = A_i / (A_{bi} \xi_{0i} \lambda) \qquad (4-2)$$

式中　ψ_1——体系影响系数，按现行 GB 50023 的有关规定采用；

　　　ψ_2——局部影响系数，按现行 GB 50023 的有关规定采用；

　　　β_i——第 i 楼层的纵向或横向墙体平均抗震能力指数；

　　　A_i——第 i 楼层的纵向或横向抗震墙在层高 1/2 净截面的总面积；

　　　A_{bi}——第 i 楼层的建筑平面面积；

　　　ξ_{0i}——第 i 楼层的纵向或横向抗震墙的基准面积率；

　　　λ——烈度影响系数；烈度为 6 ~ 9 度时取 0.7、1.0、1.5 和 2.5。

楼层面积率简化计算。

4.2.3　B 类砖砌体房屋的抗震鉴定

1. 第一级鉴定

（1）房屋的高度和层数

B 类既有多层砌体房屋的实际高度和层数，不应超过表 4-3 规定的限值。对横墙较少的多层砖砌体房屋，其适用高度和层数应比表中的规定分别降低 3m 和一层；对横墙很少的多层砖砌体房屋，还应再减少一层。

对 B 类多层砖砌体房屋，普通砖和 240mm 厚多孔砖房屋的层高不宜超过 4m；

190mm 厚多孔砖房屋的层高不宜超过 3.6m；当房屋层数和高度超过最大

限值时，应提高对综合抗震能力的要求或提出采取改变结构体系等抗震减灾措施。

表 4-3　B 类多层砖砌体房屋的最大高度（m）和层数限值

砌体类别	最小墙厚（mm）	烈　度							
		6 度		7 度		8 度		9 度	
		高度	层数	高度	层数	高度	层数	高度	层数
普通砖	240	24	八	21	七	18	六	12	四
多孔砖	240	21	七	21	七	18	六	12	四
	190	21	七	18	六	15	五	不宜采用	

注：1. 房屋高度计算方法同现行国家标准《建筑抗震设计规范》（GB 50011）的规定。
　　2. 乙类设防时应允许按本地区设防烈度查表，但层数应减少一层且总高度应降低 3m。

（2）结构体系

既有多层砖砌体房屋的结构体系，包括刚性和规则性的判别、大跨度梁支承结构构件和现浇楼盖的要求，以及防震缝和楼梯间的设置等，应按下列要求进行检查：

① 房屋抗震横墙的最大间距、房屋总高度与总宽度的最大比值（高宽比），应符合现行 GB 50023 中第 5.3.3 条的规定要求。

② 检查纵横墙的布置是否均匀对称，沿平面内是否对齐，沿竖向上、下是否连续；同轴线上的窗间墙宽度是否均匀。

③ 烈度为 8、9 度时，房屋立面高差在 6m 以上，或有错层且楼板高差较大，或各部分结构刚度、质量截然不同时，需检查是否设置防震缝且缝宽是否符合鉴定的要求。

④ 检查房屋的尽端和转角处是否有楼梯间。

⑤ 跨度不小于 6m 的大梁，检查是否由独立砖柱支承。

⑥ 教学楼、医疗用房等横墙较少、跨度较大的房间，是否为现浇或装配整体式楼盖屋盖。

⑦ 检查同一结构单元的基础（或柱承台）是否为同一类型，基础底面是否埋置在同一标高上。

（3）多层砖砌体房屋材料实际达到的强度等级

承重墙体的砌筑砂浆实际达到的强度等级，不应低于 M2.5；普通砖、多孔砖的强度等级不应低于 MU7.5；构造柱、圈梁实际达到的混凝土强度等级，不宜低于 C15。

（4）整体性连接构造

既有多层砖砌体房屋整体性连接构造的鉴定，包括纵横向抗震墙的交接处、楼屋盖及其与墙体的连接处、圈梁布置和构造的判别，以及构造柱布置和构造等要求，应按下列要求检查：

① 检查墙体布置在平面内是否闭合，纵横墙交接处是否咬槎砌筑，烟道、风道、垃圾道等有否削弱墙体。

② 检查钢筋混凝土构造柱的设置，是否符合现行 GB 50023 中表 5.3.5-1 的要求。构造柱的构造与配筋，是否符合现行 GB 50023 中第 5.3.6 条的要求。

③ 检查钢筋混凝土圈梁的布置，是否符合现行 GB 50023 中表 5.3.5-4 的要求；圈梁的配筋与构造，是否符合现行 GB 50023 中第 5.3.7 条的规定要求。

④ 检查房屋楼盖、屋盖及其与墙体的连接，是否符合现行 GB 50023 中第 5.3.5 和 5.3.9 条的有关要求。

（5）房屋中易引起局部倒塌的部件及其连接

现有多层砖砌体房屋中易引起局部倒塌部件及其连接的鉴定，包括对墙体局部尺寸楼梯间、悬挑构件、女儿墙、出屋面小烟囱等的判别，应按下列要求检查：

① 检查后砌的非承重砖砌体隔墙与承重墙或柱的拉结，非结构构件（预制阳台、钢筋混凝土预制挑檐、附墙烟囱及出屋面烟囱）的连接构造，门窗洞处过梁的支承长度，以及砌体墙段实际的局部尺寸等是否符合现行 GB 50023 中第 5.3.10 条的有关规定要求。

② 烈度为 8、9 度时，检查楼梯间的连接构造，是否符合现行 GB 50023 中的有关要求；凸出屋面的楼梯间、电梯间，检查构造柱是否伸到顶部；检查装配式楼梯段与平台梁是否有可靠连接。

2. 第二级鉴定（抗震承载力验算）

对 B 类多层砖砌体房屋，鉴定标准推荐采用现行抗震设计规范的方法验算墙体的抗震承载力，验算公式为

$$V = f_{vE}A/\gamma_{Ra} \tag{4-3}$$
$$f_{vE} = \zeta_N f_v \tag{4-4}$$

式中　V——墙体剪力设计值；

　　f_{vE}——砌体沿阶梯截面破坏的抗震抗剪强度设计值；

　　A——墙体横截面面积；

　　γ_{Ra}——抗震鉴定的承载力调整系数，按鉴定标准和规范的相应规定采用；

　　f_v——非抗震设计的砌体抗剪强度设计值，按鉴定标准和规范的相应规定采用；

　　ζ_N——砌体抗震抗剪强度的正应力影响系数，按鉴定标准和规范的规定采用。

需要说明的是，对多层砖砌体结构房屋，上述抗震鉴定验算以及后面需要进行的抗震加固验算，PKPM 软件系列已推出 JDG "建筑抗震鉴定和加固设计软件"，可供用户分别按后续使用年限 30 年（A 类建筑）、40 年（B 类建筑）以及 50 年（C 类建筑）进行鉴定验算和加固设计使用。但要注意，计算模型必须符合工程结构实际，计算参数等尚需按现行《建筑抗震鉴定标准》（GB 50023）和《建筑抗震设计规范》（GB 50011）的有关规定采用。

4.2.4　砖砌体抗震鉴定中的问题

1. 超层超高问题

历次地震的震害表明，在一般场地下，砌体房屋层数越多、高度越高，它的震害程度和破坏率也就越大。例如，我国海城和唐山地震中，相邻的砖房，四、五层的比二、三层的破坏严重，倒塌的比率亦高得多。因此，国内外建筑抗震设计规范都对砌体房屋的层数和总高度加以限制，实践证明，限制砌体房屋的层数和总高度，是一项既经济又有效的抗震措施。对既有多层砖砌体房屋，其抗震能力除依赖于横墙的间距大小、砖和砂浆的实际强度等级、结构的整体性和施工质量等因素外，还与房屋的层数和总高度直接有关；尤其是教学楼、医疗用房等由于大开间房间较多，房屋的横墙往往较少或很少，其抗震性能还要差，在地震中更容易发生破坏和倒塌，如汶川大地震中，采用砖房的中小学校舍较一般民用住房破坏普遍和倒塌严重。

鉴于既有砌体房屋的层数和总高度已经存在，且对砌体结构房屋的抗震性能又十分重要，在现行抗震鉴定标准中，对多层砖砌体房屋，不仅明确规定了不同烈度下的最大适用高度和层数，并作为限值，要求按此进行抗震措施的鉴定；而且规定了当房屋层数和总高度超过最大限值即超层超高时，还要求采取相应的对策加以处理，如提高对综合抗震能力的要求或提出采取改变结构体系等抗震、减灾措施。这些限值和规定，对既有多层砖砌体房屋的抗震鉴定和加固都是非常重要的，必须注意。

2. 结构体系问题

众所周知，不同的结构类型、结构体系的房屋，其抗震性能不同。因此，对实际房屋的结构类型、结构体系能否正确合理地判定，是做好抗震鉴定的重要前提。在实际工程中，房屋类型比较复杂，除了不少由单一结构体系组成的房屋之外，还有些房屋其结构类型往往不是单一的结构体系，时常会遇到由不同结构组成的混合结构体系的房屋。

1) 多层内框架砖房和底层框架砖房结构体系

多层内框架砖房是指内部为框架承重、外部为砖墙承重的房屋，包括内部为单排柱到顶、多排柱到顶的多层内框架房屋；多层底层框架砖房是指底层为框架（包括填充墙框架等）承重而上部各层为砖墙承重的多层房屋。多层内框架砖房和底层框架砖房都是由砖墙和混凝土框架混合承重的结构体系，其抗震性能和震害特征与单一的多层砖房、单一的多层钢筋混凝土框架房屋不同，所以现行《建筑抗震鉴定标准》（GB 50023—2009）在第 7 章专门规定了多层内框架砖房和底层框架砖房的抗震鉴定的内容、方法和要求，由于这类房屋的抗震能力较差，标准还明确了其适用范围——仅适用于标准设防的情况，即重点设防的房屋不允许采用，这里不再赘述。

2）其他类型的混合结构体系

在实际工程中，除了内框架砖房和底层框架砖房为混合结构体系外，还有其他类型的混合结构体系，如图 4-3 所示的广州某中学五层教学楼，是由砖砌体结构与钢筋混凝土框架结构相连且共同承重的混合结构体系。在静力作用下，它们都是主体承重结构；在水平地震作用下，它们都是抗侧力结构构件；其受力状态与单一的砌体结构不同，与单一的框架结构也有区别。对这种混合结构体系的房屋抗震鉴定，应按不同的结构体系（砌体结构与框架结构）分别进行鉴定之外，同时还要适当考虑两者地震作用分配以及侧移协调的影响，才能做出比较符合实际的鉴定结论。

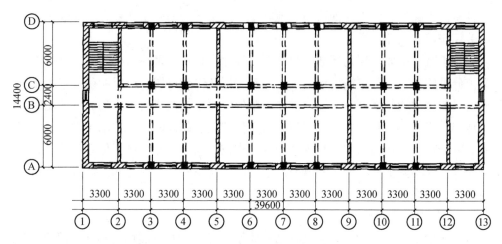

图 4-3 广州某中学五层教学楼

第5章　变形及损伤检测

5.1 裂缝

　　砌体裂缝是砌体事故中最常见的病害之一。砌体出现裂缝往往是标志砌体结构内某部分产生内应力，并且已超过其所能承担的抗拉、抗剪的极限强度。

　　砌体裂缝直接影响建筑物的美观、影响建筑物的结构强度、刚度、稳定性和整体性能，在功能上有的造成渗漏，若超载引起裂缝，还会引发结构事故，严重时，甚至造成结构倒塌。因此砌体裂缝发生后，应定期观察、测量，及时分析并采取相应措施。

　　砌体裂缝主要有如下类型：

　　（1）沉降裂缝；

　　（2）温度裂缝；

　　（3）超载裂缝；

　　（4）振动裂缝；

　　（5）筒拱结构裂缝。

5.1.1 沉降裂缝

　　砌体结构地基基础的不均匀沉降，使墙体内产生附加内力，当其超过砌体的极限强度时，首先在墙体薄弱处出现裂缝，并将随着沉降量的增大而不断发展和扩大。

　　1. 砌体沉降裂缝的特征

　　砌体常见的裂缝有整体弯曲裂缝和剪力裂缝两类。

　　砌体结构墙体的裂缝走向以斜向和竖向裂缝较多，但也有水平裂缝。一般情况下，斜向裂缝通过窗口的两对角，紧靠窗处裂缝宽度较大，向上或两侧逐渐缩小，其走向往往由沉降小的一侧向沉降大的一侧逐渐向上发展。这种裂缝主要由于地基基础不均匀沉降使墙体受到较大剪力，造成砌体受主拉力作用而引发的。

竖向裂缝主要产生在横墙承重结构的纵向墙体上，或者底层窗间墙的窗台下，一般是由于墙的两端沉降值较大，中间沉降值较小的反向弯曲，使墙体上端形成拉应力而产生的，这种裂缝往往上端大、下端小，如底层窗台中部的裂缝。纵、横墙交接处，当不设置拉结筋时，也会产生竖向裂缝，一般由下向上发展。

水平裂缝一般出现在窗间墙上，往往是每个窗间墙的上、下两个对角处成对出现。这是由于沉降单元墙体的上部受到水平推力顶住后，窗间墙在较大水平剪力作用下而引起的砌体剪切破坏。沉降大的一边裂缝在下，沉降小的一边裂缝在上，靠窗口处裂缝宽度较大，向窗间墙的中部逐渐缩小。

当地基发生局部沉降时，也会在底层墙上特别是在基础与其上部的圈梁间出现局部水平裂缝，这是因为局部地基沉降导致砌体沉降而引起的。

2. 墙体沉降弯曲破坏的基本分析

当房屋结构的整体性较强、砌体施工质量较好时，圈梁和砌筑墙体所构成的整体结构，在不均匀沉降下，墙砌体将产生整体弯曲破坏。

整体弯曲破坏的砌体结构，其受力和变形状态类似于梁的弯曲。

地基的沉降情况是比较复杂的，最常见的是单侧沉降变形状况，并出现变形裂缝，其不均匀裂缝可近似地假定为线性，协调力为三角形，砌体的变形曲线分析可类似于悬臂梁。墙体沉降裂缝如图 5-1 所示。按悬臂梁在三角形协调外力作用下，最大挠度 Δu_{max} 与最大分布力 q_m 之间的关系为

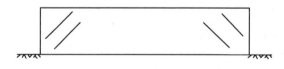

图 5-1　墙体沉降裂缝示意图

$$\Delta u_{max} = 11qa^4/120EI \tag{5-1}$$

当已知最大挠度时，可从式（5-1）求得最大弯曲协调力 q_m，即

$$q_m = 120\Delta u_{max}EI/11a^4 \tag{5-2}$$

式中　Δu_{max}——最大挠度；

　　　E——砌体的弹性模量；

　　　I——墙体的截面惯性矩（在门窗洞口截面处，应取净截面惯性矩）；

　　　a——不均匀下沉墙体长度。

此时，可按式（5-3）计算最大弯矩 M_{max}，即当 $x = 0$ 时：

$$M_{max} = -q_m a^2/3 \tag{5-3}$$

$$\sigma_{max} = M_{max}h_i/2I \tag{5-4}$$

最大应力位于墙体的上边缘，其中 h_i 为墙体高度。

考虑到不均匀沉降是缓慢进行的，并按照缓慢程度，在弹性应力分析的基础上乘以松弛系数 β（$\beta = 0.3 \sim 0.5$）。

按经验统计分析，在几个月内发生的沉降，β 取 0.3；在施工期间发生的沉降，β 取 0.5；突发性沉降，β 取 1.0。最后应力应满足式（5-5）的要求：

$$\sigma_{max} = \beta \sigma_{max} = \beta M_{max} h_i / 2I \leqslant f_v \tag{5-5}$$

式中　f_v——砌体抗剪强度。

3. 沉降裂缝的预防措施

对沉降裂缝的预防，建议采取以下措施：

（1）一旦发生沉降裂缝或沉降变形，应及时找到地基或基础的病症部位和原因，对地基或基础进行加固处理，以控制地基不均匀沉降的发展。

（2）对开裂或损伤的墙体做结构加固处理，如提高墙砌体的整体性，提高砌体的抗裂性。一般采用双面钢丝网拉结补强、局部补砌时提高砂浆强度等级、局部在砌体中加配钢筋等，需要时还可以增设钢筋混凝土圈梁和构造柱等。

（3）软弱地基的压缩沉降量大，对受载后的结构影响也大，特别对超静定结构受力体系极为敏感。因此，在软土地基上建造的建筑物出现不均匀沉降如结构基础和上部结构强度和整体性均较好时，可采用局部减载或局部加载的方法进行沉降纠偏，以调整和控制不均匀沉降的发展，达到沉降稳定，在此条件下，再做基础的加固工作。

5.1.2　温度裂缝

砌体结构地基基础的不均匀沉降，使墙体内产生附加内力，当其超过砌体的极限强度时，首先在墙体薄弱处出现裂缝，并将随着沉降量的增大而不断发展和扩大。

砌体结构构件，在温度变化时，伸长或缩短的变形值 Δl，与构件长度、所处温度和结构材料种类有关，其关系式为

$$\Delta l = l\ (t_2 - t_1)\ a \tag{5-6}$$

式中　l——砌体结构构件长度；

$t_2 - t_1$——温度差；

a——结构材料的线膨胀系数［砖砌体为 5×10^{-6}（在 $20 \sim 200℃$ 条件下）；混凝土为 10×10^{-6}（在 $0 \sim 100℃$ 条件下）］。

砂浆、混凝土等材料，在硬化过程中均会出现干缩变形。由于温度变化或材料的干缩影响，将使砌体结构产生变形差异，当这种变形差异较大时或者变形差异受到约束作用时，将会出现砌体裂缝，或砌体与相关构件之间出现温度裂缝或

干缩裂缝。

1. 砌体温度裂缝的特征

在大量使用的砖砌体与混凝土的混合结构中，由于两种材料的线膨胀系数相差一倍左右，因此，建筑物出现的温度裂缝比较普遍，同时还可能有干缩裂缝，有如下特征：

（1）屋面顶层墙体的斜裂缝

屋面顶层墙体的斜裂缝一般位于顶层两端的 1~2 个开间以内，有时也可能发展得更长，裂缝由两端向中间逐渐升高，呈对称形状。靠近两端有窗口时，裂缝一般通过窗口的两对角。斜裂缝通常仅顶层有，严重时可能发展至以下几层，有时横墙也有出现，这与房屋结构的构造、体形尺寸等有关，如图 5-2 所示。

（2）檐口下的水平裂缝

檐口下的水平裂缝一般出现在平顶房屋的檐口下或屋顶圈梁下 2~3 皮砖的灰缝中，沿外墙顶部分布，且两端较多，向墙中部逐渐减少，裂缝缝口有外张现象，即外墙缝明显，如图 5-3 所示。

檐口下的水平裂缝还有包角现象，即四角严重，并向中间发展，常与水平裂缝连缝，宽度一般在四角处较大。

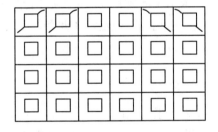

图 5-2　温度作用下引起的正八字形裂缝

图 5-3　温度作用下引起的屋顶水平裂缝

以上裂缝主要是由于屋面混凝土结构直接受到太阳辐射，其温度远高于墙体，因温差而引发的。以湖南地区为例，夏季屋面温度可高达 60℃，而内墙墙面温度一般仅有 30℃ 左右，如果屋面没有良好的隔热措施，则屋面结构的温度变形将远大于墙体。

屋面结构的温度变形，大体上以中部为零，两端最大。因为两种结构材料的温度变形差异，将导致墙体端部产生主拉应力，当主拉应力超过砌体的抗拉强度时，就会在墙体上部产生八字形裂缝。檐口下部的水平裂缝和包角裂缝，则是由于横向和纵向墙体温度作用而产生的剪力超过墙体的水平抗剪强度而产生的，而四个角处因变形的交会而显得更为严重。另外，有时也因墙体交角处地基未做扩大处理，纵横墙交会造成墙体压应力叠加，使局部地基沉降变形和砌体的压缩变形加大，与温度作用叠加，裂缝反应也就更为严重。

（3）外纵墙的水平裂缝

在高大空旷的砖石结构房屋中特别是采用的内框架外承重墙或自承重墙结构中，不论多层或单层，在窗口上、下水平处常出现水平裂缝。裂缝的宽度，一般窗的上口处较小，下口处较大。出现这种裂缝的主要原因是由于平屋面结构受到升温作用，产生较大的伸长变形，在墙顶形成水平力，使砌体产生弯曲拉应力而造成水平裂缝。当屋面结构采用非预应力屋架时，由于屋架下弦伸长，使墙、柱的顶部受到较大水平推力，砌体也会产生类似裂缝。

在工业厂房中，当生活间与厂房连接在一起时，常由于屋面板升温产生较大变形，引起水平推力而造成裂缝。

（4）墙角部位的斜裂缝

在寒冷地区，当建筑物的墙体较长时，在外纵墙墙角部位的门窗洞口处会产生斜裂缝，这是由于墙体因寒冷低温而缩短，而地基基础的温度变化不大，墙角部位产生附加主拉应力而引起。

墙角部位的斜向裂缝，有时也可能是如前述因地基基础在这一部位的纵横墙交会处压应力叠合，而地基基础又未适当放大，从而引起局部沉降加大而引起的，其主要区别是这种裂缝的形成与温度无关。

（5）墙体局部垂直裂缝

① 同一房屋在结构处理上有两种不同层数时，楼板标高相互错开，在错开处的墙体上常会产生竖向裂缝。

② 在较长的多层房屋的楼梯间处，介于楼梯休息平台与楼板之间的墙体上，常产生局部竖向裂缝。

③ 在檐口下出现有规律的垂直裂缝，一般发生在檐口下至顶棚以上部位，分布比较均匀。

上述裂缝的特征，一般发生在墙体的局部，并靠近楼板处，近楼板位置墙体裂缝较宽，上、下逐渐变小。产生裂缝的原因主要是砌体与混凝土两种材料具有不同的温度变形特性。

（6）砖砌体烟囱温度裂缝

砖砌体烟囱的温度裂缝与常温条件下的墙、柱裂缝相比又有其特点。造成烟囱裂缝的主要原因：排除废气的温度较高，或因内衬耐火砖损坏，或空气隔热层中气孔堵塞，或长期使用中松散隔热层散状填料沉陷失效等，从而产生纵向裂缝；有时因烟囱筒体内衬局部破损，局部温度升高，环向膨胀较上、下相邻处大，因而在该处会产生水平裂缝。

调查发现，冶金工厂烟囱的特点是烟气温度高，一般在 500～750℃ 之间，烟囱高度多数不超过120m。由于是砖砌烟囱，从基础顶面开始，因温度的膨胀作用最容易产生竖向裂缝。缝长多在1~3m之间，下宽上细，裂缝间距分布较均匀。另外在拱形出灰口处，拱顶上也有竖向裂缝发生。

冶金工厂的高温烟囱顶部是一个薄弱环节，一般损坏严重。这主要是烟气中混进尚未燃烧的煤气，烟气接近出口时，与空气混合，未燃尽的煤气开始燃烧，在烟囱顶口处出现"冒火"现象，温度升高。在这一过程中，还常伴有较大声响，发生"爆炸"现象，使烟囱顶部受到冲击振动，造成内衬砌体裂缝和破坏。此外，烟气中还含有不同程度的 SO_2 和 SO_3，与空气中游离水形成稀硫酸，产生腐蚀作用。因此在设计中应采用耐酸和耐高温砂浆砌筑，或采用铸铁压顶板保护，或者筒首做局部加固，适当增加环向配筋。

电厂烟囱一般以煤炭为燃料，烟气温度在170~250℃之间，较冶炼厂烟气温度低，因此结构上多采用空气隔热层。在使用中，内衬开裂是明显的，也难以避免，一旦空气隔热层开裂，烟气直接流入，使筒壁温度升高，出现裂缝。这类烟囱裂缝，反而比冶炼厂的高温烟囱的裂缝严重，这主要与采用空气隔热层的构造有关。

另外，电厂烟囱的腐蚀现象也严重，这是因为烟囱温度较低，容易出现低于酸露点的温度。酸露点的温度一般在100℃以下。由于电厂烟囱一般较高，烟气流速增大，烟气温度降低就更快，很容易与酸露点温度接近，在内衬上结露，使内衬砌体产生酸腐蚀。因此，这类烟囱的隔热设计、材料选用和防止酸腐蚀工艺措施都是十分重要的问题。

一般住宅建筑的烟囱常与住宅墙体相连，由于温度变化幅度较大，烟囱砌体的膨胀收缩变形又受到墙体一定的约束作用，因此在该处也常产生竖向裂缝。

2. 混合结构中砌体温度裂缝的近似计算

在钢筋混凝土和砌体的混合结构中，一般屋面和楼面主要使用钢筋混凝土结构，砌体结构用于承重墙体。在两种结构的共同工作中，考虑到板与墙体是紧密连接接触，根据结构构件相互约束的基本假定，当板的温度高于墙体时，将使板内引起压应力，而在墙体顶部引起剪应力。同时，在墙体的端部区域，变形最大，因而具有最大剪应力，而且在该处由于垂直压应力很小，其主拉应力也接近剪应力。当 $x = l/2$ 时，可用冶金建筑研究总院结构专家王铁梦提出的近似计算方法，按下式计算：

$$\sigma_T = \tau_{\max} = C_x \ (\alpha_c t_c - \alpha_b t_b) \ \text{th} \ (\beta l/2) \ /\beta \tag{5-7}$$

$$\beta = \sqrt{\frac{C_x h_1}{bh E_b}}$$

式中　σ_T——主拉应力；

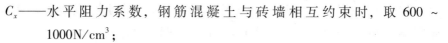

C_x——水平阻力系数，钢筋混凝土与砖墙相互约束时，取 600 ~ 1000N/cm^3；

α_c、α_b——混凝土、砖砌体的线膨胀系数；

t_c、t_b——混凝土、砖砌体的平均温度；

l——房屋长度或板的长度；

th（x）——双曲正切函数（表5-1）；

h_1——墙体厚度；

b——墙体负担顶板的宽度；

h——屋顶板厚度；

E_b——砖砌体弹性模量。

表 5-1　双曲正切函数值表

x	函数值 th（x）	x	函数值 th（x）
0.5	0.4621	3.0	0.9951
1.0	0.7616	3.5	0.9982
1.5	0.9051	4.0	0.9993
2.0	0.9640	4.5	0.9999
2.5	0.9866	5.0	1.0000

式（5-7）表明，结构温度差在砌体内引起的附加剪力与温差大小成正比，与约束阻力、砌体和顶板的几何尺寸、砌体的弹性模量等呈非线性关系。

下面列举一实例说明公式的使用。

【例5-1】某房屋长 60m，钢筋混凝土屋面，顶板厚 $h=80$mm，混凝土强度等级 C25，砖墙厚 $h_1=240$mm，用黏土砖 MU10、混合砂浆 M5 砌筑。夏天顶板在太阳辐射作用下，板面平均温度 $t_c=31$℃，外纵墙相应的平均温度 $t_b=25$℃，顶板在墙上负荷宽度 $b=6$m，求因温度变形而外纵墙顶部砌体内产生的附加剪应力即主拉应力。

解： 砌体砖为 MU10，混合砂浆为 M5，由《砌体结构设计规范》（GB 50003—2011）可知，砌体的抗压强度设计值 $f=1.50$MPa，砌体的弹性模量 $E=1500f$，顶板混凝土线膨胀系数 $\alpha_c=10\times10^{-6}$，墙砖砌体线膨胀系数 $\alpha_b=5\times10^{-6}$，则 $\alpha_c t_c - \alpha_b t_b = 31\times10^{-6} - 25\times5\times10^{-6} = 1.85\times10^{-4}$。设 $C_x=100$N/cm^3，$\beta=\sqrt{\dfrac{1000\times24}{600\times8\times1500\times1.58}}=0.0021$，th（$\beta l/2$）= th（0.0021×6000/2）= th（6.3）= 1，$\sigma_T = 1000\times(31\times10^{-5} - 25\times5\times10^{-6})/0.0021 = 88.1$（N/cm^2）= 0.881N/mm^2。

查《砌体结构设计规范》（GB 50003—2011），当砌体砂浆强度为 M5，沿砌体灰缝截面破坏时，轴心抗拉、抗剪强度设计值分别为 $0.13N/mm^2$ 和 $0.11N/mm^2$。此例中的温度应力超过规范规定很多，因此难免产生裂缝。

纵墙上的竖向裂缝，主要是建筑物长度较大，未设置伸缩缝，加之地区冬夏温差较大，因温度应力超过砌体强度，必然发生裂缝。

女儿墙根部附近的水平裂缝，主要是由平屋面混凝土板在剧烈的温度变形下所引发的，另外，板在墙体上的嵌固作用使约束弯矩叠加，会使女儿墙根部水平裂缝进一步发展。

3. 温度裂缝的预防对策

温度变化而引起砌体的附加剪应力与温度差值的大小成比例。所以从防止裂缝的发生和发展角度出发，首先应降低温度差值，控制并尽可能降低剪应力；其次要尽可能提高砌体的抗剪和抗拉强度。

（1）钢筋混凝土屋盖增设通风隔热层。

利用平屋顶结构的有利条件，增设架空隔热层。可利用红砖砌筑支墩，在其上架设混凝土薄板。通过架空板既避免太阳对屋面的直接暴晒，减少屋面板表面的辐射热，又能起到通风散热的作用。这是减少和稳定砌体上温度裂缝的有效措施之一，比直接铺设炉渣的保温、隔热效果好。

（2）增强局部砌体的抗裂性。

在易产生裂缝部位，纵横交接处工作应力差较大的部位，结合大修，提高砌块和砂浆的强度等级，或者加设部分抗剪砌块或补强钢筋。

（3）屋盖部位的钢筋混凝土圈梁可利用砌体遮盖，既可降低圈梁与砌体的温度差和变形差，又可防止、稳定住墙的温度裂缝。

在保温层兼作找平层的屋盖中，檐口处保温层因屋面坡度要求往往偏薄，或者覆盖宽度不足，因此边侧现浇圈梁或现浇整体挑檐的圈梁，应加大保温层厚度和宽度。

（4）屋面设置柔性分格缝。

整体钢筋混凝土屋面板或屋面板板块面积较大时，应结合修缮适当增设分格缝，缝内嵌填柔性防水材料，使板在温度变化条件下加大自由伸缩，减弱屋面板与砌体之间的约束作用，从而也就减小了附加剪应力的作用。

（5）砖烟囱温度裂缝。

对砖烟囱特别是工业用砖烟囱，应定期进行维修，检查砖烟囱的外观质量，裂缝的发生、发展、走向及其分布等。在结合生产和维修时，要检查内衬的完整情况和空气隔热层中的气孔是否堵塞，填料隔热层是否沉陷而造成局部失效。

烟囱内的废气温度、气体成分是影响烟囱寿命和产生温度裂缝的主要因素，因此应做定期检查，并及时采取相应对策，特别是发现气体未能完全燃烧时，应将燃烧过程及时调整好，以防气体在烟囱内燃烧或引起燃烧爆炸。

对新建或改建的工业用烟囱，为防止在生产初期出现裂缝，投产前应做烘干和加热处理。烘干时，要求逐渐地、均匀地升温，最高温度不宜大于 250℃（无内衬时）和 300℃（有内衬时），具体烘干时间见表 5-2。

表 5-2　砖烟囱烘干时间

烟囱高度 （m）	烘干时间（昼夜）			
	温暖季节建造		寒冷季节建造	
	无内衬	有内衬	无内衬	有内衬
40 以下	3	4	5	7
40～60	4	5	6	8
60～80	5	6	8	10
80～100	7	9	10	13
100 以上	9	10	12	15

在冬季没有采用暖棚法砌筑时，砌筑后的烘干时间应比表 5-2 中的规定多加 2～3 昼夜，并应保持所规定的最高温度。对设置有钢板箍的烟囱，烘干冷却后，应检查板箍有否松动，如有松动，应及时拧紧。

5.1.3　超载裂缝

砌体因超载作用引发裂缝的原因是多种多样的，有的是因为对所承担的重力考虑不周，造成砌体局部应力超限；有的是因为块材、砂浆的材质不良或砌筑质量差而降低了砌体强度；有的是因为任意改变使用条件或随意拆墙凿洞，削弱了砌体的截面面积；有的是因为结构构造有缺陷，如漏设梁垫或梁垫面积不够，纵横墙工作应力不同，砌体压缩沉降变形不同，没有设置纵横墙拉结筋等。

超载裂缝一般均直接影响砌体结构的安全性。要求查明实际重力作用和受力状态、砌体的有效截面和实际砌体强度，经检测、鉴定后应及时加固补强。

1. 轴心受压所造成的裂缝

在承重墙或承重柱上，若单块砖的断裂在同一层墙、柱内多次出现，则说明该砌体结构在竖向荷载作用下已无安全储备，砌体实际工作应力已超过允许值，需要及时补强。

当竖向裂缝长度超过 3～4 皮砖时，该部位的砌体结构已接近破坏，如果同一砌体多处发生竖向裂缝，裂缝间距加密，则说明该砌体有发生倒塌破坏的危险。

受压砖砌体在有可靠的刚度前提下，砌体的破坏是由于砖块断裂发展而成为裂缝，由于裂缝的发展将砌体分割成无数小长柱，在压力作用下因失稳而破坏。砖块的断裂是砌体结构破坏的直接原因，这是因为在竖向压力作用下，砖块受到拉力、弯曲和剪力综合作用的结果。拉力来源于灰缝砂浆的侧向膨胀系数大于砖，因而在竖向压力作用下，灰缝砂浆的水平侧向膨胀使砖块受拉。

弯曲与剪力来源于灰缝砂浆的不均匀性，在竖向压力作用下，砖块受到弯曲和剪切。

当砖块本身表面不平有凹凸时，也会使砖块受到弯曲和剪切。砖块的本身抗拉、抗弯与抗剪均较弱，当竖向压力荷载达到砌体抗压强度的60%左右时，单块砖就会开裂。当竖向压力荷载达到砌体抗压强度的80%～90%时，单块砖的裂缝就发展成为长度超过3～4皮砖的连通裂缝。

2. 偏心受压所造成的裂缝

偏心受压所造成的裂缝有以下三种情况：

（1）受拉一侧砌体出现拉力裂缝。这时砌体在垂直荷载作用下，裂缝为水平方向，即裂缝发生在远离荷载作用的一侧，使其边缘产生很大的拉应力，其强度超过砌体沿通缝截面的弯曲抗拉强度f_w，因此出现水平裂缝。这一情况，一般出现在特大偏心的受力状态下，即$e_0 > 0.7y$（不考虑风荷载）或$e_0 > 0.8y$（考虑风荷载）时，y为截面形心到荷载作用一侧的距离，受拉一侧边缘应力可按下式计算：

$$\sigma = Ne_0/W - N/A \leqslant f_w \tag{5-8}$$

式中　　N——截面承受的压力荷载；

　　　　e_0——压力荷载对截面形心的偏心距；

　　　　W——截面的抵抗矩；

　　　　A——截面面积。

（2）受压一侧砌体出现平行荷载作用方向的裂缝。此时裂缝出现在靠近荷载作用的一侧，当$e_0 \leqslant 0.5y$时，截面受压一侧出现类似中心受压所造成的裂缝，与中心受压情况相似。

（3）在大偏心受压情况下，虽然远离荷载作用的一侧，也出现拉应力，但破坏时，受拉力作用的一侧不会发生断裂。而破坏则发生在抗压一侧，因此在该侧出现竖向裂缝。

3. 砖砌体局部抗压强度不足而产生的超载裂缝

砖砌体局部抗压强度不足而产生的超载裂缝一般发生在梁的底部或下部，一旦荷载继续增加，裂缝将向长度和宽度方向发展，最后导致砌体局部压碎，砌体结构整体失稳破坏。

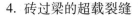

4. 砖过梁的超载裂缝

当砖过梁上的荷载超过设计荷载并不断增大，跨中垂直截面的拉应力或支座斜截面的主拉应力超过砌体的抗拉极限强度时，将先后在跨中受拉区出现竖向裂缝，在靠近支座处出现近45°的阶梯斜裂缝。

钢筋砖过梁下部拉力将由钢筋承担，砖砌平拱，由两端砌体提供推力保持平衡，这时过梁类似三铰拱，如果上部荷载继续增加，可导致三种破坏形式：

（1）过梁跨中截面受弯强度不足而破坏；

（2）过梁支座附近抗剪强度不足，阶梯形斜裂缝不断扩大而破坏；

（3）过梁支座处灰缝抗剪强度不足，发生支座滑动而破坏。

5. 超载裂缝的预防和对策

在使用条件下，要防止以下问题：

（1）不恰当地增加砌体的负载，造成超载作用；

（2）经历了吸水、冰冻、融解的反复过程而开裂，继而裂缝延伸，使砌体承载能力和整体刚度下降；

（3）没有外粉刷层的清水墙，在大气作用下，会自然风化，逐步变质疏松、粉化、剥落，特别是较低强度等级的黏土砖和硅酸盐砖，尤为严重，将降低承载能力和使用寿命。

对有超载作用并已产生裂缝的砌体结构，一般应从消除超载因素、加强砌体强度等方面采取相应措施，主要有如下方面：

（1）因违章施加的重物和吊挂的重物等原因造成的砌体超载，应清除，然后进行补强或加固处理；

（2）因为生产工艺变化或使用条件变更等所造成的超载，应测定出砌体的承载力，再及时进行部分或全部补强和加固处理，以适应对结构的承载力要求；

（3）对已发生超载裂缝的砌体结构，应在做必要的检测分析的基础上，按照结构受力状况的反应特征，做加固处理，或做必要的卸载处理等。

钢筋混凝土梁、屋架或挑梁底面与墙、柱支承处的砌体，由于局部压应力较大，有时梁底或屋架端部支承地面又未设置混凝土垫块等原因，砌体产生较大压缩变形或因强度不足而产生裂缝。对这类裂缝，危害性极大，一般应局部拆除，重砌高强度等级的砌体，或者增设混凝土垫块。但拆除前应先搭设临时支撑，使局部承压部位卸载，然后才可进行施工，避免发生重大事故。

砌体施工质量不好而造成的接槎不良，如纵横墙不同步砌筑而造成的搭接不良，或者构造上没有设置拉结钢筋，特别在纵横墙自身所承担的工作应力不同时，将引起接槎裂缝。另外，砌筑砂浆强度等级不合格、灰缝饱满度不好等都可能造成砌体不能承受设计荷载而出现砌体强度不足，特别在窗间墙、门间墙，砌体局部工作应力叠加的部位最易发生局部裂缝。此时应认真查明砌体实际强度，然后根据强度复核计算允许的承载值进行处理，一般应降低建筑物的使用荷载，如果不能降低，则应对砌体做全面或局部结构加固。

5.1.4 振动裂缝

振动是指某种物体在某一特定状态下随着时间而做的往返运动。但在实际振动中很多是不规则的振动，要用概率和统计的方法才能描述其规律，这种带有不确定性数据的振动严格说来都是随机振动，只有在略去非确定性的参数之后才可将它看作有规则的振动，才可以用简单函数或简单函数的组合来描述。由于工业的发展，在建筑物中使用的各类动力机械较多，从而构成了建筑物的振动的力源。其主要有：

（1）固定周期的低频动力源，如曲柄连杆机械、破碎机械、压碾机械等。这类机械设备产生的是周期不均匀的扰力，即振动力一般是可以计算的。

（2）有固定周期的高频动力源，如汽轮发动机、汽轮鼓风机等。此类机械自身加工精度和安装精度要求高，一般振幅小，对建筑物的直接影响不大。如果安装不好或工作状态特殊，也会对建筑物造成较大影响，一般难以做出计算和控制。

（3）安装在楼面上的动力机械而产生的动力源，如加工机械、筛分机械、转动或传动机械、鼓风机等。这类动力源可引起楼面结构、墙、柱结构等直接振动，影响范围较大，特别是当振动源的动力特性与梁、板、柱、墙等的结构动力特性相接近时，危害性更大，应做严格控制。

（4）厂房用的内部吊车、运输车辆、皮带运输通廊等，也是引起厂房结构振动的动力源，是结构设计中主要考虑的动力荷载，一般对结构的影响较大，主要由设计控制。

（5）间接作用的动力源，主要有公路、铁路运输时所造成的干扰振动，还有如风力引起的风振，突发作用引起的冲击、爆破、爆炸振动等，如工业厂房的破碎车间或锻造车间的冲击动力作用等。

（6）自然条件下的地震力作用等。

1．振动裂缝的特性

砌体结构因受振动影响而产生的裂缝特征为：大多呈不规则形状，砌体的薄弱处或应力集中部位首先开裂形成。

在地震作用下，特别是多层砌体结构常会出现斜裂缝和交叉裂缝。这种裂缝的产生是由于地表面向左运动时，楼板产生向右作用的振动力，在砌体中引起主拉应力。若此时墙体主拉应力超过砌体抗拉强度，就会在与主拉应力垂直方向出现裂缝。在墙体的一半高度处是主拉应力的最大点，故斜裂缝就从此点开始，向对角线两端延伸，由此形成交叉裂缝。

地震作用下的纵、横墙交接处可产生竖直裂缝，另外沿墙体的长度方向还可以产生水平裂缝，在墙角或墙体上还会产生酥裂和崩塌。

在各种振动条件下，由于振动速度的作用，会造成砖砌体房屋的损坏，根据苏联相关资料，有表 5-3 所示规律。

表 5-3　各种振动速度下砌体房屋结构的破坏规律

破坏状况	振动速度（mm/s）	
	（1）	（2）
墙体抹灰有细裂缝、掉灰，裂缝有发展	7.5~15	15~30
墙体抹灰有明显裂缝，抹灰成块掉落，砌体沿灰缝出现裂缝	15~60	30~60
墙体有较大裂缝并破坏，砌体中块体间的搭接作用破坏	60~250	60~120
墙体中形成大裂缝，抹灰破坏、砌体分离，整体结构受到损坏	250~370	120~240
整体建筑物严重破坏，连接构造破坏，承重墙、柱破坏，局部有倒塌	370~600	240~280

注：（1）是根据 A. B. CadpOHь 等人资料整理的数据。
（2）是根据 C. B. Meayeаь 资料整理的数据。

2. 振动裂缝的设防和对策

从振动裂缝的设防和对策讲，主要是消除或减弱产生振动的直接因素，主要有如下方面：

（1）根据主振源的动力特性，设置隔振装置或隔振器是一种比较经济、适用的消振方法。其作用是吸收机械冲击和振动能量，以达到减振和隔振的目的。

（2）改变结构刚度以达到改变结构动力特性的目的，以消除结构共振的现象。

（3）既设置隔振装置或隔振器，又根据结构特点改变刚度，这对已投入使用的结构物，也是一种有效方法。

当机械振动时，对承重结构产生一个强迫振动，对其形成干扰频率作用，但建筑物的结构本身也有一个固有的基本振动频率，亦称基本自振频率。当干扰力频率和自振频率相等或接近时，将会发生共振，长期的共振会导致结构构件、连接的疲劳和过大变形而损坏，或者影响生产产品质量和人员工作条件。

一般情况下，自振频率大致与结构构件的刚度平方根成正比例，与其跨度的平方成反比，并和其质量的平方根成反比。因此，一般采用增大结构刚度、缩短结构跨度等方法来增大结构自振频率，用于避免共振、防止砌体结构出现振动裂缝。

（4）消除负荷的动力作用，设法平衡动力的作用和影响。

5.1.5 筒拱结构裂缝

筒拱结构在建筑工程结构中也是常用的一种形式，如屋盖、楼盖、排水沟盖等。其特点是拱脚既承受垂直压力，又承受较大的水平推力，并且与拱的矢高有直接关系，矢高越小则拱的水平推力越大。

在正常使用条件下，即使拱脚产生较小的水平位移，也会明显改变拱的轴线位置、改变拱的受力状态。若拱脚水平位移稍有加大，就会使拱砌体或与拱脚相连的墙体产生裂缝。此外，地基不均匀沉降、温度变化、振动作用以及施工质量不良和违反施工规定作业等，也会使拱砌体结构出现裂缝。

1. 筒拱砌体结构裂缝的特征

在建筑工程结构中，筒拱砌体的裂缝主要有两类：一类属主拱砌体裂缝；另一类属支承拱体的墙或柱的裂缝。

（1）主拱砌体上的裂缝主要有垂直于拱跨度方向的纵向裂缝和平行于拱跨度方向的横向裂缝，个别情况下，还有斜向裂缝。其特征是以纵向裂缝最易发生、数量最多，形成主要成分，对结构的整体性和承载能力影响也最严重。横向裂缝次之、斜向裂缝更少，对结构的影响也次之。

① 主拱裂缝分布有如下规律：

a. 主拱砌体上的裂缝大多出现在拱顶，或拱跨的 1/4 处。

b. 若纵向墙体上有较大裂缝，则主体拱上也往往在该处产生裂缝，且靠近墙处的裂缝较上中宽，向内逐渐减少或消失。

c. 在同一层筒拱砌体结构上，靠近抗推力结构的拱体上裂缝较宽、较多，而远离处较窄、较少。

d. 在多层建筑中，用筒拱作楼面结构时，若在同一开间有裂缝，则在其顶层拱体上的裂缝多而宽，其下层则逐层减轻或者不裂。

e. 抗推结构刚度越小，拱体越易产生裂缝。

② 产生主拱裂缝的原因，主要有如下方面：

a. 拱体纵向裂缝，主要由于抗推力结构位移，拱脚随之移动，从而使拱轴线变形，在拱体内产生附加应力，使拱体应力发生变化，由截面的压应力控制，由轴线变化使截面转变成弯曲应力控制。砖砌体拉应力极低，当超过砌体抗拉强度时，拱体将产生垂直于拱跨的纵向裂缝。裂缝的位置常出现在拱体 1/4 跨度或

接近于跨中的拱顶处，有时也发生在拱脚处。

b. 拱体的横向裂缝，多数由于施工操作上和施工分段中的质量控制不好等原因造成，一般多发生在滑动模板的接槎处。

c. 拱体上的斜裂缝与拱座部位的受力状态、变形状态和支撑结构的不均匀沉降变形有关。

施工质量不良，是产生拱体裂缝的重要原因之一，如灰缝宽度控制不严，致使受力时砌体压缩变形不均衡；砂浆稠度不良，在模板移动时造成砂浆流失或挤压变形过大；拱脚砌筑不平、接触不密实，造成受力后变形差异；冬期施工的拱脚，解冻后砂浆发生压缩变形造成拱脚走位；拱体上未达到设计强度等级要求时，堆积施工、集中荷载，或者提早施工垫层等造成拱体变形等，以上都是易于造成拱体砌体裂缝的原因，施工中应严格做好质量控制和进度控制。

（2）支承墙体裂缝

支承墙体主要指支承筒拱砌体的纵向墙体，即承重墙。它常有斜向和竖向两种裂缝，主要有如下特征：

① 斜向裂缝和竖向裂缝一般产生在纵向墙体有门窗洞口所削弱的墙面上。

② 属多层拱建筑物时，上层的墙体裂缝宽度大，下层墙体宽度小。

③ 墙体纵向裂缝通常出现在房屋端部抵抗水平推力结构的第一、二间的窗口开始，离抗推力结构越远，砌体上的裂缝越小，直至消失。

墙体上的裂缝大小和分布有如下规律：

① 纵墙裂缝与抗推力结构的刚度直接相关，刚度大者不发生或少发生裂缝，反之则裂缝多而严重。

② 纵墙上裂缝的多少，与距抗推力结构的距离有关，近者严重，远者轻微，或者没有裂缝发生。

③ 多层砖砌筒拱房屋纵墙，上层裂缝通常较大，下层较少、较小，有时没有。

④ 凡地基土质坚硬、地基承载力高、压缩性小的地基，墙体变形小、裂缝少，或者没有；凡是土质松软，地基承载力低、压缩性大的地基，墙体变形大、裂缝发生多，而且较严重。

⑤ 纵墙砌体产生裂缝的原因主要是由于在拱砌结构中，抗推力结构的工作状态类似于竖向悬臂构件，而且拱结构与内外墙组砌在一起，形成一个整体。虽然抗推力结构具有较大的刚度，但在推力作用下，仍将产生水平位移，再加上基底压力不均匀分布，就会形成抗推力结构外倾，从而导致纵墙上的拉伸变形，产生拉应力，当其大于墙内拉应力时，便会产生竖向和斜向裂缝。在靠近抗推力结构处，一旦发生裂缝，将部分抵消或缓解抗推力结构所传递的变形。因此，离抗

推力结构越远，墙体裂缝将越轻或消失。

2. 筒拱砌体裂缝的预防和对策

（1）对刚度较差的抗推力结构，减少或控制水平位移。

一般采用两种方法：

① 在原有拱体的拱脚间加设水平钢拉杆，以承担拱脚处的水平推力作用，减少拱座外移。

② 在条件许可的情况下，在抗推力结构的端部增建构筑物，以增强抗推力结构的刚度，从而控制水平位移。

（2）由于地基缺陷而引起的拱体裂缝，则应首先治理地基、消除致病因素。另外，对地基基础进行必要的加固，防止裂缝的发展。在处理地基基础问题之后，再做裂缝的修补处理。

（3）因施工缺陷而引起的裂缝，经观测稳定后，再对墙体采取补强加固措施。

5.2 倾斜变形

正确分析发生下沉倾斜建筑物（或构筑物）的原因，是选择合理的倾斜方案，制订切实可行的纠倾技术方案、确保纠倾工程成果的重要前提。常见建筑物倾斜的主要原因如下：

（1）原有软弱地基在建筑物上部荷载（特别是偏心荷载）作用下，发生不均匀沉降，导致上部结构发生倾斜。

（2）两建筑物相距过近，使地基中附加应力叠加，地基沉降量加大而导致建筑物的相互倾斜。

（3）地基土浸水软化，地基基础发生不均匀沉降，造成建筑物倾斜，这种情况多发于杂填土或湿陷性黄土地区。

（4）在已有建筑物附近施工并降低地下水时，引起相邻房屋地基土失水固结，建筑物发生倾斜。

（5）地下工程施工造成地面沉降，使建筑物发生倾斜和开裂。

（6）由于勘察、设计或施工过程中的失误，造成地基承载力不足引起建筑物不均匀下沉。

（7）由于地基土层软硬不均，引起建筑物的不均匀沉降，上部结构发生倾斜。

（8）由于拆除建筑物群中某一栋既有建筑物，使得已经稳定的地基因局部卸载在周围建筑物地基的侧向挤压下发生隆起，从而引起相邻建筑物的倾斜。

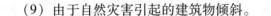

（9）由于自然灾害引起的建筑物倾斜。

此外，如在软土地基土上施工时，若加载速率过快，将导致地基土挤出破坏，也可引起房屋发生倾斜；采用桩基础的建筑物，桩尖持力层软硬不均时，也会造成桩基础发生差异沉降，从而引起建筑物的倾斜；另外，上述多种原因综合作用，也会导致建筑物倾斜或破坏。

5.3 基础不均匀沉降

5.3.1 产生原因

砌体结构是由块材和砂浆砌筑而成的墙、柱作为建筑物主要受力构件的建筑结构。由于其具有取材便利，易于生产，价格低廉，并且施工工艺操作简单等优点而被广泛应用于 6 层以下的住宅、办公楼以及各种公共建筑等，同时砌体结构建筑在我国也经历了漫长的发展历程。但是由于组成的砌体材料自身抗弯、抗剪的能力不足，以及在设计、施工阶段和外界环境变化等多方面因素的共同影响下，砌体结构建筑物的质量事故比较多，其中砌体结构房屋墙体的裂缝就是其中最为常见的质量事故之一。对砌体结构的建筑物来讲，一旦出现裂缝，其破坏的不仅是建筑本身的外在观感，裂缝会造成房屋的渗漏，甚至会进一步影响房屋的整体性及耐久性，同时裂缝的产生也给房屋的使用者带来不适应感与精神负担。有很多原因都会造成砌体结构房屋的墙体部分产生裂缝，其中主要原因是地基不均匀沉降，建筑物的各种变化，如收缩与外界温度变化对其的影响，处置不当的构造措施、不合格的施工质量以及在施工中使用的材料不符合要求。据有关统计分析，由地基不均匀沉降引起的裂缝在砌体结构裂缝事故中占的比例较高，因此，对不均匀沉降作用与砌体结构两者之间的相互影响进行深入的研究分析，具有重要的学术意义和工程应用价值。

建筑物在建造和使用的过程中总会有沉降的现象发生，发生均匀沉降变化，在一般情况下对建筑物整体的影响并不大，但在某些因素的影响下，建筑物会产生不均匀沉降。不均匀沉降所产生的相对沉降差异量一旦较大，就会导致建筑物发生破坏。在实际工程中，造成砌体结构建筑物地基发生不均匀沉降的因素通常有以下几个：

1. 地基土本身原因

建筑物上部结构部分的各种荷载以及基础的自重通过基础传至其下的地基土层，同时在地基中产生了相应的应力，而应力的大小则表现为伴随土层深度变化而扩散发展，即表现为深度越大，扩散程度越广，同时应力也就会随之越小；即使是发生在相同的土层深度，应力也会呈现出中间较大，而向两端逐渐减小的现象。也正是由于地基土层本身具有这种应力扩散效应，即使是在地基土层分布十分均匀的情况下，建筑物基础下的地基应力仍然不是均匀分布的，因而会使地基产生这种不均匀的沉降现象，即建筑物发生沉降较大的位置集中在中间部分，相对来说两端部位发生的沉降较小，从而使建筑物下的整个地基土层形成了中部略微向下凹陷的类似于"盆状"的曲面沉降分布形式。

地基土质软弱且不同土质的不均匀分布，或存在不良地质现象的情况下，如果建筑物的上部结构有较明显的荷载差异，则地基在承受了基础及上部结构的各项荷载后，势必会产生不均匀沉降现象。此外，若在建筑物本身的质量过大且伴随地基土质复杂的情况下，建筑物则会在自身质量的作用下，产生不均匀沉降现象。除此之外，由于地基土层中含水量的突然无规律的变化，例如地下水位的突然变化、地下输水管线的破损渗漏以及地表水的大规模下渗等现象都会使地基土质变软，承载能力下降，从而也间接地促使不均匀沉降现象的产生。

2. 设计方面存在问题

建筑物的实际设计长度过大，建筑物的体型不规则，没有在建筑物的适当位置设置沉降缝，基础及建筑物上部结构整体刚度不足，由于建筑物层间高度的不均匀而导致的地基所承受荷载的相互差别加大，地基中各土层的土质的情况不同，压缩性存在加大差异，在进行地基处理时采用不相统一的方法等，都可能加大引起建筑物产生不均匀沉降的概率。

3. 相邻基础或相邻荷载的影响

在建筑物的施工以及使用阶段，当该建筑物周边地面出现较大荷载量，如大量材料、货物、机械等堆载情况时，加大了建筑物的地基所承载的荷载量，从而会导致与地基相对应的约束即基坑的支护发生变形，致使地基产生不均匀沉降现象；与附近建筑物的距离过近，且两者基础埋置的深度相差较大，也会在一定程度上引起相对的不均匀沉降现象。另外，在土质类型为软土地基中采用打桩机将预制的钢筋混凝土桩打入地下时，这样一个打桩的过程同样会对相邻建筑产生影响，一般情况下是随着距离打桩位置越近所产生的影响就越大；理论上在土质类型为黏性土的地基中进行同样的打桩过程，也会引起周边建筑物的不均匀沉降。

4. 施工方面存在问题

基础施工前，在开挖至设计标高后没有认真组织各方对基础下部土体进行勘察监测；在进行基础施工前，地基土遭到较大的扰动破坏削弱了其自身原本的强度；在靠近建筑物周围的地面上不按要求随意堆放建筑材料、土方、货

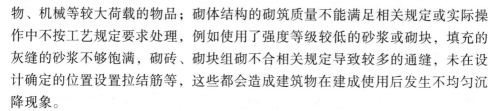

物、机械等较大荷载的物品；砌体结构的砌筑质量不能满足相关规定或实际操作中不按工艺规定要求处理，例如使用了强度等级较低的砂浆或砌块，填充的灰缝的砂浆不够饱满，砌砖、砌块组砌不合相关规定导致较多的通缝，未在设计确定的位置设置拉结筋等，这些都会造成建筑物在建成使用后发生不均匀沉降现象。

5. 基坑开挖、地下工程等岩土工程的影响

在进行基坑开挖、降水以及地下工程施工的过程中，由于原状土体在较大程度上遭到了扰动，从而打破了土体中原始的应力分布状态，致使土体无法继续保持原有形状从而发生了形态变化，进而影响到与其相邻的周边建筑物的地基土层，使其产生了不均匀沉降。特别是对基坑周边的建筑物，我们在媒体上经常会了解到一些由于基坑开挖、降水，导致周边建筑物尤其是那些建成时间较早的砌体结构建筑物出现裂缝而引起住户与施工方的法律纠纷的新闻。因此，对不均匀沉降作用与砌体结构之间的关系这样一个问题进行深入的研究和分析，是具有重要的学术意义和实际工程应用价值的。

5.3.2　预防与控制

对建筑物地基不均匀沉降现象本身的预防和控制的基本方法，就是在排除勘察设计阶段各种人为因素的影响后，结合相关的经验并从客观角度上，要充分考虑到地基、基础与上部结构三者之间相互联系的共同作用，且尽量采取经济有效的技术措施在设计施工上对不均匀沉降现象进行预防与控制。

为了能够预防砌体结构房屋墙体裂缝的产生，阻止裂缝的恶性发展，《砌体结构设计规范》（GB 50003—2011）提出许多相关构造方法，例如：

（1）增大基础圈梁的刚度；

（2）在底层的窗台下墙体灰缝内设置 3 道焊接钢筋网片或 2ϕ6 钢筋，并伸入两边窗间墙内不小于 600mm；

（3）采用钢筋混凝土窗台板，窗台板嵌入窗间墙内不小于 600mm；

（4）墙体转角处和纵横墙交接处宜沿墙向每隔 400～500mm 设拉结钢筋，其数量为每 120mm 墙厚不少于 1ϕ6 或焊接钢筋网片，埋入长度从墙的转角或交接处算起，每边不少于 600m。

当然除了这些规范中规定的控制措施与方法外，在设计和施工阶段中还应采取一些相关措施来增强建筑物基础和整体的刚度，从而预防及控制地基不均匀沉降现象的发生，具体方法如下：

1. 建筑措施

在满足使用和其他各种要求的情况下，在设计阶段时对建筑物的体型应保证

简单，并且尽量避免建筑物平面形状有过多的复杂变化和立面高度差距较大等情况；一些在平面形状上存在有凹凸变化、转角或存在较多的转折、弯曲的复杂平面的建筑物，在其基础纵横相交接的位置处，与其相对应的地基土层中的附加应力就会产生相互叠加现象，从而在该交接处造成较大的局部沉降，导致墙体出现裂缝，从而严重影响建筑物的整体性和刚度。与此同时，还应适当地控制建筑物的长高比，可以通过对长高比的有效约束和大幅度加强建筑物的整体刚度，从而增强建筑物整体对不均匀沉降的自我调控能力。一般情况下，建筑物在立面上一旦出现高差过大现象，就会反映在荷载方面的不同和差异变化，最终改变地基所承受压力，因此就会引起较大的相对沉降差，导致建筑物发生局部倾斜并产生裂缝。另外，根据建筑物在发生不均匀沉降时所表现的特点，即在发生不均匀沉降时建筑物在纵向上会产生弯曲变形，可以合理增强建筑物纵向的刚度，对纵墙应进行拉通处理并尽量避免间断与过多的转折，以确保纵向墙体对发生的不均匀沉降所具有的调节作用的正常发挥；还要在合适的位置设置横墙，且确保内、外、纵、横墙的牢固连接，这样既加强了建筑物的空间刚度，也有利于结构对纵向不均匀沉降的调整。

在建筑物的平面转折变化的部位、荷载或高差都存在较大差别的位置、较长建筑的适当设计位置、地基土压缩性有明显较大差异的位置、基础类型改变的部位以及分期建造的房屋分界处应设置沉降缝，按照沉降缝的设置规则，要从建筑物顶端一直断开至底部基础，这样就类似于将建筑物整体以缝的形式划分为多个小的独立个体。这些独立个体具有较大的刚度与相对较小的长高比，所以每个个体成为一个相对独立的沉降系统。另外，沉降缝的宽度还应满足相关规定和要求。

合理设置相邻近建筑物基础之间的距离，并控制相邻建筑物的周边地面荷载，因为如果两建筑物距离太小或相邻附近存在较大的荷载，在地基中由于扩散作用同样会产生相互的应力叠加区域，造成局部位置产生大量沉降的发生，所以为了避免相邻建筑物基础的相互影响，产生应力叠加区，就要确保相邻建筑有一定的距离，按照《建筑地基基础设计规范》（GB 5007—2011）中的要求进行取值。

2. 结构措施

在建筑物中合理设置钢筋混凝土圈梁和构造柱以提高上部结构的整体刚度。在砌体结构的建筑物中，为了对房屋的空间刚度进行改善、提高建筑物的整体性并在一定程度上增强砌体材料的各项力学性能，防止由于地基的不均匀沉降、地震作用或较大的振动对建筑物所产生的破坏，应在砌体建筑物内沿水平方向上设置封闭的钢筋混凝土梁。同时，在建筑物的基础上部也同样设置连续的钢筋混凝土连续梁，称为基础圈梁，也叫地圈梁。作为圈梁，其主要作用就是与楼板和结构柱共同作用，与构造柱协同工作，在某一方面上加强纵、横墙体之间的相互联系，从而加强房屋的整体空间刚度及整体性，抵抗由地基不均匀沉降对建筑物整体的损坏，并且抵抗地震作用的影响。相关研究证实，一般设置在地面以下基础上部的圈梁以及房屋檐口部位的圈梁对抵御不均匀沉降的作用最为显著，具体来说，建筑物出现中间部分的沉降相对于两端部分大的情况时，主要发挥抵御沉降作用的部分是地面以下基础上部的圈梁（地圈梁）；而在出现建筑物两端部分的沉降相对于中间部分大的情况时，主要发挥抵御沉降作用的部分则是位于檐口处的圈梁。

　　顾名思义，构造柱就是不需要经过计算按照构造要求进行设置的，属于构造措施，在建筑物的角部和纵、横墙交接处，以及长墙的中间适当位置所浇筑的钢筋混凝土柱，其与圈梁成为一个整体，共同作用，以增强建筑物的整体性与抗震能力。在砌体结构建筑物墙体的规定部位，按构造配筋，并按先砌墙后浇筑混凝土柱的施工顺序制成的钢筋混凝土柱，一般称为构造柱。构造柱主要不是用来承担各种竖向荷载，而是专门用以抵御水平方向的剪力以及地震作用等横向水平荷载，其通常设置在楼梯间的四个角部位置以及纵、横墙的相交接处，外墙的转角部位、内墙之间相互接触的或发生转折位置等部位，这些位置都存在于某一段墙体的终结的末端，同时也是在承受了横向水平荷载后最容易产生破坏的位置；在这些位置设立构造柱后可以在不加大墙体截面尺寸的前提下，砌体结构建筑物的承载能力以及整体稳定性同时得到显著提高。构造柱的设置位置已经不再局限在墙体的外边缘、转折、纵横交接等部位，还可以设置在整段墙体的某一部分，通过与圈梁的组合构成紧密的构造框架形式。构造柱与圈梁两者之间的协同工作，可以将砌体结构建筑物的墙体逐一分割成独立小块并将其各自包围，两者一起有效地增强砌体结构的整体性和空间刚度，以此来抵御不均匀沉降的发生，进而防止了由不均匀沉降而造成的墙体上裂缝的产生与发展；一旦砌体墙出现裂缝，两者将出现裂缝的部分有效地包围约束在较小的范围之内，来抑制存在的裂缝进一步发展和延伸，也就是说，虽然墙体出现了裂缝，但在圈梁和构造柱的联合包围作用下，可以限制它的继续扩展甚至发生错位，使其继续维持结构的承载能力并能抵抗、消散振动能量对砌体结构的影响，使其不易发生整体上失稳破坏。砌体结构建筑物中墙体作为主要的垂直承重构件，是绝对不能出现整体失稳情况下墙体的碎裂、崩塌等现象的，因为一旦出现这种现象，那些靠墙体支撑的水平楼板和屋盖马上就会垮塌而失去作用，而在构造柱与圈梁的协同作用下则可以抑制或控制这种现象的发生，并且构造柱与圈梁的相互连接所形成的"弱框架"还可以起到类似于框架结构的作用。

5.4 设计及施工缺陷损伤

现行《工程结构可靠性设计统一标准》（GB 50153）中规定建筑结构必须满足下列各项功能要求：能承受在正常施工和正常使用时可能出现的各种作用；在正常使用时具有良好的工作性能；在正常维护下具有足够的耐久性能；在偶然事件发生时及发生后，仍能保持必需的整体稳定性。同时，美国著名的结构工程师James E. Amrhein 曾经说"Structural engineering is the art of molding materials we don't wholly understand, into shapes we can't fully analyze, so as to withstand forces we can't really assess, in such a way that the community at large has no reason to suspect the extent of our ignorance"。在此引用上述关于结构工程的功能要求与一位著名结构工程师对结构工程的理解，目的是想说明在工程结构的设计过程中，错误的出现是很难完全避免的。这种设计错误有可能是设计人员本身的粗心大意与盲目自信，也有可能是设计人员所掌握的专业技术能力有限导致的。错误的设计内容涉及上部结构与地基基础，如钢屋架发生垮塌，原因在于钢屋架的上弦压杆设计时选取截面不当，造成受压承载力不足，引起屋架端部连接件的破坏。由于房屋地基的埋置深度与基础形式选择不当，造成主体结构在修建的过程中就发生不均匀沉降，导致上部砖砌体墙产生明显的斜裂缝。此外，错误设计导致的工程问题有时也包括施工过程中的脚手架设计错误或者根本就没有进行设计等。目前，我国的个体承包施工单位较多，这些单位在施工时往往缺乏科学的管理制度与专业的技术人才，大多数施工行为都基于已掌握的经验。如在浇筑混凝土时脚手架发生垮塌，垮塌处位于该工程主体结构的主入口，主入口的大厅是普通层高的三倍。施工单位在搭设脚手架、支模板浇筑混凝土时，脚手架未进行专门的计算与设计，依旧按照普通相邻上、下楼层施工时的脚手架进行布置，致使脚手架竖向受压杆件的稳定性出现问题，最终导致该部分脚手架发生整体垮塌。

这里所述的施工缺陷指的是施工质量达不到现行规范与标准对工程结构的安全性要求，此时造成的后果比仅仅未满足原设计要求的施工后果可能更严重。诚然，所有的施工质量应该首先满足原图纸设计要求。但是，鉴于设计人员个体的差异，不同结构的图纸设计所反映的结构安全储备是不一样的。因此，在平时的工程结构鉴定过程中，一定会遇到一些工程结构的施工质量虽然未能满足原设计图纸的要求，如C40的混凝土强度等级，最后检测结果表明混凝土的强度推定值仅为35MPa；但是，该结构可能依然满足现行相关设计规范与标准的安全性与使用性要求，只是其耐久性等方面相对略有欠缺。某工程结构一旦出现低劣的施工，则往往会给结构的安全性带来很大的安全隐患，甚至直接导致工程事故的发生。砖砌体柱采用包芯砌法，降低构件的稳定性与承载能力，使得砖柱在雪荷载作用下发生倒塌。混凝土梯段板施工完毕，模板拆除后发现梯段板跨中的空洞率太高，使得混凝土梯段板的有效面积严重降低，从而导致其承载能力降幅较大，存在安全隐患。混凝土施工过程中水泥含量太低，造成局部混凝土严重疏松。该工程质量问题出现后，甲方隐瞒问题并将房屋墙面粉刷后交付给购房业主，业主在装修过程中才发现多处这样的问题。混凝土严重疏松，使得底部受力钢筋与混凝土之间失去有效的粘结，此时混凝土抗弯承载力计算所采用的平截面假定则不成立，构件的抗弯承载力会降低。上海某高层倾倒所反映的问题表明，在施工过程中施工组织与管理非常重要，由于地基土的开挖步骤与土体堆放管理不到位，造成上部主体结构发生不可弥补的整体倾倒，即使上部主体结构的工程质量再好也无济于事。

5.5　火灾损伤

5.5.1　火灾的历程及其影响

1. 燃物的燃烧及火灾历程

任何火灾都经历下述阶段：

（1）着火。当材料加热到达其燃点时，将会引起燃烧。引起着火过程的火源有明火、高温表面、冲击火花、电火花、聚焦的日光、自燃以及闪电与雷击等。从着火到形成火灾，通常需要 5～15min，但这种燃烧仅限于局部区域，对建筑物的威胁不大。

（2）旺盛。在局部着火区域内的可燃物闪燃、爆燃、持续燃烧、阴燃或闷燃。闪燃是指可燃物体液面上的蒸气与空气混合物发生的一闪即灭的短暂燃烧。由于蒸气来不及补充，故燃烧物不会持久，若不引起其他燃烧，则对建筑物基本无害。爆燃是指炸药类或燃性气体混合物的快速燃烧，有时在瞬间完成。爆燃引起的冲击波，其程度越大，对建筑物造成的损害越大。持续燃烧指可燃物在供氧充足的条件下充分燃烧，其旺盛程度与可燃物的燃烧热、数量、供氧量等有关。其火场温度可达1000℃以上，时间长，燃烧稳定，火区不断蔓延，对建筑物的损害主要来自其高温灼伤，时间越长，面越宽，火灾损害越严重。当供氧量不足时，燃烧物间堆叠紧密，或在一些自燃性可燃物中发生的火灾，常呈阴燃或闷燃状态。阴燃伴随浓烈烟味、炭黑，浓烟滚滚，毒气大，扑救困难，影响时间长，破坏面积大。阴燃高温引起建筑材料解体，温度越高，时间越长，破坏就越严重。

（3）衰减、熄灭。当可燃物烧光、供氧不足，或采取扑救等措施，火势减弱或熄灭，受灾区温度下降。

2. 火焰

可燃物的燃烧产生火焰，各种可燃物的火焰温度不同。通常火焰从外到内可分为3层：

（1）外焰，即可燃气体与空气接触、混合充分燃烧，温度最高但不明亮，呈淡蓝色。

（2）内焰，即可燃气体不完全燃烧，明亮，呈橙黄色，温度略低于外焰温度。

（3）焰心，即可燃物蒸发、分解而未燃烧的部分，暗区，温度最低。

5.5.2　火灾对砌体的作用

M2.5砂浆的砌体抗压强度随温度变化的规律为：在400℃以下时，抗压强度有较大的增长，超过400℃时则缓慢降低，但到800℃时仍比常温时有较大提高；而高温冷却后，抗压强度在600℃以下变化不大，超过600℃后急剧下降，在800℃时残余强度为常温的53.5%。在高温中的极限应变比低温时（400℃以下）的极限应变有所下降，而较高温度特别是800℃时，极限应变比常温下有很大增长，说明此时砌体塑性有较大提高；高温冷却后，极限应变随温度升高增长缓慢。

M10砂浆砌体的抗压强度与极限应变随温度的变化规律为：与M2.5砂浆的砌体不同，不论在高温中还是高温冷却后，M10砂浆的砌体抗压强度都随温度的升高而不断下降，而且冷却后的残余强度下降更大，其在800℃时的残余强度仅为常温时的34.6%（反映出在800℃残余强度为69.6%）；极限应变也随温度升高而增大，且冷却后的极限应变值略高。M10砂浆砌体的原点切线线弹性模量随温度的变化关系为：随温度升高而下降十分明显，且冷却后的弹性模量下降更大。

比较砖块、砌体和砂浆的抗压强度可以发现，砌体抗压强度比砖块的低，而比砂浆的高。

砌体抗压强度受众多因素影响，其中砖块材质和砂浆性能的影响尤为突出。砂浆的弹性模量比砖的弹性模量小，热膨胀比砖的大，使其在高温受压时产生比砖块更大的横向变形。此时，砂浆和砖之间的粘结作用增大了砖的横向受拉而使砖产生竖向裂缝。在常温及高温区的下限温度时，两种材料间的粘结作用较大。砌体的强度在很大程度上取决于砂浆的强度，因此使两种砂浆的砌体强度产生较大的差别。随着温度的升高，砂浆强度下降较快，其产生的脱水和相应的化学变化使之对砖的粘结约束作用明显下降，因而也减少了由于砌体竖向受压而产生的砖的横向拉应力。对M2.5砂浆，随着温度升高，粘结力很快降低，抗压强度随即由砖的强度控制，表现为400℃高温以前强度上升而超过400℃后强度相对稳

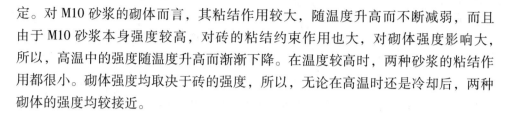

定。对 M10 砂浆的砌体而言，其粘结作用较大，随温度升高而不断减弱，而且由于 M10 砂浆本身强度较高，对砖的粘结约束作用也大，对砌体强度影响大，所以，高温中的强度随温度升高而渐渐下降。在温度较高时，两种砂浆的粘结作用都很小。砌体强度均取决于砖的强度，所以，无论在高温时还是冷却后，两种砌体的强度均较接近。

5.5.3　火灾后砌体鉴定方法

1. 基本规定

建筑物发生火灾后应及时对建筑结构进行检测鉴定。检测人员应到现场调查所有过火房间和整体建筑物，目的是掌握火灾信息（火场物品分布及损伤状况；物品的变形、可燃物或残渣数量、分布等），以便全面准确地推断火灾参数。火灾后，有些结构表面会随时间变化，例如混凝土火灾中 200～500℃ 表面会随时间发生变化，时间长了就看不清楚了。另外，为防止火灾后结构发生延迟倒塌，造成次生灾害，结构鉴定应在火灾后尽快进行；对确认有塌落风险的建筑物，应采取设置警戒、及时拆除、支承加固等防护措施。进行结构现状鉴定检测、调查应在保障安全的前提下进行，必要时应采取专门的安全措施。根据结构鉴定的需要，可分为初步鉴定和详细鉴定两阶段进行。

1）初步鉴定应包括的内容

（1）现场初步调查。现场勘察火灾残留状况；观察结构损伤严重程度；了解火灾过程；制订检测方案。

（2）火作用调查。根据火灾过程、火场残留物状况，初步判断结构所受的温度范围和作用时间。

（3）查阅、分析文件资料。查阅火灾报告（通常由消防部门提供）、结构设计和竣工等资料，并进行核实。对结构所能承受火灾作用的能力做出初步判断。

（4）结构观察检测、构件初步鉴定评级。根据结构构件损伤状态特征，按《火灾后工程结构鉴定标准》（T/CECS 252—2019）中设定的评级标准进行结构构件的初步鉴定评级。

（5）编制鉴定报告或准备详细检测鉴定。对损伤等级为Ⅱ级、Ⅲ级的重要结构构件，应进行详细鉴定评级；对不需要进行详细检测鉴定的结构，可根据初步鉴定结果直接编制鉴定报告。

2）详细鉴定应包括的内容

（1）火作用详细调查与检测分析。根据火灾荷载密度、可燃物特性、燃烧环境、燃烧条件、燃烧规律，分析区域火灾温度-时间曲线，并与初步判断相结合，提出用于详细检测鉴定的各区域的火灾温度-时间曲线；也可以根据材料微观特征判断受火温度。

（2）结构构件专项检测分析。根据详细鉴定的需要做受火与未受火结构的材质性能、结构变形、节点连接结构构件承载能力等专项检测分析。

（3）结构分析与构件校核。根据受火结构的材质特性、几何参数、受力特征进行结构分析计算和构件校核分析，确定结构的安全性和可靠性。

（4）构件详细鉴定评级。根据结构分析计算和构件校核分析结果，按《火灾后工程结构鉴定标准》（T/CECS 252—2019）中设定的评级标准进行结构构件的详细鉴定评级。

（5）编制详细检测鉴定报告。对需要再做补充检测的项目，待补充检测完成后编制最终鉴定报告。

需要强调的是，对混凝土结构和砌体结构，应详细检测构件的破坏、破损、裂缝、变形颜色、混凝土碳化、敲击声音等，必要时应抽样检验混凝土、钢筋材料的力学性能、微观组织及化学成分的变化。对钢结构，应详细检测构件的防火保护层、油漆、表面颜色、结构偏差变形、节点连接损伤等。必要时应抽样检验钢材和连接材料的力学性能、微观组织及化学成分的变化。对结构整体应进行结构变形及轮廓尺寸复核检测，包括整体位移、侧移或挠曲变形，必要时还应进行结构构件几何尺寸的校核检验。检查检测结果记录应详细、完整，宜绘制描述损伤的图标，并应有照片或其他影像记录资料。

3）鉴定报告应包括的内容

（1）建筑、结构和火灾概况。

火灾概况描述的主要内容应包括起火时间、主要可燃物、燃烧特点和持续时间、灭火方法和手段等。

（2）鉴定目的、内容、范围和依据。

（3）调查、检测、分析的结果（包括火灾作用和火灾影响调查与检测分析结果）。

（4）结构构件烧灼损伤后的评定等级。

（5）结论与建议。

如果需要采取措施，应提出修复、加固、更换或拆除的具体建议；如果可以继续使用，应提出维护、修复和使用要求。

（6）附件。

附件包括相关照片、材质检测报告、证据资料等。

2. 调查与检测

（1）一般规定

火灾后建筑结构鉴定调查和检测的内容应包括火灾影响区域调查与确定、火场温度过程及温度分布推定、结构内部温度推定、结构现状检查与检测。针对具体项目，可根据结构特点、火灾规模、燃烧和掌握灭火信息情况，在满足结构鉴定评估要求的条件下，简化有关内容。火灾影响区域是指火场区域、高温烟气弥漫区域和不可忽略的温度应力作用区域的总称。可能发生的火灾损坏（高温烧灼所致的结构材料劣化损坏和温度应力所致的结构或构件变形开裂损坏）均应分布在火灾影响区域范围。火场温度过程及温度分布是指随着火灾引燃、蔓延、熄灭的过程所发生的温度升降变化过程和结构表面受热温度的宏观分布。调查火场温度过程是为了分析结构温度应力或变形的传播规律和特点；调查温度分布是为了宏观上判定不同区域结构相对的烧灼损伤程度。

火灾作用对结构可能造成的损坏，有直接烧灼损坏和温度应力作用损坏两个主要方面，直接烧灼损坏一般局限于火场和高温烟气弥漫区域的结构，但温度应力作用可能遍及整个建筑物。因此，建筑结构火灾后鉴定调查和检测的对象应是整个建筑物结构，或者是结构系统相对独立的部分结构。但是，有些建筑物，特别是采用砌体或其他耐火墙体材料分隔的小房间建筑，火灾可能仅在少数房间范围、短时间发生，火灾温度应力作用影响有限。此时，经初步调查确认受损范围仅发生在有限区域时，允许仅将火灾影响区域范围内的结构或构件列为鉴定对象。

（2）火灾作用调查

由于受到多种因素影响，任何一种推断火灾中结构受热温度的方法都存在局限性，为较准确地推断结构受热温度，应采用多种方法，即根据火灾调查、结构表观状况、火场残留物状况及可燃物特性、通风条件、灭火过程等综合分析推断，互相补充印证。其中，以结构材料微观分析的方法判断结构受火温度较为直接、可靠，所以对重要烧损结构，必须用这种方法参与推断。

火场温度可根据火荷载密度、可燃物特性、受火墙体及楼盖的热传导性、通风条件及灭火过程等按燃烧规律推断；必要时可采用模拟燃烧试验确定。

3. 结构现状检测

结构现状检测应包括下列全部或部分内容：①结构烧灼损伤状况检查；②温度作用损伤或损坏检查；③结构材料性能检测。对直接暴露于火焰或高温烟气的结构构件，应全数检查烧灼损伤部位；对一般构件，可采用外观目测、锤击回声、探针、开挖探槽（孔）等手段检查；对重要结构构件或连接，必要时可通过材料微观结构分析判断，对承受温度应力作用的结构构件及连接节点，应检查变形、裂损状况；对不便观察或仅通过观察难以发现问题的结构构件，可辅以温度作用应力分析判断。

此外，当火灾后结构材料的性能可能发生明显改变时，应通过抽样检验或模拟试验确定材料性能指标。对烧灼程度特征明显，材料性能对建筑物结构性能影响敏感程度较低，且火灾前材料性能明确，可根据温度场推定结构材料的性能指标，并宜通过取样检验修正。

4. 结构分析及构件校核

火灾后结构分析应包括以下内容：①火灾过程中的结构分析，应针对不同的结构或构件（包括节点连接），考虑火灾过程中的最不利温度条件和结构实际作用荷载组合，进行结构分析与构件校核；②火灾后的结构分析，应考虑火灾后结构残余状态的材料力学性能、连接状态、结构几何形状变化、构件的变形和损伤等进行结构分析与构件校核。其中，第①类分析的目的是判断火灾过程中的温度应力对结构造成的损伤或潜在损伤。之所以要针对不同的构件分别进行分析，主要是考虑火灾发生燃烧的顺序、升温及降温过程，会对不同的结构产生不同时点的极值影响。第②类分析的目的是判断结构火灾后能否继续投入使用。

结构内力分析可根据结构概念和解决工程问题的需要，在满足安全的条件下进行合理的简化。当局部火灾未造成整体结构明显变位、损伤及裂缝时，可仅考虑局部作用。对支座没有明显变位的连续结构（板、梁、框架等），可不考虑支座变位的影响。

火灾后结构构件强度验算应根据构件材质、尺寸、实际荷载状态和设计状态并考虑火灾造成的残余变形、残余应力及材质性能衰减等因素进行验算。对烧灼严重、变形明显等损伤严重的结构构件，必要时应采用更精确的计算模型进行分析。对重要的结构构件，宜通过试验检验分析确定。在进行钢构件强度分析时，应考虑由于火灾作用造成钢构件局部变化带来的影响，以及火灾作用造成连接螺栓的连接强度下降等的影响。

5. 火灾后砌体结构构件鉴定评级

（1）一般规定

火灾后结构构件的鉴定评级分初步鉴定评级和详细鉴定评级两级进行，这是筛选法的具体应用。初步鉴定评级的内容较具直观性，易测，又容易掌握。如遇到火灾燃烧物少、燃烧时间短的小火灾，初步鉴定评级评定火灾损伤状态为 II_a 级的，则可不必进行第二级详细鉴定评级。在实际鉴定评级操作中，应该将两级鉴定评级要求紧密地结合起来，使火灾后结构宏观损伤与剩余承载力两组鉴定内容起到互为校核的作用。

① 火灾后结构构件的初步鉴定评级，应根据构件烧灼损伤、变形、开裂（或断裂）程度按下列标准评定损伤状态等级：

II_a 级——轻微或未直接遭受烧灼作用，结构材料及结构性能未受或仅受轻微影响，可采取措施或仅采取提高耐久性的措施。

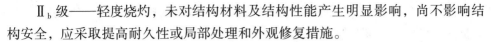

Ⅱ_b级——轻度烧灼，未对结构材料及结构性能产生明显影响，尚不影响结构安全，应采取提高耐久性或局部处理和外观修复措施。

Ⅲ级——中度烧灼尚未破坏，显著影响结构材料或结构性能，明显变形或开裂，对结构安全或正常使用产生不利影响，应采取加固或局部更换措施。

Ⅳ级——破坏，火灾中或火灾后结构倒塌或构件塌落；结构严重烧灼损坏、变形损坏或开裂损坏，结构承载能力丧失或大部分丧失，危及结构安全，必须立即采取安全支护彻底加固或拆除更换措施。

火灾后结构构件的初步鉴定评级主要从构件外观和状态进行评级，这对构件火灾损伤的整体了解是非常重要的，也是概念鉴定与火灾后加固概念设计的首要条件，尤其对混凝土构件，火灾后外观和状态的改变较为明显，且与内部细微观结构及剩余承载力的改变又有密切联系。因此，混凝土构件的初步鉴定在鉴定报告中起着非常重要的作用。火灾后结构构件的初步鉴定评级主要根据构件外观损坏状态进行，但为慎重起见，一般不评Ⅰ级。

初步鉴定状态分级中的Ⅱ_a、Ⅱ_b、Ⅲ级的基本特征一定要掌握。有时火灾表面呈伪像，例如混凝土表面被黑色覆盖，一般为Ⅱ级状态，即基本正常，没有明显降低构件承载能力和耐久性。这里应该指出的是：也许有人认为仍可评为Ⅰ级，然而考虑到该构件多少已受到火灾的影响，若评为Ⅰ级，很难令人接受。因为至少要重新清理和修缮方能使用。另外，在严重火灾后，混凝土构件变形和裂缝非常严重，已严重影响构件承载能力和耐久性，然而其表面由于被炭粒子覆盖，也呈黑色。因此，应先刮去覆盖的炭粒子再检查。此时，构件表面混凝土将呈现出灰白或土黄色。将这一情况与严重变形或裂缝综合考虑，容易确认该构件应定为Ⅲ级。因此，在初步鉴定中，首先应掌握Ⅱ_a、Ⅱ_b、Ⅲ级状态的伪像与基本特征。

② 火灾后结构构件的详细鉴定评级，应根据检测鉴定分析结果，评为b、c、d级。

b级：基本符合国家现行标准下限水平要求，不影响安全，尚可正常使用，宜采取适当措施；

c级：不符合国家现行标准要求，在目标使用年限内影响安全和正常使用，应采取措施；

d级：严重不符合国家现行标准要求，严重影响安全，必须及时或立即加固或拆除。

同前面的初步鉴定考虑一样，火灾后的结构构件不评a级。

（2）火灾后砌体结构构件的鉴定评级

火灾后砌体结构初步鉴定，根据外观损伤、裂缝和基于侧向（水平）位移变形按表5-4和表5-5进行初步鉴定评级。当砌体结构构件火灾后严重破坏，需要拆除或更换时，该构件初步鉴定可评为Ⅳ级。

表5-4　火灾后砌体结构基于外观损伤和裂缝的初步鉴定评级标准

等级评定要素		各级损伤等级状态特征		
		Ⅱₐ	Ⅱᵦ	Ⅲ
外观损伤		无损伤、墙面或抹灰层有烟黑	抹灰层有局部脱落或脱落处灰缝砂浆无明显烧伤	抹灰层有局部脱落或脱落处砂浆烧伤在 15mm 以内、块材表面尚未开裂变形
变形裂缝	墙、壁柱墙	无裂缝，略有灼烧痕迹	有裂缝显示	有裂缝，最大宽度≤0.6mm
	独立柱	无裂缝，无灼烧痕迹	无裂缝，有灼烧痕迹	有裂痕
受压裂缝	墙、壁柱墙	无裂缝，略有灼烧痕迹	个别块材有裂缝	裂痕贯通3皮块材
	独立柱	无裂缝，无灼烧痕迹	个别块材有裂缝	有裂缝贯通块材

表5-5　火灾后砌体结构基于侧向（水平）位移变形的初步鉴定评级标准

等级评定要素			Ⅱₐ或Ⅱᵦ	Ⅲ
多层房屋（包括多层厂房）		层间位移或倾斜	≤20mm	>20mm
		顶点位移或倾斜	≤30mm 和 $3H/1000$ 中的较大值	>30mm 和 $3H/1000$ 中的较大值
单层厂房（包括单层厂房）	有吊车房屋墙、柱位移		$>H_T/1250$，但不影响吊车运行	$>H_T/1250$，影响吊车运行
	无吊车房屋位移或倾斜	独立柱	≤15mm 和 $1.5H/1000$ 中的较大值	>15mm 和 $1.5H/1000$ 中的较大值
		墙	≤30mm 和 $3H/1000$ 中的较大值	>30mm 和 $3H/1000$ 中的较大值

注：H 为自基础顶面至柱顶总高度，H_T 为基础顶面至吊车梁顶面的高度。

（3）火灾后砌体结构构件的详细鉴定评级应符合的要求

① 砌体结构构件火灾后截面温度场取决于构件的截面形式、材料的热性能、构件表面最高温度和火灾持续时间。

② 火灾后砌体、砌块和砂浆强度可按照现行国家标准《砌体工程现场检测技术标准》（GB/T 50315）进行现场检测；也可现场取样分别对砌块和砂浆进行材料试验检测；还可根据构件表面所受其作用的最高温度按表5-6中的折减系数来推定砖和砂浆强度。当根据温度场推定火灾后材料的力学性能指标时，宜用抽

样试验进行修正。

③ 火灾后砌体结构构件承载能力分级，类似于《民用建筑可靠性鉴定标准》（GB 50292）。

表 5-6　火灾后黏土砖、砂浆、砖砌体强度与受火温度对应关系及折减系数

指标	构件表面所受其作用的最高温度（℃）及折减系数					
	< 100	200	300	500	700	900
黏土砖抗压强度	1.0	1.0	1.0	1.0	1.0	0
砂浆抗压强度	1.0	0.95	0.90	0.85	0.65	0.35
M2.5 砂浆黏土砖砌体抗压强度	1.0	1.0	1.0	0.95	0.90	0.32
M10 砂浆黏土砖砌体抗压强度	1.0	0.80	0.65	0.45	0.38	1.0

第6章　砌体耐久性检测

　　砖砌体结构是世界上应用最广泛的结构形式，使用已经有四五千年的历史。在20世纪60年代以前，砌体建筑的楼层一般不超过三层。以现在的标准衡量，由于当时的生活条件要求不高，房屋比较简陋，结构形式也很简单，在使用期间，墙体的拆换、维修方便，因此，砌体建筑的耐久性问题不被人们所重视。但是，随着后期建筑中大量使用砌体结构，截止到现在，大多数砌体结构房屋的使用已经达到三四十年，有的已经接近设计使用年限。随着时间的推移，泛霜、冻融、干湿交替下风化腐蚀、砂浆粉化等耐久性损伤逐渐侵蚀着这些建筑，因此砌体在生产过程中受损伤后，对安全性和耐久性要求的提出；既有砌体建筑室内使用标准的提高，以及节能、装修改造前，需要对砌体的可靠性和耐久性进行评价；具有文化沉淀的砌体结构古建筑、历史建筑需要进行耐久性评定，为维护、保养提供依据。以上这些因素，使砌体建筑耐久性问题的评定成为一个需要解决、完善的问题。本章主要对砌体耐久性进行研究，对砖砌体劣化后的力学性能进行研究，确定影响耐久性的因素及影响程度，从而确定砌体后续使用年限，为检测、鉴定及加固设计提供依据。

　　所谓耐久性问题，是指在不同环境作用下砌体结构材料出现的形体损伤，内、外物理和化学作用，最终导致结构材料的强度降低、有效承载截面减少，或降低建筑结构功能，达不到设计预期的使用年限，甚至更严重的安全后果。根据以往大量工程经验和研究成果，砌体耐久性问题主要由砂浆的粉化及砌体用砖的风化决定，由以上因素确定砖砌体劣化后的力学性能。

　　目前，国家还没有检测评定砌体结构耐久性的专业标准。在实际工程中，我们将以现场调查、检测为主，确定砖砌体劣化后的力学性能。现场主要进行的工作有如下三部分内容：

　　（1）使用环境调查。包括建筑的用途、建造时间、发现耐久性问题的时间，结构所处环境历年温度和湿度的平均值。若是厂房，还应调查生产工艺流程的情况，生产过程中使用的材料，生产中产生和排放的物质成分。当不清楚物质成

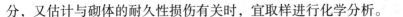

分，又估计与砌体的耐久性损伤有关时，宜取样进行化学分析。

（2）耐久性检查。对砌体中块体、砂浆的色泽、风化、剥蚀、裂缝、冻融损伤情况进行检查和描述，主要记录耐久性出现的部位、面积、最大深度等指标。使用环境中的水或有害物质出现在房屋的部位、时间和分布情况。严寒及寒冷地区块体饱水状况。在检查过程中，最好留取图像资料，以便在形成鉴定报告时进一步分析比较。

（3）结构检测。主要是对砌筑墙体的块体、砂浆强度进行测定。砖砌块抗压强度采用目前常用的回弹法进行检测，砂浆强度采用回弹法或贯入法进行现场检测，从而得出砖砌体抗压强度及抗剪强度值；也可以采用钻芯法检测砌体抗剪强度。

6.1　块体风化

组成砖砌体结构的块材和砂浆都是复杂的多孔介质，其内部孔隙被流体（溶液和湿润空气）所填充。干湿交替作用下砖砌体孔隙内流体及其组分在力学、热力学上将产生不平衡，增加水分或其他外部介质的侵入。在砖砌体的长期性能演化过程中，水分在砖砌体中的储存和迁移起到至关重要的作用。水分迁移本身就会导致砖砌体有效应力的变化，同时它还承担了搬运侵蚀性物质的作用；砖砌体内部各处含水饱和度，也直接影响着各种破坏的速度和程度。

干燥-饱和交替作用主要影响砖砌体下列性能：

（1）干燥-饱和交替作用对砖砌体力学性质具有较强的软化作用，经历多次干湿交替循环后，砖砌体更容易发生解体。

（2）砖砌体的强度随着饱水时间的增长而不断降低。

（3）经过干燥-饱和交替作用后的砖砌体变形特性将发生很大变化，其弹性模量随着干湿交替次数增加而降低。

（4）砖砌体的黏聚力在干燥-饱和交替作用下会有较大幅度的下降。砌体干湿交替下的风化作用是一种累积性发展的过程，即每一次的效应并不一定很显著，但多次重复发生，可使效应累进性增大，直到灾变发生。

总体来说，干湿交替作用下的风化对砖砌体是一种"疲劳作用"，它对砖砌体的劣化作用通常比持续浸泡还要强，因为干燥-饱和交替作用对砖砌体具有较强的软化作用，加速砖材发生组织结构解体。这种作用是一种累积性发展的过程，即每一次的效应并不一定很显著，但多次重复发生，可以使效应累积性增大，直到破坏发生。砖砌体抗风化性能与其所处环境有关，所处环境风化程度不同，砖砌体干湿交替风化的程度会有很大差异。我国风化区的划分可参考国家标准《烧结空心砖和空心砌块》（GB 13545—2014）。图 6-1、图 6-2 为砌体砖腐蚀风化实例。

图 6-1　砌体砖腐蚀风化实例（1）　　　　图 6-2　砌体砖腐蚀风化实例（2）

影响砖风化程度的主要因素有：砖强度等级；使用环境，包括温度、湿度、腐蚀性等；使用年限；防护措施。

通过大量检测工程实例进行分析，得出以下结论。

6.1.1　砖强度等级影响分析

在相同的环境作用下，砖强度等级越高，其抵抗风化能力越强，耐久性越高；反之，砖强度等级越低，其抵抗风化能力越弱，耐久性越差。砖强度每提高一个等级，其耐久年限增加最少 10 年。

6.1.2　使用环境影响分析

在现场进行砌体结构检测时，首先了解该建筑所处的环境情况。

结构耐久年限是指结构自建成至出现耐久性损伤的使用年限，从调查结果中对没有出现耐久性损伤的结构进行统计分析，可以得到所调查砖砌体结构最少耐久年限，具体见表 6-1。通过分析可知，建筑物最少耐久年限与环境条件、砖块材强度有明显关系。所调查砖砌体结构的环境可分为室外干燥环境、室外潮湿环境。室外干燥环境下，随着砖块材强度等级的增加，最少耐久年限会明显延长。砖块材强度等级在 MU7.5 ~ MU10 之间的砖砌体结构，其最少耐久年限为 30 年。室外潮湿环境下，随着砖块材强度等级的增加，建筑物最少耐久年限也会增加，但增长速度较室外干燥环境下缓慢。与室外干燥环境下相比，同一强度等级下室外潮湿环境的砖砌体结构耐久年限会明显减少，这一情况说明潮湿环境对砖砌体结构耐久年限有着极为不利的影响。

表 6-1　砖砌体结构的最少耐久年限

烧结砖强度等级	室外干燥环境（年）	室外潮湿环境（年）
MU7.5 ~ MU10	30	10
MU10 ~ MU15	50	20
MU15 ~ MU20	60	—

6.1.3　干湿交替下风化与已使用年限的关系

由于自然降水、地下水、渗漏及有水环境的影响，砖砌体会经常处于干湿交替状态，这种状态会诱发砖砌体的风化，因此砖砌体干湿交替下的风化是一种分布范围较广的损伤形式。通过对发生干湿交替下风化的砖砌体结构已使用年限、砖块材强度和干湿交替下风化深度的统计分析，可以得到砖砌体干湿交替下风化深度与结构已使用年限的关系，如图 6-3 所示。

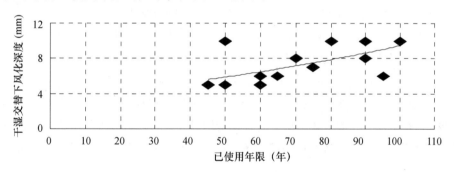

图 6-3　干湿交替下风化深度与结构已使用年限的关系

砖砌体干湿交替下风化深度 d 与已使用年限 t 的关系可表示为

$$d = 0.0003t^2 + 0.0306t + 3.691$$

该关系所对应砖块材强度等级范围在 MU7.5 ~ MU15 之间，拟合公式的相关系数 $R = 0.593$，已使用年限 t 的取值范围为 45 ~ 100 年。砖砌体干湿交替下风化深度与结构已使用年限的关系见图 6-3，从图中可以看出随着使用年限的增加，一定强度等级范围内的砖砌体干湿交替下风化深度不断增加。此外，各强度等级砖砌体干湿交替下风化深度最大一般不超过 15mm。对一般结构而言，干湿交替下风化发展得比较缓慢。干湿交替作用下风化对砖砌体来说是一种"疲劳作用"，当经历长时间的干湿交替循环后，其所造成的影响是不容忽视的。

以上分析了砌体烧结砖风化的影响因素，风化深度是砌体砖风化程度的直接反应。因此可用风化深度评定砖风化的程度。结合工程实例，这里给出砌体烧结砖风化损伤程度状况等级，见表6-2。

表6-2　砌体烧结砖风化损伤状况等级

损伤状况	很好 A	较好 B	较差 C	严重 D
损伤表征	砖无明显破损和粉化	砖局部出现轻微粉化、脱皮	砖大面积出现粉化，粉化深度小于10mm	砂浆大面积出现粉化，粉化深度大于10mm
砌体有效截面面积折减系数	1.0	>0.95	0.9～0.95	<0.9

砖砌体结构耐久性应根据需要按不同的耐久性极限状态评定，这里首先要解决的问题是耐久性极限状态问题。应该把影响结构构件正常使用性能或功能的表面损伤作为耐久性极限状态的标志。引起结构耐久性损伤的因素众多，造成结构性能劣化而影响适用性的因素也是多方面的，因此耐久性极限状态的确定应该考虑具体的功能要求。下面给出耐久性极限状态标志的确定原则：

（1）构件的耐久性标志应能反映结构自身的固有特点；

（2）构件表面出现的损伤和破损，并不对承载能力造成影响；

（3）耐久性标志应较为明显，或者其限值易于量测；

（4）对出现的损伤可以采取有效措施进行处理和控制。

砖砌体劣化形式主要有砖砌体干湿交替下风化、砌筑砂浆粉化。根据对主要损伤类型规律的研究，表6-3给出了砖砌体结构耐久性问题与极限状态的主要标志和界限，这里对砖砌体耐久性极限状态采用损伤深度与损伤面积双指标进行控制。

表6-3　砌体构件耐久性损伤评定方法

耐久性等级	损伤程度	判断方法	对策
I	轻微	表面轻微起皮；泛霜不严重；墙面有明显污迹、水迹	可不处理
II	较严重	大面积起皮、风化；泛霜严重；墙面损伤深度≤10mm；砂浆强度偏低或有局部粉化；墙面有严重污迹，抹灰大面积脱落；砌体非受力裂缝≤2mm	采取措施
III	严重	大面积风化，损伤深度≥30mm；块体强度明显降低；墙体局部膨胀变形；砂浆粉化；砌体非受力裂缝≥5mm	加固
IV	损坏	石灰爆裂试验不满足要求；块体强度低于产品和设计规范最低标准；墙体膨胀、严重变形；倾斜、局部崩塌；块体粉化	拆除

结构耐久性问题一般都有显著的损伤标志。当出现这些标志所对应的损伤时，结构的安全性（承载能力）一般不会受到较大影响，但其适用性和功能会受到影响。因此，应该加强日常维护和定期检查，对出现的损伤和破损及时处理，这样可以阻止结构性能进一步劣化，同时早期处理所需费用较低，而且消耗的资源也较少，出现表6-4中的标志时，就应该及时处理。

表6-4 砖砌体结构耐久性极限状态

结构形式	劣化机理	极限状态标志和界限	适用对象
砖砌体结构	干湿交替下风化	表层出现风化剥落，风化深度为5mm，风化面积率为10%	干湿交替环境下构件
	砌筑砂浆粉化	砂浆出现粉化剥落，粉化深度为3mm，粉化面积率为10%	一般室外构件

对既有砌体建筑，通过现场环境调查及耐久性检查测量，确定其耐久性等级，从而进一步进行耐久性评估，确定剩余耐久性年限。依据《民用建筑可靠性鉴定标准》（GB 50292），耐久性评定标准如下：

（1）当块体和砂浆的强度检测结果符合表6-5所示最低强度等级规定时，其结构、构件按已使用年限评估的剩余耐久年限（t_{sc}）宜符合下列规定：

① 已使用年数不多于10年，剩余耐久年限 t_{sc} 仍可取为50年；

② 已使用年数为30年，剩余耐久年限 t_{sc} 可取30年；

③ 使用年数达到50年，剩余耐久年限 t_{sc} 宜取不多于10年；

④ 当砌体结构、构件有粉刷层或贴面层，且外观质量无显著缺陷时，以上三款的年数可增加10年；

⑤ 当使用年数为中间值时，t_{sc} 可在线性内插值的基础上结合工程经验进行调整。

表6-5 块体与砂浆的最低强度等级规定

环境作用等级	烧结砖	蒸压砖	混凝土砖	混凝土砌块	砌筑砂浆	
					石灰	水泥
ⅠA	MU10	MU15	MU15	MU7.5	M2.5	M2.5
ⅠB	MU10	MU15	MU15	MU10	M5	M5
ⅠC、ⅡC、Ⅲ	MU15	MU20	MU20	MU10	—	M7.5
ⅡD	MU20	MU20	MU20	MU15	—	M10
ⅡE	MU20	MU25	MU25	MU20	—	M15

注：1. 当墙面有粉刷层或贴面时，表中块体与砂浆的最低强度等级规定可降低一个等级（不含M2.5）。

2. Ⅲ类环境构件同时处于冻融环境时，应按ⅡD类环境进行评估。

3. 对按早期规范建造的房屋建筑，当质量现状良好，且用于ⅠA类环境中时，其最低强度等级规定允许较本表规定降低一个强度等级。

（2）当块体和砂浆的强度检测结果符合表 6-5 所示最低强度等级规定时，其结构、构件按耐久性损伤状况评估的剩余耐久年限（t_{sc}）应符合下列规定：

① 块体和砂浆未发生风化、粉化、冻融损伤以及其他介质腐蚀损伤时，其剩余耐久年限可取 50 年。

② 块体和砂浆仅发生轻微风化、粉化，剩余耐久年限可取 30 年；发生局部轻微冻融或其他介质腐蚀损伤时，剩余耐久年限可取 20 年。

③ 块体和砂浆风化、粉化面积较大，且最大深度已达到 20mm，其剩余耐久年限可取 15 年；当较大范围发生轻微冻融或其他介质腐蚀损伤，但冻融剥落深度或多数块体腐蚀损伤深度很小时，其剩余耐久年限可取 10 年。

④ 按第②、③条评估的剩余耐久年限，可根据实际外观质量情况做向上或向下浮动 5 年的调整。

（3）当块体或砂浆强度低于 1 个强度等级，且块体和砂浆已发生轻微风化、粉化，或已发生局部轻微冻融损伤时，其剩余耐久年限宜比上述第（2）条款规定的剩余耐久年限减少 10 年。当风化、粉化的面积较大，且最大深度已接近 20mm 时，其剩余耐久年限不宜多于 10 年；当发生较大范围冻融损伤或其他介质腐蚀损伤时，其剩余耐久年限不宜多于 5 年。

（4）当出现如下情况之一时，应判定该砌体结构、构件的耐久性不能满足要求：

① 块体或砂浆的强度等级低于表 6-5 中两个或两个以上强度等级。

② 构件表面出现大面积风化且最大深度达到 20mm 或以上；或较大范围发生冻融损伤，且最大剥落深度已超过 15mm。

③ 砌筑砂浆层酥松、粉化。

依据以上规范规定结合经验总结砂浆、砖的粉化、风化与耐久性及砌体力学性能的定量关系。

对耐久性等级为Ⅱ、Ⅲ的砌体结构，应采取措施进行加固处理，加固处理依据砌体损伤程度及砂浆、砌块实际抗压强度进行，现有墙体砂浆抗压强度检测主要采用回弹法或贯入法进行检测，砖抗压强度采用回弹法进行现场检测，从而得出砖砌体抗压强度及抗剪强度值；然后依据砌体损伤程度进行砌体抗压强度及抗剪强度的折减，折减系数见表 6-6。

表 6-6　砖砌体劣化后其力学性能取值

耐久性等级	损伤程度	损伤深度		抗压强度 f（抗剪强度 f_v）折减系数
		240mm 厚墙体	360mm 厚墙体	
Ⅰ	轻微	<10mm	<15mm	0.95
Ⅱ	较严重	10~30mm	15~45mm	0.85~0.95
Ⅲ	严重	30~60mm	45~90mm	0.75~0.85
Ⅳ	损坏	>60mm	>90mm	<0.75

砌体结构的耐久性问题就是要确定其剩余耐久性年限的问题，建筑物的耐久性指耐久年限、使用寿命和剩余寿命。建筑物耐久年限是指建筑物预期的从建成到破坏所经历的时间。建筑物的使用寿命是指建筑物的实际使用时间。建筑物使用一段时间后，经检查、鉴定，允许继续使用的期限即为剩余寿命。因此，建筑物的使用寿命是已经使用的时间与剩余寿命之和。例如，某房屋检查时已属危房，不能继续使用，则剩余寿命为零，使用寿命也即终止。

建筑物的使用寿命与设计使用年限不尽相同，有的建筑物使用寿命超过预定的设计使用年限，而有的建筑物使用寿命低于设计使用年限。对建筑物做耐久性鉴定，可推断其继续使用的时间。因此，建筑物的使用寿命是旧建筑物评价、鉴定中的一个重要指标，是修复、加固或改造中不可缺少的参数。我国《建筑结构可靠度结构设计统一标准》（GB 50068—2018）对普通房屋和构筑物设计使用年限定为 50 年；对标志性建筑、特别重要的建筑结构的耐久年限定为 100 年；对易于替换的结构构件设计使用年限定为 25 年；对临时性建筑结构设计使用年限定为 5 年。

结构的剩余耐久年限 N_r，推算值是指结构经过 N_0 年使用后，距自然寿命 N 的剩余年限，即 $N_r = N - N_0$。结构鉴定中耐久性评估的重点是估计结构在正常使用、正常维护条件下，继续使用是否满足下一个目标使用年限 N_m（5 年、10 年等）的要求。结构耐久性评估用结构耐久性系数确定，即 $K = N_r/N_m$。根据表 6-7 可确定剩余耐久年限 N_r，然后根据下一个目标使用年限 N_m，计算结构耐久性系数 K_n，当 $K_n < 1.0$ 时，应对结构进行安全性验算，验算结果不满足要求时进行相应的加固处理。

表 6-7　砖砌体依据损伤深度确定的剩余耐久年限

耐久性等级	损伤程度	损伤深度		剩余耐久年限 N_r/已使用年限 N_0
		240mm 厚墙体	360mm 厚墙体	
Ⅰ	轻微	<10	<15	>5.0
Ⅱ	较严重	10~30mm	15~45mm	1.0~5.0
Ⅲ	严重	30~60mm	45~90mm	0~1.0
Ⅳ	损坏	>60mm	>90mm	—

6.2 砂浆粉化

砌筑砂浆粉化的实质是砂浆与砖体的线膨胀系数不同，在风力、日照等自然外力侵蚀下，两者变形不同步导致砂浆发生组织解体，砂浆粉化通常发生于砂子和胶凝材料的界面，这也是砂浆最薄弱的部位。砌筑砂浆粉化的同时还会发生碳化现象。碳化是指水泥石中的水化产物与环境中的二氧化碳作用，生成碳酸钙或其他物质的现象，这是一个极其复杂的多相物理化学过程。

砌筑砂浆中普通硅酸盐水泥的主要矿物成分有硅酸三钙、硅酸二钙、铝酸三钙、铁铝酸四钙及石膏等，其水化产物为氢氧化钙（约占 25%）、水化硅酸钙（约占 60%）、水化铝酸钙，水化硫铝酸钙等，充分水化后，砌筑砂浆孔隙水溶液为氢氧化钙饱和溶液，其 pH 值 12~13，呈强碱性。在水泥水化过程中，由于化学收缩、自由水蒸发等多种原因，在砂浆内部存在大小不同的毛细管、孔隙、气泡等，大气中的二氧化碳通过这些孔隙向砂浆内部扩散，并溶解于孔隙内的液相，在孔隙溶液中与水泥水化过程中产生的可碳化物质发生碳化反应，生成碳酸钙。

砌筑砂浆发生粉化后，灰缝会发生剥落，随着粉化程度的加剧，砂浆粉化深度会不断增加，并逐渐丧失强度。砂浆发生粉化后，体积会发生膨胀从灰缝中鼓出，形状为粉状，丧失粘结作用，由于灰缝中砂浆的作用，导致墙体开裂。粉化深度是砂浆粉化程度的直接反应。因此可用粉化深度评定砂浆粉化的程度。

影响砂浆粉化程度主要因素有：砂浆强度等级；使用环境，包括温度、湿度、腐蚀性等；使用年限；防护措施。

通过大量检测工程实例（图 6-4、图 6-5），进行分析，我们得出以下结论。

图 6-4　砂浆粉化实例　　　　　图 6-5　砂浆粉化、砖风化实例

6.2.1　砂浆强度等级影响分析

一般情况下，砌体构件的耐久性随时间的增长而逐步退化，这一过程因条件不同，往往需要几十年，甚至数百年、上千年的时间。但是，当块材的稳定性特别差、块材的强度特别低、使用环境的腐蚀性特别严重的情况下，砌体构件因耐久而损坏，短到只有十几年、几年，甚至数月时间。根据调查和实践经验表明，砌体的耐久性与块材和砂浆的强度高低有密切关系，参照《民用建筑可靠性鉴定标准》（GB 50292），以保证砌体结构 50 年使用要求为基准，块材与砂浆最低强度等级见表 6-5。在相同的环境作用下，砂浆强度等级越高，其粉化速度越慢，耐久性越高；反之，砂浆强度等级越低，其粉化速度越快，耐久性越低。砂浆强度每提高一个等级，其耐久年限增加最少 5 年。

6.2.2　使用环境影响分析

在现场进行砌体结构检测时，确定砂浆粉化程度，首先了解该建筑所处的环境情况。环境类别及作用等级见表 6-8。

表6-8　环境类别及作用等级

环境类别		作用等级	环境条件	说明和结构构件示例及损伤机理
I	一般大气环境	A	室内干燥环境 室外不淋雨环境	室内正常环境、室外不淋雨环境
		B	室内潮湿环境 （年平均相对温度≥0.75）	室内潮湿环境
		C	室内干湿交替环境 室外淋雨环境 （年平均相对温度＜0.75）	较频繁与水或冷凝水接触；华北、西北地区室外环境
		D	湿热室外淋雨环境 （年平均相对温度≥0.75）	南方地区室外环境
II	冻融环境	C	轻度	微冻地区砌体偶有饱水、无盐环境，冻融导致材料由表及里损伤
		D	中度	严寒和寒冷地区砌体偶有饱水、无盐环境、微冻地区砌体经常饱水
		E	重度	严寒和寒冷地区砌体经常饱水，无盐、偶有饱水、有盐
III	大气污染环境	D	酸雨环境或有微量氯离子环境	酸雨作用地区
		E	盐碱地区室外环境	盐结晶环境

从表6-8可以看出，在每种大的环境类别下，再根据不同环境条件对结构的影响程度划分作用等级，从A级到E级作用程度逐渐增强。通过对结构所处不同环境进行分级，在进行结构耐久性评定时，可根据实际情况进行选取。

环境等级越低，为达到相同的设计使用年限，应采用的砂浆强度等级越高；环境等级每降低一级，砂浆强度等级应提高一级。

6.2.3　使用年限

砌筑砂浆是砖砌体结构的重要组成部分，它的作用是将单个块体连成整体，因此砌筑砂浆粉化对整个砖砌体结构的耐久性有直接影响。砌筑砂浆粉化发生后，会逐渐丧失强度，不能起到有效的粘结作用。当砌筑砂浆出现剥落后，块体之间的缝隙随之增大，这就使整个结构的透气性增加，同时会降低结构的隔热、防水和抗冻性能，造成结构耐久性能的降低。我们结合多年所检测砌体结构项目，通过对不同砖砌体结构已使用年限、砌筑砂浆强度和砂浆粉化深度的统计分析，可以得到砌筑砂浆粉化深度与已使用年限的关系。

该关系所对应的砖材强度等级范围在 MU5.0 ~ MU10 之间，该拟合公式的相关系数为 $R = 0.529$，已使用年限 t 的取值范围为 $30 \sim 100$ 年。

图6-6为砂浆粉化深度与结构已使用年限的关系，从图6-6中可以看出，随着结构已使用年限的增加，砌筑砂浆粉化深度呈不断增大的趋势，最终会粉化剥落；从图6-6中可以看出，经过数十年的使用后，砌筑砂浆的粉化深度极为严重，深度大多大于5.0mm。这种趋势与实际情况是一致的，调查中发现，实际结构中很多砂浆存在着严重粉化现象，并且随着已使用年限的增加，砂浆粉化深度还会不断增加。

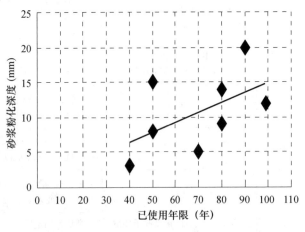

图6-6　砂浆粉化深度与结构已使用年限的关系

6.2.4　防护措施影响分析

砖砌体防护措施主要有墙面抹灰装饰层或灰缝勾缝，在有如上防护措施时，砂浆粉化速度明显降低。如图 6-7 所示，该建筑位于张家口尚义县，已建造约 25 年，该墙体砂浆层部分勾缝，通过现场察看，未勾缝的砂浆最大粉化深度已经达到 25mm；勾缝的砂浆基本无粉化。

图 6-7　砂浆粉化实例

以上分析了砂浆粉化的影响因素，粉化深度是砂浆粉化程度的直接反映。因此可用粉化深度评定砂浆粉化的程度。结合工程实例，下面给出砂浆粉化损伤程度状况等级（表 6-9）。

表 6-9　砂浆粉化损伤状况等级

损伤状况	很好 A	较好 B	较差 C	严重 D
损伤表征	砂浆无明显破损和粉化	砂浆局部出现轻微粉化	砂浆大面积出现粉化，粉化深度小于 20mm	砂浆大面积出现粉化，粉化深度大于 20mm
砌体有效截面面积折减系数	1.0	>0.95	0.9～0.95	<0.9

第7章 检测及评定分析实例

7.1 张家口市某1号家属楼地基变形墙体裂缝检测鉴定

7.1.1 概述

张家口某1号家属楼位于河北省张家口市，建于1982年。该家属楼为五层砖混结构，由两个单元组成。基础采用片石砌体基础，基础下方为1000mm厚素土垫层，楼板主要采用预制空心楼板，局部采用现浇板。建筑面积约为1200m²，该家属楼外观见图7-1，平面示意图见图7-2。该家属楼的设计单位为张家口市设计处，施工、监理单位不详。

图7-1 1号家属楼外观

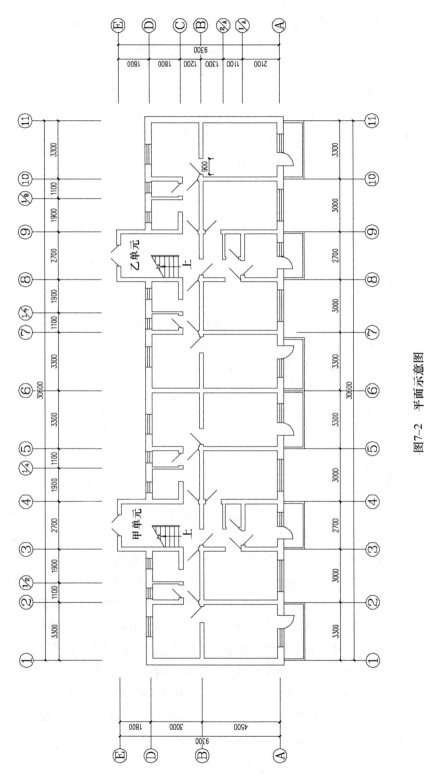

图7-2 平面示意图

在使用过程中，该家属楼的部分住户先后多次反映其房屋存在开裂现象及建筑物存在墙体倾斜等现象。现场普查了解到该建筑东侧中部地基发生过自来水渗水现象。2012 年 11 月初，部分住户反映其房屋内的墙体裂缝有急剧开展的现象，现为了解该家属楼的裂缝成因及主体结构安全状况，并为后期的加固处理提供科学可靠的依据，河北省建筑工程质量检测中心接受委托对该楼主体结构进行检测鉴定。具体检测项目：主体结构损伤普查及构造检查；岩土工程勘察；基础做法及尺寸检测；砌体强度检测；混凝土强度检测；钢筋配置检测；墙体垂直度检测；鉴定分析。

7.1.2　检测依据

（1）合同、委托书及相关技术资料；

（2）《建筑结构检测技术标准》（GB/T 50344—2004）；

（3）《岩土工程勘察规范》（GB 50021—2001）（2009 年版）；

（4）《砌体工程现场检测技术标准》（GB/T 50315—2011）；

（5）《砌体结构工程施工质量验收规范》（GB 50203—2011）；

（6）《混凝土结构工程施工质量验收规范》（GB 50204—2002）（2010 年版）；

（7）《回弹法检测混凝土抗压强度技术规程》（JGJ/T 23—2011）；

（8）《混凝土中钢筋检测技术规程》（JGJ/T 152—2008）；

（9）《建筑抗震设计规范》（GB 50011—2010）；

（10）《民用建筑可靠性鉴定标准》（GB 50292）；

（11）《家属楼工程勘察报告》（JS 2012—193）。

7.1.3　检测结果

1. 主体结构损伤普查及构造检查

现场对该建筑主体结构损伤及缺陷进行普查，发现：

（1）建筑墙体存在开裂现象，裂缝主要出现在纵墙上，以门窗洞口角部斜裂缝为主，各纵墙裂缝示意图详见图 7-3。A 轴纵墙上的裂缝多数分布在 5 ~ 11 轴，宽度 1.5mm 以上的裂缝主要分布在 8 ~ 11 轴，最大裂缝宽度为 7.0mm，1 ~ 5 轴裂缝较少，宽度较小，最大裂缝宽度为 0.3mm；B 轴纵墙上的裂缝以 6 轴为对称呈现正八字形，6 ~ 11 轴裂缝宽度较大，最大裂缝宽度为 7.0mm，1 ~ 6 轴裂缝宽度较小，最大裂缝宽度为 2.0mm；C 轴纵墙基本上以 6 轴为对称呈现正八字形，6 轴两侧裂缝最大宽度皆为 1.0mm；D 轴纵墙裂缝，1 ~ 3 轴裂缝较多、宽度较大，宽度最大为 2.2mm，4 ~ 11 轴裂缝较少，且主要分布在顶部两层；E 轴墙体为楼梯间外墙，裂缝全部分布在 3 ~ 4 轴；此外 1/A 轴墙体上也存在个别斜裂缝，宽度较小。

（2）横墙裂缝出现在墙体上部，以圈梁下水平裂缝为主，横墙裂缝示意图见图 7-4。

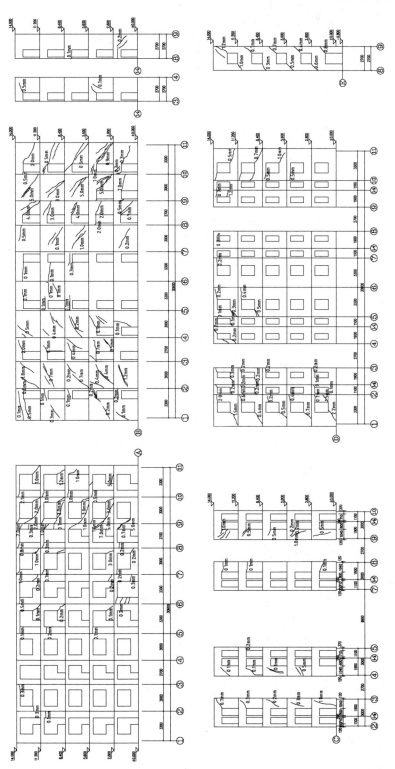

图7-3　纵墙裂缝示意图

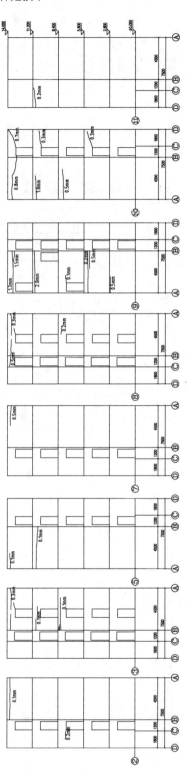

图7-4 横墙裂缝示意图

（3）部分房间预制楼板出现板端拼缝与板间拼缝。

（4）部分阳台外侧围护墙体出现水平或竖直裂缝。

部分裂缝见图 7-5 ~ 图 7-7。

图 7-5 一层墙体 9 ~ 10 × B 斜裂缝

图 7-6 一层墙体 9 ~ 10 × A 斜裂缝

图 7-7 五层墙体 3 ~ 4 × E 斜裂缝

张家口市桥西区抗震设防烈度为 7 度，设计基本地震加速度值为 0.10g，设计地震分组为第一组。现场对该建筑抗震构造措施进行了检查，发现：

该建筑的实际高度为 14.9m，层数为五层，建筑层高为 2.8m，抗震横墙的最大间距为 3.3m，纵向窗间墙最小宽度为 1.07m，承重外墙尽端至门窗洞边的最小距离为 1.0m，符合原设计要求。建筑外墙四角，单元墙两端以及楼梯间两个角设置了构造柱，构造柱布置符合原设计要求；该建筑每层外墙和内纵墙墙顶均设置有现浇钢筋混凝土圈梁，首层到四层内横墙上圈梁的间距为 6.3m，顶层内横墙上圈梁的间距为 3.3m，圈梁布置符合原设计要求。与现行《建筑抗震设计规范》（GB 50011）相比，该建筑构造柱设置偏少，不符合现行《建筑抗震设计规范》（GB 50011）中第 7.3.1 条的相关规定。

2. 岩土工程勘察

现场在建筑物外墙外 1.50～2.00m 布设人工探井 8 处，探井深 9.0～9.6m，布置情况详见图 7-8（勘探点平面配置图）与图 7-9、图 7-10（工程地质剖面图）。场地处于山前坡洪积裙地貌单元，场地岩性以湿陷性粉土为主，其中含角砾夹层，自上而下可分为两层，第一层为杂填土，第二层为粉土。自天然地面下 2.0m 起算，各探井湿陷量与平均含水量见表 7-1。受场地内含水量变化影响，场地的湿陷性呈分区性变化：北区的粉土含水量较大，地基的湿陷等级已变为Ⅰ级；而南区的粉土，由于含水量仍较低，故地基的湿陷等级依旧为Ⅱ级。

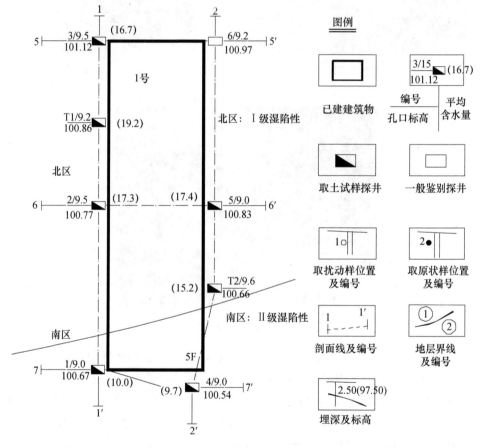

图 7-8　勘探点平面配置图

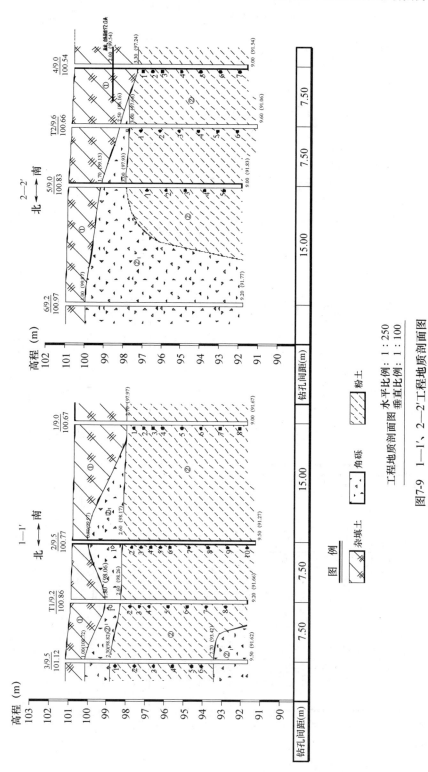

图7-9　1—1'、2—2'工程地质剖面图

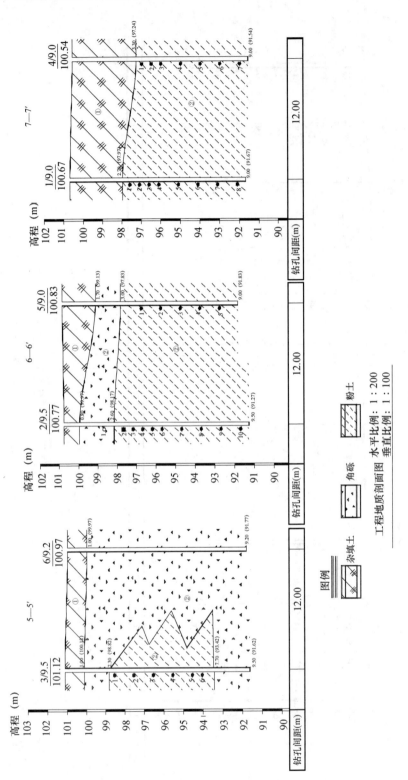

图7-10 5—5'、6—6'、7—7'工程地质剖面图

表 7-1　各探井湿陷量与平均含水量

分区号	南区			北区			
探井编号	1	4	T2	2	3	5	T1
平均含水量 w（%）	10.0	9.7	15.2	17.3	16.7	17.4	19.2
湿陷量（mm）	405	390	421	269	296	201	178

3. 基础做法及尺寸检测

现场随机开挖 3 处基础探坑（图 7-11），对其基础做法进行了检查，并采用钢卷尺对其基础截面尺寸进行了实测实量。基础做法见图 7-12，基础剖面形式见图 7-13，所测基础构件尺寸不符合原设计要求，检测结果见表 7-2。

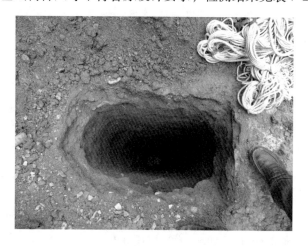

图 7-11　基础探坑

图 7-12　1×A～B 基础做法

189

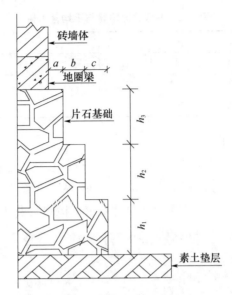

图 7-13　基础剖面图

表 7-2　基础截面尺寸检测结果汇总表

构件位置	尺寸（mm）					
	a	b	c	h_1	h_2	h_3
1×A~B	93（115）	135（170）	201（180）	500（500）	513（500）	521（500）
1~2×D	160（115）	170（170）	200（180）	540（500）	480（500）	490（500）
7~8×D	165（115）	210（170）	110（180）	490（500）	520（500）	490（500）

注：基础截面尺寸的允许偏差为 +30mm，括号内为设计值。

4. 砌体强度检测

现场每层随机选取 6 片墙，采用回弹法和贯入法相结合的方法检测其砌筑砂浆抗压强度，采用回弹法检测黏土砖的抗压强度。砌筑砂浆抗压强度不满足原设计要求，检测结果见表 7-3。所检黏土砖强度等级推定值为 MU7.5，满足原设计要求。

表 7-3　砌筑砂浆强度检测结果汇总表

层别	构件位置	砌筑砂浆抗压强度推定值（MPa）
一层	9×D~E	1.1
	8×D~E	1.2
	8~9×E	0.8
	3×D~E	0.7
	3~4×E	0.6
	4×D~E	0.6
按批评定	平均值 $f_{2,m}=0.8$MPa，$f_{2,min}/0.75=0.8$MPa；标准差 $s=0.26$MPa，变异系数 $\delta=0.31\geqslant0.30$；该批砌筑砂浆抗压强度为 0.6MPa	

续表

层别	构件位置	砌筑砂浆抗压强度推定值（MPa）
二层	9×D~E	1.2
	8×D~E	0.7
	8~9×E	0.8
	3×D~E	0.8
	3~4×E	0.7
	4×D~E	0.6
按批评定	平均值 $f_{2,m}=0.8$MPa，$f_{2,min}/0.75=0.8$MPa；标准差 $s=0.21$MPa，变异系数 $\delta=0.26<0.30$；该批砌筑砂浆抗压强度为 0.8MPa	
三层	8~9×E	1.2
	9×D~E	0.9
	8×D~E	1.3
	4×D~E	0.8
	3~4×E	1.3
	3×D~E	0.9
按批评定	平均值 $f_{2,m}=1.1$MPa，$f_{2,min}/0.75=1.1$MPa；标准差 $s=0.23$MPa，变异系数 $\delta=0.21<0.30$；该批砌筑砂浆抗压强度为 1.1MPa	
四层	9×D~E	0.7
	8~9×E	0.9
	8×D~E	0.8
	3×D~E	1.1
	3~4×E	0.9
	4×D~E	0.7
按批评定	平均值 $f_{2,m}=0.9$MPa，$f_{2,min}/0.75=0.9$MPa；标准差 $s=0.15$MPa，变异系数 $\delta=0.18<0.30$；该批砌筑砂浆抗压强度为 0.9MPa	
五层	8×B~C	1.0
	9×B~C	0.7
	8~9×B	0.9
	3×B~C	1.0
	3~4×B	0.8
	4×B~C	1.0
按批评定	平均值 $f_{2,m}=0.9$MPa，$f_{2,min}/0.75=0.9$MPa；标准差 $s=0.13$MPa，变异系数 $\delta=0.14<0.30$；该批砌筑砂浆抗压强度为 0.9MPa	

注：墙体砌筑砂浆设计强度等级为 M2.5。

5. 混凝土强度检测

现场在每层随机抽取 5 根梁，采用回弹法检测其混凝土抗压强度，龄期修正系数为 0.91。所测主体构件混凝土强度不满足原设计要求，检测结果见表 7-4。

表 7-4　修正后混凝土强度检测结果汇总表

层别	构件		测区混凝土抗压强度换算值（MPa）			构件现龄期混凝土强度推定值（MPa）
	名称	编号	平均值	标准差	最小值	
一层	梁	3×D~E	15.2	0.36	14.7	14.7
		4×D~E	15.1	0.12	15.0	15.0
		3~4×E	15.7	0.81	14.6	14.6
		8×D~E	16.3	0.46	15.6	15.6
		9×D~E	14.9	1.43	13.1	13.1
二层	梁	3×D~E	15.3	0.48	14.5	14.5
		4×D~E	17.5	1.03	16.2	16.2
		8×D~E	16.4	0.84	15.1	15.1
		8~9×E	16.6	0.73	15.8	15.9
		9×D~E	15.8	0.50	15.1	15.1
三层	梁	3×D~E	16.1	0.68	15.5	15.6
		4×D~E	17.1	0.91	15.7	16.9
		3~4×E	17.5	0.99	15.8	15.8
		9×D~E	16.6	0.68	15.9	15.9
		8~9×E	16.3	0.54	15.8	15.8
四层	梁	4×D~E	18.0	2.09	15.1	15.1
		3~4×E	16.9	1.25	15.0	15.0
		8×D~E	17.1	0.65	16.3	16.3
		9×D~E	15.9	0.90	14.8	15.1
		8~9×E	15.2	0.61	14.7	14.8
五层	梁	4×B~C	15.7	0.68	14.7	14.7
		3~4×B	16.4	0.93	15.0	15.0
		9×B~C	16.5	0.40	15.8	15.8
		8×B~C	16.3	0.76	14.9	14.9
		8~9×B	15.9	0.63	15.2	15.2

注：混凝土设计强度等级为 C20。

6. 钢筋配置检测

现场在每层随机抽取 3 根梁，采用钢筋位置测定仪测量其钢筋数量、间距与保护层厚度。所测混凝土构件的钢筋数量、钢筋间距符合原设计要求，钢筋间距、数量检测结果见表7-5。所测构件混凝土保护层厚度符合原设计要求，检测结果见表7-6。

表7-5　钢筋间距、数量检测结果汇总表

层别	构件		钢筋间距（mm）	
	类型	位置	实测平均值 a（b）	设计值 a（b）
一层	梁	3×D～E	254（4）	250（4）
		4×D～E	256（4）	250（4）
		8×D～E	258（4）	250（4）
二层	梁	3×D～E	256（4）	250（4）
		4×D～E	258（4）	250（4）
		8×D～E	252（4）	250（4）
三层	梁	3×D～E	254（4）	250（4）
		4×D～E	254（4）	250（4）
		8×D～E	258（4）	250（4）
四层	梁	3×D～E	254（4）	250（4）
		4×D～E	258（4）	250（4）
		8×D～E	258（4）	250（4）
五层	梁	9×B～C	256（3）	250（3）
		8×B～C	260（3）	250（3）
		8～9×B	256（3）	250（3）

注：表中数值 a（b），对柱、梁类构件：a 代表箍筋间距，b 代表主筋根数，所测主筋为单侧底排筋，箍筋间距允许偏差为 ±20mm。

表7-6　保护层厚度检测结果汇总表　　　　　　　　　　（mm）

层别	构件		钢筋编号						合格点率
	类型	位置	1	2	3	4	5	6	
一层	梁	3×D～E	23	27	26	30	—	—	100%
		4×D～E	27	25	26	27	—	—	
		8×D～E	29	28	29	32	—	—	
二层	梁	3×D～E	27	23	26	29	—	—	100%
		4×D～E	29	25	23	21	—	—	
		8×D～E	21	27	26	24	—	—	
三层	梁	3×D～E	27	21	24	22	—	—	100%
		4×D～E	27	26	31	30	—	—	
		8×D～E	23	25	21	30	—	—	

续表

| 层别 | 构件 | | 钢筋编号 | | | | | | 合格点率 |
	类型	位置	1	2	3	4	5	6	
四层	梁	3×D~E	27	25	21	30	—	—	100%
		4×D~E	24	25	29	30	—	—	
		8×D~E	24	26	25	27	—	—	
五层	梁	9×B~C	23	26	27	—	—	—	100%
		8×B~C	24	21	25	—	—	—	
		8~9×B	26	27	24	—	—	—	

注：柱、梁的钢筋保护层厚度设计值均为35mm；检验允许偏差：梁类构件为+10mm、-7mm（柱类构件参照梁类构件）；合格点率为90%及以上时，钢筋保护层厚度的检测结果应判为合格。

7. 墙体垂直度检测

现场采用经纬仪和钢尺对1号家属楼房屋四角垂直度进行检测。根据现场检测条件，对图7-14所示墙体垂直度进行了检测，所测多数墙体垂直度偏差大于《民用建筑可靠性鉴定标准》（GB 50292）中砌体砖墙垂直度不得大于90mm的规定，检测结果见图7-14。

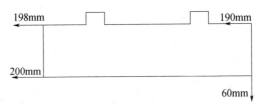

图7-14 整体垂直度偏差检测结果示意图

8. 鉴定分析

该建筑墙体上主要存在地基不均匀沉降裂缝，整体上呈正八字形分布，最大裂缝宽度为7.0mm。存在部分温度裂缝。

所测墙体垂直度偏差不满足《民用建筑可靠性鉴定标准》（GB 50292）的相关要求。

所检该建筑物抗震构造措施满足原设计要求，但与《建筑抗震设计规范》（GB 50011—2010）相比，构造柱设置不满足其中第7.3.1条的相关规定。所测该建筑砌筑砂浆抗压强度与构件混凝土抗压强度不满足原设计要求。

通过工程地质剖面图可以看出：该建筑物南部地基填土较厚，北部地基填土较薄，且北部地基填土下方存在角砾夹层，造成建筑物整体沉降量南部较北部大，建筑物整体向南部倾斜；通过各人工探井湿陷量及平均含水量表可以看出，建筑物北部地基含水量较大，南部地基含水量较小，说明北区受外来水影响较为严重。建筑物北部湿陷量较小，南部湿陷量较大，建筑物整体向南部倾斜。勘察报告中地基湿陷量和含水量情况与建筑物墙体上出现的裂缝形态基本吻合。

综上，该建筑主要存在因地基不均匀沉降造成的墙体开裂及建筑物整体向东南倾斜，裂缝最大宽度达 7.0mm，整体呈正八字形，墙体最大倾斜为 200mm。地基土质压缩变形不均匀且具有湿陷性，加之外来水的侵蚀，是造成裂缝开裂的主要原因。该建筑物安全性等级为 D_{su} 级，建议对该建筑立即采取相应处理措施，并切断外来水的不利影响。

7.2　邯郸市某住宅楼材料收缩检测鉴定

7.2.1　概述

邯郸市某住宅楼于 2008 年 9 月开工建设，2009 年 11 月竣工，为地下一层、地上六跃七层砖混结构，由三个单元组成。该住宅楼基础采用筏形基础，楼板采用现浇钢筋混凝土楼板，建筑面积为 5138.2m²。该住宅楼外观见图 7-15，平面图见图 7-16。该住宅楼的建设单位为河北天意房地产开发公司，设计单位为邯郸四季土木工程设计咨询有限公司，施工单位为河北昌达建筑有限公司，监理单位为邯郸市方圆工程监理有限公司。

图 7-15　住宅楼外观

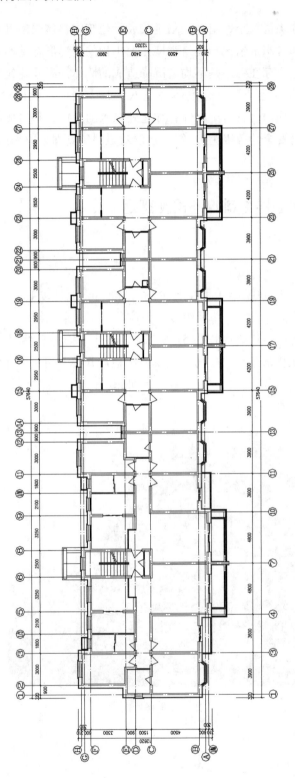

图7-16 平面图

2010 年 5 月，建设单位发现该住宅楼墙体存在开裂现象，同期组织专业人员对部分墙体裂缝进行了修复。现发现墙体（包括部分已修复墙体）裂缝有不同程度开展，为了解该住宅楼的裂缝成因及主体结构安全状况，河北省建筑工程质量检测中心接受委托对该住宅楼的主体结构进行检测鉴定。具体检测鉴定项目如下：主体结构损伤普查及构造检查；基础检测；砌体强度检测；混凝土强度检测；钢筋数量、间距及保护层厚度检测；墙体垂直度偏差测量；承载力验算复核；鉴定分析。

7.2.2　检测依据

（1）合同、委托书、设计图纸、岩土工程勘察报告及相关技术资料；

（2）《建筑结构检测技术标准》（GB/T 50344—2004）；

（3）《砌体工程现场检测技术标准》（GB/T 50315—2011）；

（4）《砌体结构工程施工质量验收规范》（GB 50204—2002）（2010 年版）；

（5）《贯入法检测砌筑砂浆抗压强度技术规程》（JGJ/T 136—2001）；

（6）《钻芯法检测混凝土强度技术规程》（CECS 03—2007）；

（7）《回弹法检测混凝土抗压强度技术规程》（JGJ/T 23—2011）；

（8）《混凝土加固设计规范》（GB 50367—2006）；

（9）《混凝土中钢筋检测技术规程》（JGJ/T 152）；

（10）《建筑抗震设计规范》（GB 50011—2010）；

（11）《民用建筑可靠性鉴定标准》（GB 50292）。

7.2.3　检测结果

1. 主体结构损伤普查及构造检查

根据现场检测条件，对该住宅楼主体结构的损伤及缺陷情况进行普查，发现：

（1）住宅楼墙体存在开裂现象。裂缝主要出现在各横墙上，以横墙中部竖向裂缝为主，裂缝多由上层圈梁底面延伸至下层楼板顶面，中间宽、两端窄，顶层横墙角部存在斜裂缝，横墙上最大裂缝宽度为 1.25mm。横墙中部竖向裂缝见图 7-17，顶层横墙角部斜裂缝见图 7-18。

（2）该住宅楼纵墙上存在裂缝，主要分布在北纵墙上，以门窗洞口角部斜裂缝为主，南纵墙及内纵墙墙体上存在裂缝，以门窗洞口角部斜向分布和墙体中部竖向分布为主，纵墙上最大裂缝宽度为 0.75mm。门窗洞口角部斜裂缝见图 7-19。

（3）部分修复后的墙体继续开裂，见图 7-20。

（4）部分顶板存在开裂现象，裂缝分布不规则，多沿预埋线管走向分布，最大裂缝宽度为 0.3mm。

（5）临近住宅楼北侧路面存在下陷现象。

图 7-17　横墙中部竖向裂缝

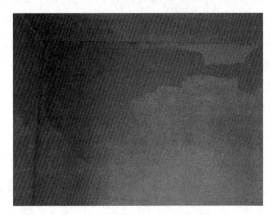

图 7-18　顶层横墙角部斜裂缝

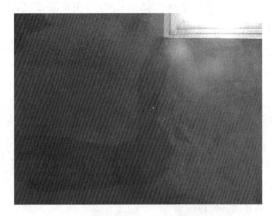

图 7-19　窗洞口角部斜裂缝

图 7-20　修复后的横墙继续开裂

该住宅楼所在地抗震设防烈度为 7 度，设计基本地震加速度值为 0.15g，设计地震分组为第二组。现场对该住宅楼抗震构造措施进行检查，发现：

该住宅楼为地下一层、地上六跃七层砖混结构，总高度为 18.8m，层高不超过 3.6m，房屋高宽比不大于 2.5，抗震横墙的最大间距为 7.7m，承重窗间墙最小宽度为 0.9m，承重外墙尽端至门窗洞边的最小距离为 1.0m，符合设计要求。

该住宅楼采用纵横墙共同承重的结构体系，纵横向砌体抗震墙沿竖向上、下连续；平面轮廓凹凸尺寸不超过典型尺寸的 50%；房屋的尽端或转角处未设置楼梯间，房屋转角处未设置转角窗，采用现浇钢筋混凝土楼、屋盖，符合设计要求。

该住宅楼外墙四角、楼梯间四角、较大洞口两侧、内墙与外墙交接处、内纵墙与横墙交接处均设置了构造柱，构造柱布置符合设计要求；该住宅楼所有承重墙均设置有现浇钢筋混凝土圈梁，圈梁布置符合设计要求。

2. 基础检测

该住宅楼采用钢筋混凝土筏形基础，现场随机抽取 5~6×C~E、15~16×C~E、21~23×C~E 三块筏形基础进行损伤普查，未发现明显结构性损伤。

3. 砌体强度检测

现场在该住宅楼每层随机抽取 6 片墙，采用贯入法检测其砌筑砂浆的现龄期抗压强度。砌筑砂浆现龄期抗压强度检测结果见表 7-7。

现场检测发现，该住宅楼设计砌体材料为烧结多孔页岩砖，实际负一层采用混凝土实心砖，一层及以上采用混凝土多孔砖，与设计图纸不符。据委托方提供的资料，混凝土多孔砖强度等级满足设计 MU10 的要求。

表 7-7 砌筑砂浆现龄期抗压强度检测结果汇总表

层别	构件位置	砌筑砂浆抗压强度推定值（MPa）
负一层	$6-8\times C$	8.3
	$18\times C-G$	7.5
	$26\times C-G$	6.9
	$8\times C-G$	7.1
	$16\times C-G$	9.2
	$24\times C-G$	8.1
按批评定	平均值 $f_{2,m}=7.9$MPa，$f_{2,\min}/0.75=9.2$MPa；标准差 $s=0.86$MPa，变异系数 $\delta=0.11<0.30$；该批砌筑砂浆抗压强度为 7.9MPa	
一层	$26\times C-G$	8.8
	$24\times C-G$	5.7
	$8\times C-G$	8.5
	$6\times C-G$	8.6
	$18\times C-G$	8.6
	$16\times C-G$	8.9
按批评定	平均值 $f_{2,m}=8.2$MPa，$f_{2,\min}/0.75=7.6$MPa；标准差 $s=1.23$MPa，变异系数 $\delta=0.15<0.30$；该批砌筑砂浆抗压强度为 7.6MPa	
二层	$26\times C-G$	8.4
	$24\times C-G$	8.3
	$8\times C-G$	8.5
	$6\times C-G$	6.0
	$18\times C-G$	8.0
	$16\times C-G$	8.3
按批评定	平均值 $f_{2,m}=7.9$MPa，$f_{2,\min}/0.75=8.0$MPa；标准差 $s=0.95$MPa，变异系数 $\delta=0.12<0.30$；该批砌筑砂浆抗压强度为 7.9MPa	
三层	$26\times C-G$	9.2
	$24\times C-G$	8.6
	$8\times C-G$	8.3
	$6\times C-G$	8.4
	$18\times C-G$	6.0
	$16\times C-G$	8.7
按批评定	平均值 $f_{2,m}=8.2$MPa，$f_{2,\min}/0.75=8.0$MPa；标准差 $s=1.12$MPa，变异系数 $\delta=0.14<0.30$；该批砌筑砂浆抗压强度为 8.0MPa	

续表

层别	构件位置	砌筑砂浆抗压强度推定值（MPa）
四层	26 × C - G	10. 1
	24 × C - G	7. 9
	8 × C - G	8. 6
	6 × C - G	8. 6
	18 × C - G	6. 4
	16 × C - G	8. 4
按批评定	平均值 $f_{2,m}$ = 8.3MPa，$f_{2,min}$/0.75 = 8.5MPa；标准差 s = 1.20MPa，变异系数 δ = 0.14 < 0.30；该批砌筑砂浆抗压强度为 8.3MPa	
五层	26 × C - G	5. 3
	24 × C - G	6. 5
	8 × C - G	5. 8
	6 × C - G	5. 4
	18 × C - G	5. 2
	16 × C - G	8. 3
按批评定	平均值 $f_{2,m}$ = 6.1MPa，$f_{2,min}$/0.75 = 6.9MPa；标准差 s = 1.19MPa，变异系数 δ = 0.19 < 0.30；该批砌筑砂浆抗压强度为 6.1MPa	
六层	26 × C - G	4. 4
	24 × C - G	5. 8
	8 × C - G	5. 7
	6 × C - G	9. 2
	18 × C - G	6. 7
	16 × C - G	5. 8
按批评定	平均值 $f_{2,m}$ = 6.3MPa，$f_{2,min}$/0.75 = 5.9MPa；标准差 s = 1.61MPa，变异系数 δ = 0.26 < 0.30；该批砌筑砂浆抗压强度为 5.9MPa	

注：墙体砌筑砂浆设计强度等级：负一层至四层为 M10，五层及以上为 M7.5。

4. 混凝土强度检测

（1）基础构件

现场在该住宅楼抽取的三处基础筏板上，每处随机钻取 3 个直径为 75mm 的芯样，共钻取 9 个直径为 75mm 的芯样，采用钻芯法检测其现龄期混凝土抗压强度，检测结果见表 7-8。

表 7-8　基础现龄期混凝土强度检测结果汇总表

构件位置	芯样编号			混凝土强度推定值（MPa）
	1	2	3	
5～6×C～E	45.0	38.2	46.2	38.2
15～16×C～E	47.8	47.8	55.2	47.8
21～23×C～E	40.2	48.8	43.6	40.2

注：基础混凝土设计强度等级为 C30。

（2）主体构件

根据现场检测条件，在该住宅楼每层抽取 6 根混凝土构件，采用回弹法检测其现龄期混凝土抗压强度，依据《混凝土结构加固设计规范》（GB 50367—2006），测区混凝土抗压强度换算值龄期修正系数为 0.99，检测结果见表 7-9。

表 7-9　现龄期混凝土强度检测结果汇总表

层别	构件		测区混凝土抗压强度换算值（MPa）			构件混凝土强度推定值（MPa）
	名称	编号	平均值	标准差	最小值	
负一层	构造柱	7×C	29.8	0.93	28.2	28.2
	圈梁	8×C～G	30.0	0.47	29.2	29.2
	构造柱	17×C	25.8	0.34	25.0	25.0
	圈梁	18×C～G	29.9	0.19	29.5	29.5
	构造柱	25×C	30.2	0.60	29.2	29.2
	圈梁	26×C～G	34.4	1.01	32.9	32.9
一层	圈梁	6×C～G	26.2	0.40	25.5	25.5
		8×C～G	35.4	1.11	33.9	33.9
		16×C～G	32.2	1.16	30.6	30.6
		18×C～G	25.9	0.34	25.3	25.3
		24×C～G	32.6	1.12	30.9	30.9
		26×C～G	25.8	0.21	25.4	25.4
二层	构造柱	7×C	29.8	0.93	28.2	28.2
	圈梁	8×C～G	30.0	0.47	29.2	29.2
		16×C～G	27.4	1.05	25.8	25.8
		18×C～G	28.3	1.56	25.4	25.4
		24×C～G	33.0	1.26	31.2	31.2
		26×C～G	32.9	1.23	31.4	31.4

层别	构件		测区混凝土抗压强度换算值（MPa）			构件混凝土强度推定值（MPa）
	名称	编号	平均值	标准差	最小值	
三层	圈梁	6×C~G	32.5	1.07	30.7	30.7
		8×C~G	32.7	1.18	30.6	30.6
		16×C~G	26.0	0.41	25.1	25.1
		18×C~G	26.1	0.29	25.4	25.4
		24×C~G	26.0	0.66	25.3	25.3
		26×C~G	25.8	0.39	25.1	25.1
四层	圈梁	6×C~G	25.9	0.65	25.1	25.1
		8×C~G	26.3	0.26	25.8	25.8
		16×C~G	26.0	0.43	25.4	25.4
		18×C~G	26.3	0.41	25.5	25.5
		24×C~G	30.9	0.70	29.9	29.9
		26×C~G	25.9	0.26	25.3	25.3
五层	圈梁	6×C~G	25.8	0.55	25.1	25.1
		8×C~G	31.0	0.54	30.1	30.1
		16×C~G	25.9	0.74	25.1	25.1
		18×C~G	31.5	0.53	30.6	30.6
		24×C~G	31.3	0.82	29.9	29.9
		26×C~G	31.9	0.37	31.2	31.2
六层	梁	16~18×E	31.6	0.22	31.1	31.1
		17×C~E	31.4	0.49	30.6	30.6
		24~26×E	25.6	0.24	25.1	25.1
		25×C~E	31.5	0.57	30.4	30.4
		7×C~E	25.9	0.35	25.3	25.3
		7×E~H	26.5	0.56	25.7	25.7

注：主体构件混凝土设计强度等级为C25。

5. 钢筋数量、间距及保护层厚度检测

现场在该住宅楼每层抽取6根梁，采用钢筋位置测定仪测量其钢筋数量、间距与保护层厚度。钢筋间距、数量检测结果见表7-10，保护层厚度结果见表7-11。

表 7-10 钢筋间距、数量检测结果汇总表

层别	构件		钢筋间距（mm）、数量（根）	
	类型	位置	实测平均值 a（b）	设计值 a（b）
负一层	梁	6 ~ 8 × 1/D	196（3）	200（3）
		6 ~ 8 × 1/E	202（3）	200（3）
		16 ~ 18 × 1/D	194（3）	200（3）
		16 ~ 18 × 1/E	196（3）	200（3）
		24 ~ 26 × 1/D	205（3）	200（3）
		24 ~ 26 × 1/E	202（3）	200（3）
一层	梁	6 ~ 8 × 1/D	197（3）	200（3）
		6 ~ 8 × 1/E	198（3）	200（3）
		16 ~ 18 × 1/D	199（3）	200（3）
		16 ~ 18 × 1/E	203（3）	200（3）
		24 ~ 26 × 1/D	206（3）	200（3）
		24 ~ 26 × 1/E	196（3）	200（3）
二层	梁	6 ~ 8 × 1/D	197（3）	200（3）
		6 ~ 8 × 1/E	201（3）	200（3）
		16 ~ 18 × 1/D	197（3）	200（3）
		16 ~ 18 × 1/E	202（3）	200（3）
		24 ~ 26 × 1/D	198（3）	200（3）
		24 ~ 26 × 1/E	198（3）	200（3）
三层	梁	6 ~ 8 × 1/D	199（3）	200（3）
		6 ~ 8 × 1/E	203（3）	200（3）
		16 ~ 18 × 1/D	205（3）	200（3）
		16 ~ 18 × 1/E	199（3）	200（3）
		24 ~ 26 × 1/D	203（3）	200（3）
		24 ~ 26 × 1/E	199（3）	200（3）
四层	梁	6 ~ 8 × 1/D	199（3）	200（3）
		6 ~ 8 × 1/E	199（3）	200（3）
		16 ~ 18 × 1/D	202（3）	200（3）
		16 ~ 18 × 1/E	202（3）	200（3）
		24 ~ 26 × 1/D	202（3）	200（3）
		24 ~ 26 × 1/E	198（3）	200（3）

续表

层别	构件		钢筋间距（mm）、数量（根）	
	类型	位置	实测平均值 a（b）	设计值 a（b）
五层	梁	$6 \sim 8 \times 1/D$	198（3）	200（3）
		$6 \sim 8 \times 1/E$	205（3）	200（3）
		$16 \sim 18 \times 1/D$	202（3）	200（3）
		$16 \sim 18 \times 1/E$	201（3）	200（3）
		$24 \sim 26 \times 1/D$	202（3）	200（3）
		$24 \sim 26 \times 1/E$	203（3）	200（3）
六层	梁	$7 \times C \sim E$	155（3）	150（3）
		$7 \times E \sim G$	153（3）	150（3）
		$17 \times C \sim E$	204（2）	200（2）
		$16 \sim 18 \times E$	103（3）	100（3）
		$25 \times C \sim E$	203（2）	200（2）
		$24 \sim 26 \times E$	103（3）	100（3）

注：表中数值 a（b），对梁类构件：a 代表箍筋间距，b 代表主筋根数，所测主筋对梁为底部下排筋，箍筋间距允许偏差为 ±20mm。

表 7-11　保护层厚度检测结果汇总表　　　　（mm）

层别	构件		钢筋编号						合格点率
	类型	位置	1	2	3	4	5	6	
负一层	梁	$6 \sim 8 \times 1/D$	25	38	22	—	—	—	94.4%
		$6 \sim 8 \times 1/E$	32	28	23	—	—	—	
		$16 \sim 18 \times 1/D$	28	26	25	—	—	—	
		$16 \sim 18 \times 1/E$	25	30	26	—	—	—	
		$24 \sim 26 \times 1/D$	26	28	27	—	—	—	
		$24 \sim 26 \times 1/E$	25	30	26	—	—	—	
一层	梁	$6 \sim 8 \times 1/D$	30	38	25	—	—	—	94.4%
		$6 \sim 8 \times 1/E$	25	30	25	—	—	—	
		$16 \sim 18 \times 1/D$	21	20	25	—	—	—	
		$16 \sim 18 \times 1/E$	32	25	25	—	—	—	
		$24 \sim 26 \times 1/D$	28	25	27	—	—	—	
		$24 \sim 26 \times 1/E$	32	30	25	—	—	—	
二层	梁	$6 \sim 8 \times 1/D$	22	28	29	—	—	—	94.4%
		$6 \sim 8 \times 1/E$	30	28	25	—	—	—	
		$16 \sim 18 \times 1/D$	28	30	32	—	—	—	

205

续表

层别	构件		钢筋编号						合格点率
	类型	位置	1	2	3	4	5	6	
二层	梁	16～18×1/E	28	25	30	—	—	—	94.4%
		24～26×1/D	29	26	25	—	—	—	
		24～26×1/E	38	25	28	—	—	—	
三层	梁	6～8×1/D	29	25	31	—	—	—	100%
		6～8×1/E	30	28	28	—	—	—	
		16～18×1/D	32	30	25	—	—	—	
		16～18×1/E	29	28	25	—	—	—	
		24～26×1/D	27	29	25	—	—	—	
		24～26×1/E	25	32	27	—	—	—	
四层	梁	6～8×1/D	32	25	30	—	—	—	94.4%
		6～8×1/E	28	25	26	—	—	—	
		16～18×1/D	30	28	28	—	—	—	
		16～18×1/E	28	32	28	—	—	—	
		24～26×1/D	26	30	36	—	—	—	
		24～26×1/E	25	28	30	—	—	—	
五层	梁	6～8×1/D	30	30	25	—	—	—	100%
		6～8×1/E	25	30	28	—	—	—	
		16～18×1/D	30	25	26	—	—	—	
		16～18×1/E	28	26	27	—	—	—	
		24～26×1/D	32	28	32	—	—	—	
		24～26×1/E	30	25	28	—	—	—	
六层	梁	7×C～E	28	27	33	—	—	—	94.4%
		7×E～G	27	21	32	—	—	—	
		17×C～E	37	33	—	—	—	—	
		16～18×E	27	32	21	—	—	—	
		25×C～E	21	32	—	—	—	—	
		24～26×E	23	31	32	—	—	—	

注：梁的钢筋保护层厚度设计值均为25mm。检验允许偏差：梁类构件为 +10mm、 −7mm；合格点率为90%及以上时，钢筋保护层厚度的检测结果应判为合格。

6. 墙体垂直度偏差测量

根据现场检测条件，采用经纬仪和钢尺对该住宅楼房屋四角垂直度（含抹灰层）进行检测，检测结果见图7-21，所测墙体垂直度偏差小于《民用建筑可靠性鉴定标准》（GB 50292）中的规定（砌体砖墙垂直度不得大于 $H/250$，本工程

H 为 21300mm，*H*/250 = 85.2mm）。

图 7-21 整体垂直度偏差检测结果示意图

7. 承载力验算复核

根据现场检测和实际荷载调查结果，采用中国建筑科学研究院的 PKPM 计算软件对该住宅楼主体结构进行承载力验算复核，本次计算参数如下：

结构恒载（自动计算楼板自重）：起居室、卧室、书房、厨房恒载为 $2.5kN/m^2$；卫生间为 $3.0kN/m^2$；楼梯间恒载为 $8.0kN/m^2$；上人屋面恒载为 $2.5kN/m^2$；不上人屋面恒载为 $2.0kN/m^2$。

结构活载：一般楼面为 $2.0kN/m^2$；上人屋面为 $2.0kN/m^2$；不上人屋面为 $0.5kN/m^2$；楼梯间为 $3.5kN/m^2$。

基本风压：$0.35kN/m^2$。

基本雪压：$0.30kN/m^2$。

抗震设防烈度为 7 度，设计基本地震加速度为 0.15*g*，设计地震分组为第二组。

材料强度取实测值：负一层至四层砂浆为 M7.5；五层及以上砂浆为 M5；混凝土多孔砖为 MU10；混凝土为 C25。

承载力验算复核结果表明：该住宅楼抗震、受压及局压承载力满足现有条件下的荷载要求。

8. 鉴定分析

该住宅楼负一层采用混凝土实心砖，一层及以上采用混凝土多孔砖进行砌筑。混凝土实心（多孔）砖材料收缩率较大，其收缩变形受养护龄期、含水率、施工工艺、环境温度与湿度及边界约束条件影响较大。混凝土实心（多孔）砖砌筑时养护龄期不足、上墙含水率大及施工工艺选用不当，均会加大混凝土实心（多孔）砖砌体的收缩变形。

采用混凝土实心（多孔）砖砌成墙体后，砖砌体收缩，在墙段中部、拉结筋端部及截面变化处收缩应力较大，易产生材料收缩裂缝，主要形式为墙体竖向裂缝。

地基不均匀变形对外纵墙门窗洞口角部斜向裂缝的开展有不利影响，该住宅楼采用筏形基础，协调变形能力强，现有裂缝最大宽度为 0.75mm，不影响主体结构安全。

该住宅楼墙体裂缝主要由材料收缩引起，温度应力对墙体裂缝的开展有不利影响。

所测该住宅楼抗震构造措施符合设计要求；按实测数据进行承载力验算复核，结果表明：该住宅楼抗震、受压及局压承载力满足现有条件下的荷载要求。

综上，混凝土实心（多孔）砖材料收缩率较大，其收缩变形受养护龄期、含水率、施工工艺、环境温度与湿度及边界约束条件影响较大。该住宅楼的墙体裂缝主要由材料收缩引起，温度应力及地基不均匀变形对墙体裂缝的开展有不利影响；现浇板上存在的裂缝为材料收缩裂缝；现有损伤不影响主体结构安全，宜对墙体裂缝进行使用性修复处理。

7.3 石家庄市某教学楼火灾后检测鉴定

7.3.1 概述

某教学楼位于石家庄市井陉矿区，约建于 1988 年，为地上二层砖混结构，基础采用墙下条形砖基础，楼（屋）面板采用预制板，建筑面积约为 600m²，其设计、施工、监理单位均不详。该教学楼外观见图 7-22，平面图见图 7-23 和图 7-24。

图 7-22 教学楼外观

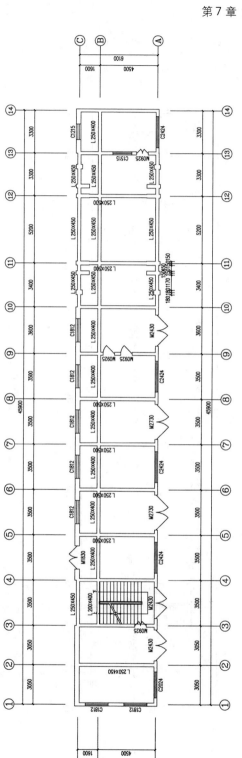

图7-23　首层平面图

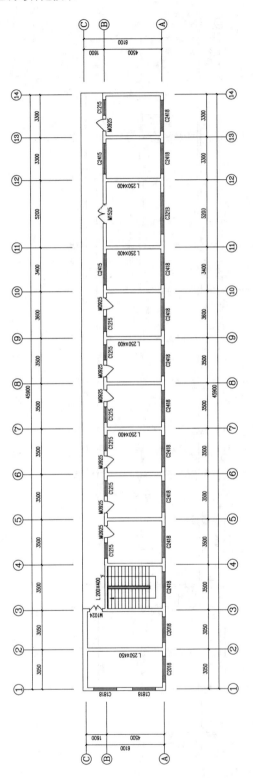

图7-24　二层平面图

现该西教学楼一层用作商铺。该西教学楼于 2013 年 4 月 18 日发生火灾，火灾出现在一层，后蔓延至二层，火灾扑灭后，西教学楼部分结构构件受损。现为了解火灾后该西教学楼的安全状况，并为后续处理提供依据，河北省建筑工程质量检测中心接受委托对该西教学楼进行检测鉴定。具体检测鉴定项目如下：平面测绘；火作用调查；结构现状检测；构造检查；基础检测；砌体强度检测；混凝土强度检测；钢筋配置检测；变形情况检测；承载力验算复核；安全性鉴定。

7.3.2　检测依据

（1）委托书、工程相关技术资料；

（2）《建筑结构检测技术标准》（GB/T 50344—2004）；

（3）《砌体工程现场检测技术标准》（GB/T 50315—2011）；

（4）《砌体工程施工质量验收规范》（GB 50203—2011）；

（5）《混凝土结构工程施工质量验收规范》（GB 50204—2002）（2011 年版）；

（6）《贯入法检测砌筑砂浆抗压强度技术规程》（JGJ/T 136—2001）；

（7）《回弹仪评定烧结普通砖强度等级的方法》（JC/T 796—2013）；

（8）《回弹法检测混凝土抗压强度技术规程》（JGJ/T 23—2011）；

（9）《混凝土结构加固设计规范》（GB 50367—2013）；

（10）《混凝土中钢筋检测技术规程》（JGJ/T 152）；

（11）《建筑抗震鉴定标准》（GB 50023—2009）；

（12）《火灾后建筑结构鉴定标准》（CECS 252—2009）；

（13）《民用建筑可靠性鉴定标准》（GB 50292）。

7.3.3　检测结果

1. 平面测绘

现场采用激光测距仪、钢卷尺等对该西教学楼进行测绘，重点测绘其各构件平面布置、洞口尺寸位置及混凝土构件截面尺寸等情况，测绘结果见图 7-23 和图 7-24。

2. 火作用调查

通过现场查验及调阅委托方提供的资料，火灾发生在 2013 年 4 月 18 日晚上 11 点 40 分左右，起火地点位于墙体 8 ~ 9 × A 外侧，为架空电线漏电造成绝缘层燃烧滴落到下方可燃物上引发，至 2014 年 2 月 23 日凌晨 4 点左右被消防部门扑灭，共燃烧约 4h，主要采用水灭火。

通过现场检测，一层主要过火区域为 4 ~ 9 × A ~ C，二层主要过火区域为 5 ~ 10 × A ~ B。一层燃烧物主要为包括油漆在内的五金制品，至现场检测时，除木门窗框等火场残留物外均已清理干净；二层燃烧物主要为木桌椅等教学用品，现场检测时发现有木桌椅、课本等火场残留物。

3. 结构现状检测

该西教学楼过火区域墙、梁及预制板受到不同程度的损伤，一层墙、梁及预制板损伤较二层严重，同层则呈现离起火点越近、损伤越重的现象。一层的主要损伤：墙体抹灰层存在大面积脱落，脱落部位墙体有灼烧痕迹，未见明显裂缝及变形；梁及预制板抹灰层存在大面积脱落，脱落部位表层混凝土呈土黄色或灰白色，未见明显火灾裂缝及变形，个别梁存在混凝土脱落及受力钢筋外露现象，见图 7-25 ~ 图 7-27。二层的主要损伤：墙体、梁及预制板存在大面积烟雾熏黑现象，未见明显裂缝及变形，见图 7-28。受火灾影响，墙体与圈梁交接处裂缝及预制板板间、板端拼缝均存在扩展现象，见图 7-29 和图 7-30。

图 7-25　一层墙体抹灰层脱落、有灼烧痕迹

图 7-26　一层混凝土梁、预制板抹灰层脱落，
脱落部位混凝土呈土黄或灰白色

图 7-27　一层梁 7 ~ 9 × B 与梁 8 × A ~ C 交接处
混凝土面层脱落及受力钢筋外露

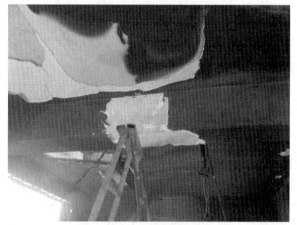

图 7-28　二层墙体、梁及预制板存在局部抹灰层
脱落及被烟雾熏黑现象

图 7-29　一层混凝土圈梁与墙体交接处裂缝

图 7-30   二层地面预制板板间拼缝

4. 构造检查

该西教学楼所在地井陉矿区抗震设防烈度为 7 度，设计基本地震加速度值为 0.10g，设计地震分组为第二组。依据《建筑抗震鉴定标准》（GB 50023—2009）的要求，该西教学楼为 A 类建筑；依据《建筑工程抗震设防分类标准》（GB 50223—2008）的要求，该教学楼属乙类设防，应按比本地区抗震设防烈度提高一度的要求核查其抗震构造措施。经现场检查，发现：

该西教学楼为两层砖混结构，首层层高为 3.9m，二层层高为 3.3m，室内外高差为 0.2mm，建筑总高度为 7.4m，房屋最大高宽比 <2.2，且房屋高度小于底层平面的最长尺寸，符合《建筑抗震鉴定标准》（GB 50023—2009）的要求；抗震横墙最大间距为 17.5m >11m，不符合《建筑抗震鉴定标准》（GB 50023—2009）的要求。

该西教学楼每层均设置有圈梁，符合《建筑抗震鉴定标准》（GB 50023—2009）的要求，未设置构造柱，不符合《建筑抗震鉴定标准》（GB 50023—2009）的要求。

5. 基础检测

现场在该西教学楼过火区域随机开挖 1 处基础探坑，未过火区域随机开挖 1 处基础探坑，共开挖 2 处基础探坑，对其基础做法及损伤情况进行检测。两处基础均未见明显损伤及缺陷。检测结果见图 7-31。

6. 砌体抗压强度检测

砌体抗压强度检测包括烧结砖抗压强度和砌筑砂浆抗压强度检测，二者布置在同一片砌体上检测。现场采用贯入法检测砌筑砂浆的抗压强度，采用回弹法检测烧结砖的抗压强度。检测结果见表 7-12、表 7-13。

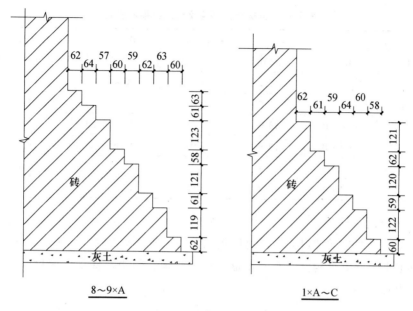

图 7-31　条形砖基础剖面示意图（单位：mm）

表 7-12　砌筑砂浆抗压强度检测结果汇总表

构件位置		砌筑砂浆抗压强度推定值（MPa）
一层	4×A~B	1.2
	9×A~B	0.8
	8~9×C	0.8
二层	4×A~B	1.2
	8×A~B	1.2
	10×A~B	1.2

表 7-13　烧结砖抗压强度检测结果汇总表

构件位置	烧结砖抗压强度推定值
一层	MU10
二层	MU10

7. 混凝土强度检测

现场在该西教学楼过火区域每层随机抽取 2 个混凝土构件，未过火区域每层随机抽取 1 个混凝土构件，采用回弹法对其混凝土强度进行检测。龄期修正系数为0.92，检测结果见表7-14。

表7-14 混凝土抗压强度检测结果汇总表

构件		测区混凝土抗压强度换算值（MPa）			构件现龄期混凝土强度推定值（MPa）
类型	位置	平均值	标准差	最小值	
一层梁	7×A~B	11.2	0.50	10.4	10.4
	8×A~B	11.0	0.53	10.2	10.2
	3~4×B	18.0	0.65	17.5	17.0
二层梁	7×A~B	19.0	1.08	17.6	17.2
	9×A~B	18.7	1.13	17.9	16.8
	3~4×B	18.8	0.66	18.1	17.7

8. 钢筋配置检测

现场在该西教学楼过火区域每层随机抽取2个混凝土构件，未过火区域每层随机抽取1个混凝土构件，对其钢筋直径、数量、间距及保护层厚度进行检测。检测结果见表7-15。

表7-15 配筋钢筋检测结果汇总表

检测部位		梁底受力钢筋	箍筋	主筋保护层厚度平均值（mm）
一层梁	7×A~B	4Φ25	6@203	21
	8×A~B	4Φ25	6@203	22
	3~4×B	2Φ14	6@202	17
二层梁	7×A~B	4Φ25	6@197	26
	9×A~B	4Φ25	6@203	26
	3~4×B	2Φ14	6@198	16

9. 变形情况检测

墙体变形：现场在该西教学楼过火区域每层随机抽取2片墙体，未过火区域每层随机抽取1片墙体，采用经纬仪结合钢卷尺对墙体变形情况进行检测，未发现墙体存在明显变形。

墙体垂直度偏差测量：现场采用经纬仪和钢尺对该西教学楼外墙四角（每角含两个方向）的垂直度偏差分别进行测量。检测结果见图7-32，所测墙体垂直度偏差小于《民用建筑可靠性鉴定标准》（GB 50292）中的规定（砌体砖墙垂直度不得大于40mm）。

10. 承载力验算复核

根据现场检测和实际荷载调查结果，采用中国建筑科学研究院的PKPM计算

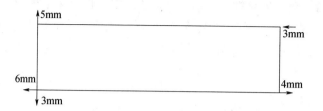

图 7-32　整体垂直度偏差检测结果示意图

软件对该教学楼主体结构进行承载力验算复核，本次计算参数如下：

结构恒载：楼面恒载 4.0kN/m²；不上人屋面恒载为 5.0kN/m²；楼梯间恒载为 8.0kN/m²。

结构活载：楼面活载 2.0kN/m²；不上人屋面活载为 0.5kN/m²；走廊及楼梯间活载为 3.5kN/m²。

基本风压：0.35kN/m²。

基本雪压：0.30kN/m²。

抗震设防烈度为 7 度，设计基本地震加速度为 0.10g，设计地震分组为第二组。

材料强度取实测值：砂浆为 0.8MPa；烧结黏土砖为 MU10；混凝土为 10.2MPa。

承载力验算复核结果表明：该西教学楼部分墙段抗震、受压及局压承载力不满足现有条件下的荷载要求，部分混凝土梁承载力不满足现有条件下的荷载要求。

11. 安全性鉴定

根据《民用建筑可靠性鉴定标准》（GB 50292）的相关规定，该教学楼的安全性鉴定主要从地基基础、上部承重结构和围护系统承重部分三个方面，按照子单元和鉴定单元分部进行，每一层次分为四个安全性等级。

（1）子单元安全性鉴定等级见表 7-16。

表 7-16　子单元安全性鉴定等级

序号	检测项目	评定等级
1	地基基础	A_u
2	上部承重结构	C_u
3	围护结构	C_u

（2）综合子单元安全性鉴定结果，该建筑安全性鉴定结果为 C_{su}。

综上，该建筑现状安全性鉴定等级为 C_{su} 级，应对承载力不满足的构件及过火区域内墙、梁、预制板采取相应加固处理措施，并增加抗震构造措施。

7.4 石家庄市某宿舍楼耐久性损伤后检测鉴定

7.4.1 概述

石家庄市某宿舍楼位于石家庄市新乐市，建于 1986 年，基础采用墙下条形砖基础，楼（屋）面板采用预制空心板，建筑面积约为 2000m²。该宿舍楼的建设单位、设计单位、施工单位、监理单位均不详，外观见图 7-33，平面图见图 7-34。

2013 年，为了解该宿舍楼的主体结构安全状况，该宿舍楼业主代表委托河北省建筑工程质量检测中心对该宿舍楼进行检测鉴定。具体检测鉴定项目如下：平面测绘；主体结构损伤及缺陷普查、构造检查；基础做法及尺寸检测；砌体抗压强度检测；混凝土抗压强度检测；混凝土构件钢筋数量、间距与保护层厚度检测；墙体垂直度偏差测量；承载力验算复核；安全性鉴定。

图 7-33　某宿舍楼外观

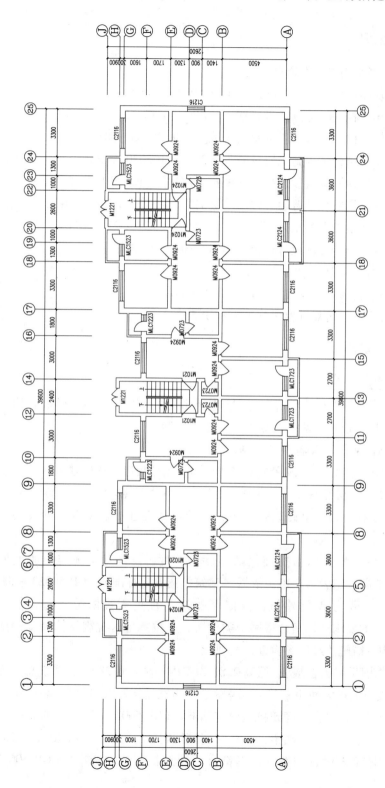

图7-34　该宿舍楼平面图

7.4.2 检测依据

（1）委托书及相关技术资料；

（2）《建筑结构检测技术标准》（GB/T 50344—2004）；

（3）《砌体工程现场检测技术标准》（GB/T 50315—2011）；

（4）《砌体结构工程施工质量验收规范》（GB 50203—2011）；

（5）《混凝土结构工程施工质量验收规范》（GB 50204—2002）（2010年版）；

（6）《贯入法检测砌筑砂浆抗压强度技术规程》（JGJ/T 136—2001）；

（7）《回弹仪评定烧结普通砖强度等级的方法》（JC/T 796—2013）；

（8）《回弹法检测混凝土抗压强度技术规程》（JGJ/T 23—2011）；

（9）《混凝土结构加固设计规范》（GB 50367—2013）；

（10）《混凝土中钢筋检测技术规程》（JGJ/T 152）；

（11）《建筑抗震鉴定标准》（GB 50023—2009）；

（12）《民用建筑可靠性鉴定标准》（GB 50292）。

7.4.3 检测结果

1. 平面测绘

现场采用激光测距仪、钢卷尺等对该宿舍楼进行测绘，重点测绘其各构件平面布置、洞口尺寸位置等情况，测绘结果见图7-34。

2. 主体结构损伤及缺陷普查、构造检查

经现场损伤普查发现：该宿舍楼多数房间预制楼板存在板间拼缝，顶层楼板存在漏雨现象；四层墙体 5×A~0/A 存在材料收缩裂缝，最大裂缝宽度为 0.2mm；部分墙体存在黏土砖风化现象，部分墙体存在截面削弱、砂浆层粉化现象。

该宿舍楼所在地新乐市抗震设防烈度为6度，设计基本地震加速度值为 0.05g，设计地震分组为第三组。依据《建筑抗震鉴定标准》（GB 50023—2009）的要求，该宿舍楼为 A 类建筑；依据《建筑工程抗震设防分类标准》（GB 50223—2008）的要求，该宿舍楼属丙类设防，应按本地区抗震设防烈度的要求核查其抗震构造措施。经现场检查，发现：

该宿舍楼为四层砖混结构，层高2.8m，室内外高差0.28mm，建筑总高度为 11.48m，抗震横墙最大间距 <11m，房屋最大高宽比 <2.2，且房屋高度小于底层平面的最长尺寸，符合《建筑抗震鉴定标准》（GB 50023—2009）的要求。

该宿舍楼每层均设置有圈梁，符合《建筑抗震鉴定标准》（GB 50023—2009）的要求，房屋四角未设置构造柱，不符合《建筑抗震鉴定标准》（GB 50023—

2009）的要求。

3. 基础做法及尺寸检测

现场随机开挖 2 处基础探坑，对其基础做法进行检查，并采用钢卷尺对其截面尺寸进行了实测实量。开挖后的基础未发现明显损伤或缺陷。检测结果见图 7-35。

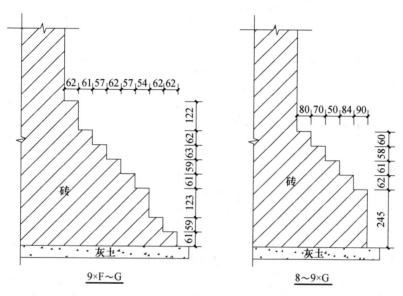

图 7-35 条形砖基础剖面示意图（单位：mm）

4. 砌体抗压强度检测

砌体抗压强度检测包括烧结砖抗压强度和砌筑砂浆抗压强度检测，二者布置在同一片砌体上检测。现场在该宿舍楼每层随机抽取 6 片墙，采用贯入法检测砌筑砂浆的抗压强度，采用回弹法检测烧结砖的抗压强度。检测结果见表 7-17、表 7-18。

表 7-17 砌筑砂浆现龄期抗压强度检测结果汇总表

层别	构件位置	砌筑砂浆抗压强度推定值（MPa）
一层	20 × F ~ G	0.7
	20 × E ~ F	0.7
	12 × E ~ F	0.6
	12 × F ~ G	0.8
	4 × E ~ F	0.8
	4 × F ~ G	0.7
按批评定	平均值 $f_{2,m}=0.7\text{MPa}$，$f_{2,min}/0.75=0.8\text{MPa}$；标准差 $s=0.08\text{MPa}$，变异系数 $\delta=0.11<0.30$；该批砌筑砂浆抗压强度为 0.7MPa	

层别	构件位置	砌筑砂浆抗压强度推定值（MPa）
二层	20 × F ~ G	0.8
	20 × E ~ F	0.7
	12 × E ~ F	0.7
	12 × F ~ G	0.7
	4 × E ~ F	0.8
	4 × F ~ G	0.8
按批评定	平均值 $f_{2,m} = 0.8\text{MPa}$，$f_{2,\min}/0.75 = 0.9\text{MPa}$；标准差 $s = 0.05\text{MPa}$，变异系数 $\delta = 0.07 < 0.30$；该批砌筑砂浆抗压强度为 0.8MPa	
三层	20 × F ~ G	0.7
	20 × E ~ F	0.7
	12 × E ~ F	0.6
	12 × F ~ G	0.8
	4 × E ~ F	0.7
	4 × F ~ G	0.7
按批评定	平均值 $f_{2,m} = 0.7\text{MPa}$，$f_{2,\min}/0.75 = 0.8\text{MPa}$；标准差 $s = 0.06\text{MPa}$，变异系数 $\delta = 0.09 < 0.30$；该批砌筑砂浆抗压强度为 0.7MPa	
四层	20 × F ~ G	0.6
	20 × E ~ F	0.6
	12 × E ~ F	0.6
	12 × F ~ G	0.7
	4 × E ~ F	0.6
	4 × F ~ G	0.6
按批评定	平均值 $f_{2,m} = 0.6\text{MPa}$，$f_{2,\min}/0.75 = 0.8\text{MPa}$；标准差 $s = 0.04\text{MPa}$，变异系数 $\delta = 0.07 < 0.30$；该批砌筑砂浆抗压强度为 0.6MPa	

注：根据《建筑抗震鉴定标准》（GB 50023—2009）中第 5.2.3 条规定，砌筑砂浆实际达到的强度等级，烈度为 6 度时不应低于 M0.4。

表 7-18 烧结砖抗压强度检测结果汇总表

构件位置	烧结砖抗压强度推定值
一层	MU7.5
二层	MU7.5
三层	MU7.5
四层	MU7.5

注：根据《建筑抗震鉴定标准》（GB 50023—2009）中第 5.2.3 条规定，砖实际达到的强度等级不应低于 MU7.5。

5. 混凝土抗压强度检测

现场在该宿舍楼每层随机抽取 6 根梁，采用回弹法检测其混凝土抗压强度，龄期修正系数为 0.92，检测结果见表 7-19。

表 7-19　混凝土抗压强度检测结果汇总表

构件		测区混凝土抗压强度换算值（MPa）			构件现龄期混凝土强度推定值（MPa）
类型	位置	平均值	标准差	最小值	
一层梁	4~6×1/G	14.4	0.23	14.2	14.1
	4~6×E	15.1	0.86	14.4	13.7
	12~14×1/F	15.2	0.45	14.9	14.5
	12~14×1/D	15.0	0.25	14.7	14.5
	20~22×1/G	15.0	0.40	14.4	14.3
	20~22×E	14.0	0.25	13.3	13.6
二层梁	4~6×1/G	12.0	0.45	11.3	11.2
	4~6×E	11.7	0.59	10.4	10.7
	12~14×1/F	15.1	0.44	14.5	14.3
	12~14×1/D	13.5	0.30	13.2	13.0
	20~22×1/G	14.1	0.45	13.6	13.3
	20~22×E	13.9	0.34	13.4	13.4
三层梁	4~6×1/G	15.6	0.52	15.0	14.8
	4~6×E	15.5	0.37	15.1	14.9
	12~14×1/F	17.0	0.65	15.7	16.0
	12~14×1/D	17.8	0.58	16.9	16.8
	20~22×1/G	17.0	0.42	16.4	16.3
	20~22×E	15.3	0.49	14.5	14.5
四层梁	4~6×E	11.4	0.27	11.0	10.9
	4~6×D	16.5	0.50	15.6	15.7
	12×C~E	14.7	0.37	14.2	14.1
	14×C~E	15.4	1.00	13.8	13.7
	20~22×D	19.4	0.58	18.7	18.4
	20~22×E	12.1	0.51	11.4	11.2

注：根据《建筑抗震鉴定标准》（GB 50023—2009）中第 6.2.2 条规定，烈度为 6 度时混凝土实际达到的强度等级不应低于 C13。

6. 混凝土构件钢筋数量、间距与保护层厚度检测

现场在该宿舍楼每层随机抽取 6 根梁，采用钢筋位置测定仪测量其钢筋数量、间距与保护层厚度。钢筋间距、数量检测结果见表 7-20，保护层厚度检测结

果见表7-21。

表7-20　钢筋间距、数量检测结果汇总表

层别	构件		钢筋间距（mm）、数量（根）	
	类型	位置	实测平均值 a	数量 b
一层	梁	4~6×1/G	200	3
		4~6×E	201	3
		12~14×1/F	202	3
		12~14×1/D	201	3
		20~22×1/G	199	3
		20~22×E	200	3
二层	梁	4~6×1/G	201	3
		4~6×E	201	3
		12~14×1/F	201	3
		12~14×1/D	200	3
		20~22×1/G	199	3
		20~22×E	200	3
三层	梁	4~6×1/G	198	3
		4~6×E	197	3
		12~14×1/F	199	3
		12~14×1/D	199	3
		20~22×1/G	199	3
		20~22×E	200	3
四层	梁	4~6×E	200	3
		4~6×D	200	2
		12×C~E	198	2
		14×C~E	200	2
		20~22×D	199	2
		20~22×E	200	3

表 7-21　保护层厚度检测结果汇总表　　　　　　　　　（mm）

层别	构件		钢筋编号						平均值
	类型	位置	1	2	3	4	5	6	
一层	梁	4~6×1/G	27	27	24	—	—	—	26
		4~6×E	24	25	24	—	—	—	24
		12~14×1/F	27	26	27	—	—	—	27
		12~14×1/D	26	29	26	—	—	—	27
		20~22×1/G	24	23	27	—	—	—	25
		20~22×E	26	27	27	—	—	—	27
二层	梁	4~6×1/G	24	23	22	—	—	—	23
		4~6×E	22	21	24	—	—	—	22
		12~14×1/F	24	26	23	—	—	—	24
		12~14×1/D	22	21	24	—	—	—	22
		20~22×1/G	24	26	27	—	—	—	26
		20~22×E	26	27	27	—	—	—	27
三层	梁	4~6×1/G	26	23	22	—	—	—	24
		4~6×E	21	23	22	—	—	—	22
		12~14×1/F	21	24	26	—	—	—	24
		12~14×1/D	23	22	24	—	—	—	23
		20~22×1/G	22	24	24	—	—	—	23
		20~22×E	26	24	23	—	—	—	24
四层	梁	4~6×E	27	26	27	—	—	—	27
		4~6×D	26	22	—	—	—	—	24
		12×C~E	22	22	—	—	—	—	22
		14×C~E	23	26	—	—	—	—	25
		20~22×D	27	27	—	—	—	—	27
		20~22×E	26	23	22	—	—	—	24

7. 墙体垂直度偏差测量

根据现场检测条件，采用经纬仪和钢尺对该宿舍楼四角垂直度（含抹灰层）进行检测，检测结果见图 7-36，所测墙体垂直度偏差小于《民用建筑可靠性鉴定标准》（GB 50292）中的规定（砌体砖墙垂直度不得大于 $H/250$，本工程 H 为 11480mm，$H/250 = 45.92$mm）。

8. 承载力验算复核

根据现场检测和实际荷载调查结果，采用中国建筑科学研究院的 PKPM 计算

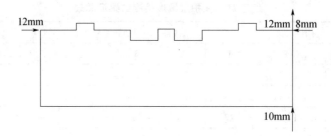

图 7-36　整体垂直度偏差检测结果

软件对该宿舍楼主体结构进行承载力验算复核，本次计算参数如下：

结构恒载：楼面恒载为 4.0kN/m²；不上人屋面恒载为 5.0kN/m²；楼梯间恒载为 8.0kN/m²。

结构活载：楼面活载为 2.0kN/m²；不上人屋面活载为 0.5kN/m²；楼梯间活载为 3.5kN/m²。

基本风压：0.35kN/m²。

基本雪压：0.30kN/m²。

抗震设防烈度为 6 度，设计基本地震加速度为 0.05g，设计地震分组为第三组。

材料强度取实测值：砂浆为 0.6MPa；烧结黏土砖为 MU7.5；混凝土为 10.7MPa。

承载力验算复核结果表明：该宿舍楼部分墙段受压承载力不满足现有条件下的荷载要求。

9. 安全性鉴定

根据《民用建筑可靠性鉴定标准》（GB 50292）的相关规定，该宿舍楼的安全性鉴定主要从地基基础、上部承重结构和围护系统承重部分三个方面，按照子单元和鉴定单元分部进行，每一层次分为四个安全性等级。

子单元安全性鉴定等级见表 7-22。

表 7-22　子单元安全性鉴定等级

序号	检测项目	评定等级
1	地基基础	A_u
2	上部承重结构	C_u
3	围护结构	C_u

综上所述，该宿舍楼现状安全性鉴定等级为 C_{su} 级［安全性不符合《民用建筑可靠性鉴定标准》（GB 50292）对 A_{su} 级的要求，显著影响整体承载］；适修性

等级为 C_r（难修，或难改造，修后或改造后需降低使用功能或限制使用条件，或所需总费用为新建造价的 70% 以上。适修性差，是否有保留价值，取决于其重要性和使用要求）。

7.5　石家庄市某住宅楼裂缝检测鉴定

7.5.1　概述

该住宅楼位于石家庄市井陉矿区，建于 2011 年，为地下一层、地上六层砖混结构，由四个单元组成。该建筑的基础采用墙下钢筋混凝土条形基础，地基采用水泥土桩复合地基，楼板采用现浇钢筋混凝土楼板，建筑面积为 5610.35m²，外观见图7-37，标准层平面图见图7-38。该住宅楼的建设单位为井陉矿区卓城房地产开发有限公司，设计单位为石家庄世爵建筑设计有限公司（主体结构）和唐山大方建筑基础工程有限公司（复合地基），施工单位为石家庄天蓝建筑安装工程有限公司（主体结构）和邯郸市方正建筑基础工程有限公司（复合地基），监理单位为石家庄大图工程建设监理有限公司。

2013 年 2 月，该建筑部分用户反映其房屋存在开裂及建筑物存在倾斜等现象，据委托方反映，在房屋裂缝出现之前，该住宅楼东北部曾出现过供水管道漏水现象。现为了解该住宅楼的裂缝成因及主体结构安全状况，河北省建筑工程质量检测中心接受委托对该住宅楼的主体结构进行检测鉴定。具体鉴定项目如下：

主体结构损伤普查及构造检查；地基及基础检测；砌体强度检测；混凝土强度检测；钢筋数量、间距及保护层厚度检测；墙体垂直度偏差测量；鉴定分析。

图 7-37　某住宅楼外观

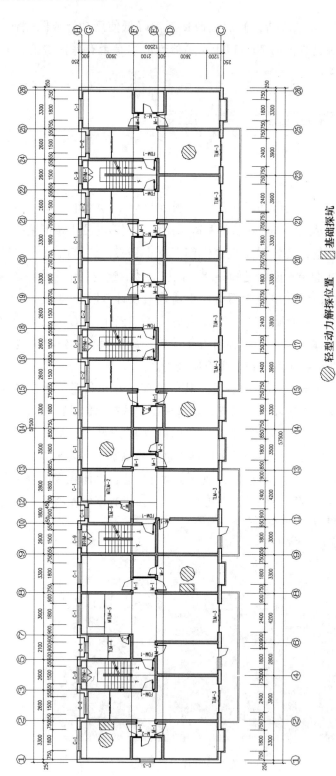

◎ 轻型动力解探位置　▨ 基础探坑

图7-38　标准层平面图

7.5.2 检测依据

（1）合同、委托书、设计图纸、岩土工程勘察报告、复合地基工程竣工资料及相关技术资料；

（2）《建筑结构检测技术标准》（GB/T 50344—2004）；

（3）《岩土工程勘察规范》（GB 50021—2001）（2009 年版）；

（4）《砌体工程现场检测技术标准》（GB/T 50315—2011）；

（5）《砌体结构工程施工质量验收规范》（GB 50203—2011）；

（6）《混凝土结构工程施工质量验收规范》（GB 50204—2002）（2010 年版）；

（7）《回弹法检测混凝土抗压强度技术规程》（JGJ/T 23—2011）；

（8）《混凝土中钢筋检测技术规程》（JGJ/T 152）；

（9）《建筑抗震设计规范》（GB 50011—2010）；

（10）《民用建筑可靠性鉴定标准》（GB 50292）。

7.5.3 检测结果

1. 主体结构损伤普查及构造检查

现场对该建筑存在的主体结构损伤及缺陷情况进行普查，发现：

（1）该建筑墙体存在开裂现象，裂缝主要出现在各承重纵墙上，以门窗洞口角部斜裂缝为主，各纵墙上裂缝损伤程度不一，以建筑物东部（19～26 轴）与北纵墙（G/H 轴）处裂缝分布较为集中，北纵墙上裂缝整体呈倒八字形分布，楼体顶部裂缝窄且少，底部裂缝宽且多，最大裂缝宽度为 2.0mm。纵墙上裂缝的具体分布和走向见图 7-39。

（2）部分横墙上存在裂缝，以水平裂缝为主，主要分布在建筑物东部底部两层，横墙上裂缝的具体分布和走向见图 7-40。

（3）部分梁存在开裂现象，最大裂缝宽度为 0.2mm，属材料收缩裂缝。

（4）部分顶板存在开裂现象，最大裂缝宽度为 0.3mm，属材料收缩裂缝。

（5）部分阳台栏板抹灰层或其与外纵墙交接处存在开裂现象。

部分损伤见图 7-41～图 7-44。

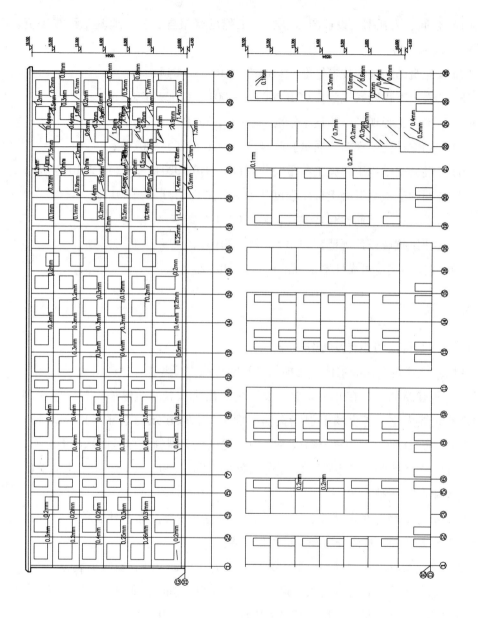

图7-39　纵墙裂缝示意图

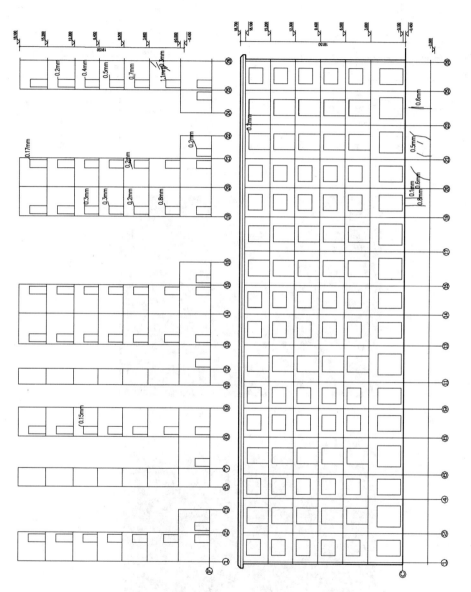

图7-40 横墙裂缝示意图

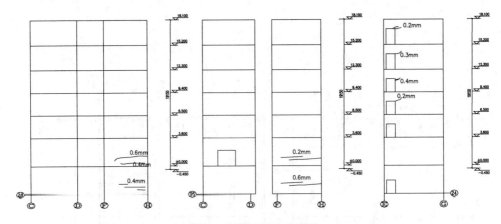

图 7-41　横墙裂缝示意图

图 7-42　纵墙斜裂缝

图 7-43　阳台栏板与外纵墙交接处开裂

图 7-44　混凝土梁底部裂缝

石家庄市井陉矿区抗震设防烈度为 7 度，设计基本地震加速度值为 0.10g，设计地震分组为第二组。现场对该建筑抗震构造措施进行了检查，发现：

该建筑抗震墙最小厚度为 240mm，抗震横墙的最大间距为 4.2m，纵向窗间墙最小宽度为 1.0m，承重外墙尽端至门窗洞边的最小距离为 1.0m，符合设计与现行《建筑抗震设计规范》（GB 50011—2010）的要求。纵横向砌体抗震墙沿竖向上下连续；平面轮廓凹凸尺寸不超过典型尺寸的 50%；不存在墙体两侧楼板同时开洞现象；房屋转角处未设置转角窗。

建筑外墙四角、楼梯间四角、楼梯斜梯段上、下端对应的墙体处、较大洞口两侧、内墙与外墙交接处、内纵墙与横墙交接处均设置了构造柱，构造柱布置符合设计与《建筑抗震设计规范》（GB 50011—2010）的要求；该建筑所有承重墙均设置有现浇钢筋混凝土圈梁，圈梁布置符合设计与《建筑抗震设计规范》（GB 50011—2010）的要求。

2. 地基及基础检测

依据《井陉矿区云凤住宅小区岩土工程勘察报告》：该建筑物地基存在湿陷性土层，分别为黄土状粉质黏土层和黄土状粉土层；该建筑场地为非自重湿陷性场地，地基湿陷等级为 I 级。

该建筑物基础位于黄土状粉土层，建筑北侧基础底面以下黄土状粉土层中间薄两端厚，东部最厚，建筑南侧基础底面以下黄土状粉土层中部、西部厚度较为均匀，东部略厚。

该建筑采用水泥土桩复合地基，属桩土共同受力复合地基形式。依据《1 号住宅楼复合地基工程竣工资料》：在 1 号住宅楼水泥土桩施工过程中，发现桩底存在碎石及硬土层，导致成孔深度达不到设计要求，根据现场情况补桩 152 根，以达到设计要求。

对资料复核后发现：后补桩主要位于 1 号住宅楼东、西两端，补桩区域内的桩长多为 2 ~ 4m，中部桩长多为设计桩长（6.5m），建筑东、西部多数一次成桩及后补桩的桩长较中部一次性成桩区域内桩长短，东、西部多数桩与中部桩桩端持力层所在的深度不同。

现场在 1 号住宅楼布置 5 处轻型动力触探和 2 处基础探坑。现场开挖了 2 处基础探坑，对其基础做法进行了检查，并采用钢尺对其基础截面尺寸进行了实测实量，基础剖面形式见图 7-45，检测结果见表 7-23。

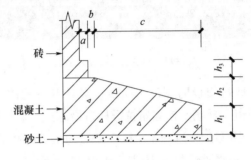

图 7-45　基础剖面图

表 7-23　基础截面尺寸检测结果汇总表

构件位置	尺寸（mm）					
	a	b	c	h_1	h_2	h_3
2 × F ~ H	62（60）	51（50）	819（820）	202（200）	149（150）	121（120）
8 × C ~ D	58（60）	52（50）	922（920）	203（200）	151（150）	123（120）

注：基础截面尺寸的允许偏差为（+8，-5）mm，括号内为设计值。

采用环刀在 1 ~ 2 × F ~ H、8 ~ 9 × C ~ D、23 ~ 25 × C ~ D 三处位置基础底面以下 0.5m 及 1.0m 处各取土样一组，测试土样含水率，检测结果见表 7-24，建筑物西部、中部、东部含水率依次增大。

现场采用轻型动力触探法对基础底面以下复合地基土层的均匀性进行检测，检测结果见表 7-25，在基础底面以下 1.8m 范围内，相同深度建筑物中部的锤击数大于东部和西部。

表 7-24　地基土含水率检测结果汇总表

位置	1 ~ 2 × F ~ H		8 ~ 9 × C ~ D		23 ~ 25 × C ~ D	
取样深度（m）	0.0 ~ 0.5	0.5 ~ 1.0	0.0 ~ 0.5	0.5 ~ 1.0	0.0 ~ 0.5	0.5 ~ 1.0
含水率 w（%）	21.8	23.4	20.8	20.3	28.9	28.2

表 7-25 轻型动力触探结果汇总表

深度（cm）＼位置	1 ~ 2 × F ~ H	8 ~ 9 × C ~ D	13 ~ 14 × F ~ H	15 ~ 17 × C ~ D	23 ~ 25 × C ~ D
0 ~ 30	27	22	21	41	26
30 ~ 60	22	25	24	23	21
60 ~ 90	22	35	35	37	17
90 ~ 120	24	59	38	54	23
120 ~ 150	35	48	36	43	23
150 ~ 180	45	33	35	34	31
180 ~ 210	>100	31	29	24	29
210 ~ 240	—	25	30	32	34
240 ~ 270	—	32	30	26	>100

3. 砌体强度检测

现场在 1 号住宅楼每层随机选取 6 片墙，采用回弹法检测其砌筑砂浆与烧结砖的抗压强度。砌筑砂浆抗压强度检测结果见表 7-26。所检烧结砖强度等级推定值为 MU10。

表 7-26 砌筑砂浆抗压强度检测结果汇总表

层别	构件位置	砌筑砂浆抗压强度推定值（MPa）
负一层	23 ~ 25 × C	4.9
	23 × C ~ E	5.4
	17 × C ~ E	5.2
	17 ~ 19 × C	5.0
	4 ~ 6 × C	4.6
	11 ~ 13 × C	5.6
按批评定	平均值 $f_{2,m}$ = 5.1MPa，$f_{2,min}$/0.75 = 6.1MPa；标准差 s = 0.37MPa，变异系数 δ = 0.07 < 0.35；该批砌筑砂浆抗压强度为 5.1MPa	
一层	24 × F ~ G	5.4
	22 × F ~ G	5.0
	16 × F ~ G	5.6
	18 × F ~ G	5.6
	5 × F ~ G	5.3
	3 × F ~ G	5.2
按批评定	平均值 $f_{2,m}$ = 5.4MPa，$f_{2,min}$/0.75 = 6.7MPa；标准差 s = 0.23MPa，变异系数 δ = 0.04 < 0.35；该批砌筑砂浆抗压强度为 5.4MPa	

层别	构件位置	砌筑砂浆抗压强度推定值（MPa）
二层	22 × F ~ G	4.7
	24 × F ~ G	4.9
	16 × F ~ G	5.0
	18 × F ~ G	4.8
	5 × F ~ G	5.1
	3 × F ~ G	5.8
按批评定	平均值 $f_{2,m} = 5.1$MPa，$f_{2,min}/0.75 = 6.2$MPa；标准差 $s = 0.41$MPa，变异系数 $\delta = 0.08 < 0.35$；该批砌筑砂浆抗压强度为 5.1MPa	
三层	22 × F ~ G	4.6
	24 × F ~ G	5.2
	18 × F ~ G	4.8
	16 × F ~ G	5.1
	5 × F ~ G	4.9
	5 × F ~ G	5.4
按批评定	平均值 $f_{2,m} = 5.0$MPa，$f_{2,min}/0.75 = 6.1$MPa；标准差 $s = 0.31$MPa，变异系数 $\delta = 0.06 < 0.35$；该批砌筑砂浆抗压强度为 5.0MPa	
四层	22 × F ~ G	5.0
	24 × F ~ G	5.3
	16 × F ~ G	4.7
	18 × F ~ G	5.8
	5 × F ~ G	4.7
	3 × F ~ G	4.8
按批评定	平均值 $f_{2,m} = 5.1$MPa，$f_{2,min}/0.75 = 6.2$MPa；标准差 $s = 0.46$MPa，变异系数 $\delta = 0.09 < 0.35$；该批砌筑砂浆抗压强度为 5.1MPa	
五层	24 × F ~ G	5.2
	22 × F ~ G	4.1
	18 × F ~ G	4.2
	16 × F ~ G	6.4
	5 × F ~ G	4.7
	5 × F ~ G	6.4
按批评定	平均值 $f_{2,m} = 5.2$MPa，$f_{2,min}/0.75 = 5.4$MPa；标准差 $s = 1.03$MPa，变异系数 $\delta = 0.20 < 0.35$；该批砌筑砂浆抗压强度为 5.2MPa	

续表

层别	构件位置	砌筑砂浆抗压强度推定值（MPa）
六层	24 × F ~ G	5.4
	22 × F ~ G	5.7
	16 × F ~ G	5.7
	18 × F ~ G	4.9
	5 × F ~ G	4.6
	3 × F ~ G	5.1
按批评定	平均值 $f_{2,m}$ = 5.3MPa，$f_{2,min}$/0.75 = 6.1MPa；标准差 s = 0.46MPa，变异系数 δ = 0.09 < 0.35；该批砌筑砂浆抗压强度为 5.3MPa	

注：砌筑砂浆设计强度等级：负一层至四层为 M10，五层为 M7.5，六层为 M5。

4. 混凝土强度检测

（1）基础构件

在 1 号住宅楼布置的两处基础探坑中，每处基础上随机钻取 3 个直径为 100mm 的芯样，共钻取 6 个直径为 100mm 的芯样，采用钻芯法检测其混凝土抗压强度，检测结果见表 7-27。

表 7-27　基础混凝土强度检测结果汇总表　　　　　（MPa）

构件位置	芯样编号			混凝土强度推定值
	1	2	3	
8 × C ~ D	28.8	22.1	—	22.1
2 × F ~ H	15.4	17.0	12.5	12.5

注：基础混凝土设计强度等级为 C30。

（2）主体构件

现场在 1 号住宅楼每层随机抽取 4 根圈梁（构造柱）或大梁，采用回弹法检测其混凝土抗压强度，检测结果见表 7-28。

表 7-28　混凝土抗压强度检测结果汇总表

层别	构件		测区混凝土抗压强度换算值（MPa）			构件混凝土强度推定值（MPa）
	名称	编号	平均值	标准差	最小值	
负一层	梁	22 ~ 24 × 1/F	28.5	0.28	28.2	28.2
		16 ~ 18 × 1/F	26.9	1.88	25.0	25.0
		9 ~ 10 × 1/F	27.2	1.55	25.3	25.3
		3 ~ 5 × 1/F	27.0	1.03	25.1	25.1

层别	构件		测区混凝土抗压强度换算值（MPa）			构件混凝土强度推定值（MPa）
	名称	编号	平均值	标准差	最小值	
一层	构造柱	9×1/F	27.0	1.54	25.6	25.6
		3×1/F	27.2	1.43	25.9	25.9
		16×1/F	25.6	0.23	25.3	25.3
		22×1/F	33.1	2.90	28.9	28.9
二层	构造柱	22×1/F	26.5	0.59	26.1	26.1
		9×1/F	30.0	1.77	27.2	27.2
		3×1/F	27.4	2.01	25.3	25.3
		16×1/F	29.1	1.18	27.2	27.2
三层	构造柱	9×1/F	27.8	1.18	26.2	26.2
		3×1/F	29.3	0.82	28.3	28.3
	圈梁	22×E~H	33.1	2.88	28.9	28.9
	构造柱	16×1/F	30.7	2.55	28.2	28.2
四层	构造柱	9×1/F	27.3	2.02	25.6	25.6
		22×1/F	25.8	0.82	25.0	25.0
		16×1/F	31.3	2.02	28.5	28.5
		3×1/F	27.6	1.76	26.1	26.1
五层	构造柱	3×1/F	27.4	1.64	25.4	25.4
		22×1/F	27.3	1.40	25.8	25.8
		9×1/F	27.2	1.58	25.5	25.5
		16×1/F	26.6	0.63	25.9	25.9
六层	构造柱	3×1/F	31.1	1.72	28.1	28.1
		22×1/F	28.1	1.58	26.6	26.6
		16×1/F	27.0	1.18	25.1	25.1
		9×1/F	30.2	2.72	27.9	27.9

注：主体构件混凝土设计强度等级 C25。

5. 钢筋配置检测

现场在 1 号住宅楼每层随机抽取 4 根圈梁（构造柱）或大梁，采用钢筋位置测定仪测量其钢筋数量、间距与保护层厚度。钢筋间距、数量检测结果见表 7-29，保护层厚度检测结果见表 7-30。

表 7-29　钢筋间距、数量检测结果汇总表

层别	构件		钢筋间距（mm）	
	类型	位置	实测平均值 a（b）	设计值 a（b）
负一层	梁	1/F×22～1/22	196（2）	200（2）
		1/F×16～1/16	200（2）	200（2）
		1/F×9～1/9	199（2）	200（2）
		1/F×3～1/3	198（2）	200（2）
一层	构造柱	24×1/F	199（2）	200（2）
		1/F×16	198（2）	200（2）
		1/F×9	199（2）	200（2）
		1/F×3	201（2）	200（2）
二层	构造柱	1/F×3	199（2）	200（2）
		22×1/F	199（2）	200（2）
		1/F×16	198（2）	200（2）
		1/F×9	203（2）	200（2）
三层	构造柱	1/F×3	199（2）	200（2）
		22×1/F	201（2）	200（2）
		1/F×16	198（2）	200（2）
		1/F×9	201（2）	200（2）
四层	构造柱	1/F×3	202（2）	200（2）
		22×1/F	201（2）	200（2）
		1/F×16	200（2）	200（2）
		1/F×9	201（2）	200（2）
五层	构造柱	1/F×3	195（2）	200（2）
		22×1/F	198（2）	200（2）
		1/F×16	199（2）	200（2）
		1/F×9	201（2）	200（2）
六层	构造柱	1/F×3	198（2）	200（2）
		22×1/F	202（2）	200（2）
		1/F×16	203（2）	200（2）
		1/F×9	204（2）	200（2）

注：表中数值 a（b），对柱、梁类构件：a 代表箍筋间距，b 代表主筋根数。所测主筋对圈梁、构造柱为侧面外排筋，对大梁为底部下排筋，箍筋间距允许偏差 ±20mm。

表 7-30　保护层厚度检测结果汇总表　　　　　　　　（mm）

层别	构件		钢筋编号						合格点率
	类型	位置	1	2	3	4	5	6	
负一层	梁	1/F×22～1/22	28	32	—	—	—	—	
		1/F×16～1/16	28	33	—	—	—	—	
		1/F×9～1/9	25	30	—	—	—	—	
		1/F×3～1/3	30	27	—	—	—	—	
一层	构造柱	24×1/F	35	30	—	—	—	—	
		1/F×16	33	32	—	—	—	—	
		1/F×9	38	35	—	—	—	—	
		1/F×3	26	29	—	—	—	—	
二层	构造柱	1/F×3	27	24	—	—	—	—	
		22×1/F	42	33	—	—	—	—	
		1/F×16	31	34	—	—	—	—	
		1/F×9	26	27	—	—	—	—	92.8%
三层	构造柱	1/F×3	38	30	—	—	—	—	
		22×1/F	40	32	—	—	—	—	
		1/F×16	28	35	—	—	—	—	
		1/F×9	32	35	—	—	—	—	
四层	构造柱	1/F×3	30	35	—	—	—	—	
		22×1/F	34	28	—	—	—	—	
		1/F×16	29	31	—	—	—	—	
		1/F×9	29	35	—	—	—	—	
五层	构造柱	1/F×3	26	26	—	—	—	—	
		22×1/F	27	30	—	—	—	—	
		1/F×16	31	34	—	—	—	—	
		1/F×9	25	30	—	—	—	—	
六层	构造柱	1/F×3	35	32	—	—	—	—	
		22×1/F	28	25	—	—	—	—	
		1/F×16	30	31	—	—	—	—	
		1/F×9	27	33	—	—	—	—	

注：柱、梁的钢筋保护层厚度设计值均为25mm。检验允许偏差：梁类构件为 +10mm、 −7mm（柱类构件参照梁类构件）。合格点率为90%及以上时，钢筋保护层厚度的检测结果应判为合格。

6. 墙体垂直度检测

根据现场检测条件，采用经纬仪和钢尺对 1 号住宅楼房屋四角垂直度（含抹灰层）进行检测，检测结果见图 7-46，所测墙体垂直度小于《民用建筑可靠性鉴定标准》（GB 50292）中的规定（砌体砖墙垂直度不得大于 $H/250$，这里 H 为 19150mm）。

图 7-46　整体垂直度偏差检测结果示意图

7. 鉴定分析

经现场普查发现，该建筑墙体存在开裂现象，主要出现在各纵墙上，在建筑物东部和北纵墙上分布较为集中，整体呈倒八字形，最大裂缝宽度为 2.0mm。部分横墙存在开裂现象，主要集中于建筑物东部，以水平向分布为主，最大裂缝宽度为 0.6mm。

该建筑物地基存在湿陷性土层，地基湿陷等级为 I 级。建筑北侧基础底面以下湿陷性土层中间薄、两端厚，东部最厚，建筑南侧基础底面以下湿陷性土层中部、西部厚度较为均匀，东部略厚。在水泥土桩施工过程中，建筑东、西部进行了补桩。建筑东、西部多数一次成桩及后补桩的桩长较中部一次性成桩区域内桩长短，东、西部多数桩与中部桩桩端持力层所在的深度不同，建筑东、西部现状的地基处理效果受湿陷性土层的影响较中部大。

建筑物东部地基现状含水率明显高于中西部；基础底面以下 1.8m 范围内，相同深度轻型动力触探的锤击数建筑物中部大于东西部。

受外来水影响，场地土产生湿陷性变形。因地基含水率与湿陷性土层分布不均，造成东部湿陷性大，西部、中部依次减轻，与现场轻型动力触探结果相符。土层发生湿陷变形降低了复合地基的承载力，因湿陷性土层的分布不同、桩长及桩端所在持力层深度不同及外来水量侵蚀的差异，造成地基发生不均匀变形，与上部建筑墙体开裂损伤相符。

所测砌筑砂浆抗压强度不满足设计要求；所测基础构件抗压强度不满足设计要求。

综上所述，该住宅楼存在因地基不均匀变形引起的墙体开裂损伤，最大裂缝宽度为 2.0mm。该建筑场地存在湿陷性，外来水引发土层产生湿陷变形，降低了复合地基的承载力，因湿陷性土层的分布不同、桩长及桩端所在持力层深度不同及外来水量侵蚀的差异，造成复合地基发生不均匀变形。现有损伤影响建筑使用功能，安全状况不满足设计安全性能要求。应加强沉降观测，阻断外来水的影响，并对现有复合地基进行加固，对主体结构开裂损伤进行修复。

参考文献

[1] 单荣民，唐岱新. 双向受压砖砌体强度的试验研究[J]. 哈尔滨建筑工程学院学报，1988(2).

[2] 王秀逸，王庆霖，梁兴文，等. 砖砌体抗压强度现场原位检测的试验研究[J]. 西安冶金建筑学院学报，1990(2).

[3] 林文修. 现场测定砌体承载力的原位轴压法应用研究[J]. 建筑结构，1996(6).

[4] 王秀逸，等. 原位轴压法测定砌体抗压强度试验研究[J]. 西安建筑科技大学学报，1997(12).

[5] 王庆霖，雷波. 多孔砖砌体原位测试抗压抗剪强度试验报告[R]. 西安：西安建筑科技大学，陕西建筑科学研究院，2005.

[6] 蒋利学. 砌体及砂浆强度检测技术研究[R]. 上海：上海建筑科学研究院，2003.

[7] 屈睿. 空心砖墙体抗压强度及抗剪强度现场原位检测的试验研究[D]. 西安：西安建筑科技大学，2006.

[8] 吴体，侯汝欣. 国家标准《砌体工程现场检测技术标准》修订工作中几个主要技术问题的研究[J]. 工程建设标准化，2011，155(10)：5-11.

[9] 张昌叙，张鸿勋，吴体，等. 砌体结构工程施工质量验收规范 GB 50203—2011 实施手册[M]. 北京：中国建筑工业出版社，2011.

[10] 陈继东. 建设工程质量检测人员培训教材[M]. 北京：中国建筑工业出版社，2006.

[11] 卢铁鹰. 建设工程质量检测工作指南[M]. 北京：中国计量出版社，2006.

[12] 徐占发，许大江. 砌体结构[M]. 北京：中国建材工业出版社，2010.

[13] 王文平，洪丽仙. 砌体结构优缺点及设计要点的分析[J]. 建筑技术研究，2012(10)：54-56.

[14] 刘荣生. 砌体结构常见裂缝的分析与防治[J]. 建材技术与应用，2007(5)：47-48.

[15] 谢湘赞. 砌体结构裂缝原因分析及处理[J]. 施工技术，2011(1)：236.

[16] 高凌翔. 砌体结构常见裂缝的分析与防治[J]. 山西建筑，2006，32(7)：83-84.

[17] 李亚敏. 关于砖混结构房屋墙体裂缝问题的探讨[D]. 咸阳：西北农林科技大学，2007.

[18] 徐剑波. 地基不均匀沉降对房屋的危害分析及治理对策研究[D]. 长沙：湖南大学，2006.

[19] 杨熙. 地基差异沉降下砌体结构的加固及有限元分析[D]. 上海：同济大学，2009.

[20] 王震宇. 砌体结构房屋破坏原因分析[D]. 长沙：中南大学，2010.

[21] 宋白平. 浅谈地基变形引发的砖混结构墙体裂缝[J]. 同煤科技，2006(2)：18-19.

[22] 田英．浅谈地基不均匀沉降的原因及防治措施[J]．太原科技，2005(3)：62-65.

[23] 张辉，李瑜．多层住宅地基不均匀沉降的原因及防治措施[J]．山西建筑，2010，36(33)：120-121.

[24] 吕鹏，商文磊．多层砖混结构建筑物地基不均匀沉降的原因及防治措施[J]．内蒙古科技与经济，2003(10)：78-79.

[25] 武幸利詹，慧霞．浅析从设计上控制砌体结构墙体裂缝[J]．管理学家，2011(8)：306-307.

[26] 徐剑波．地基不均匀沉降对房屋的危害分析及治理对策研究[D]．长沙：湖南大学，2006.

[27] 吴胜发．建筑结构基础不均匀沉降及控制研究[D]．广州：广州大学，2006.

[28] 秦际新，迟佳．地基不均匀沉降的原因及防治措施[J]．黑龙江科技信息，2009(23)：332.

[29] 冯昆荣．地基不均匀沉降的原因及防治措施施工技术[J]．建筑安全，2005(3)：35-36.

[30] 伊晓．基坑开挖对邻近砌体结构房屋的影响分析和保护研究[D]．上海：同济大学，2006.

[31] 阳吉宝．基坑工程施工对邻近建筑影响的控制[J]．地下空间，2000(203)：221-222.

[32] 高文华．基坑变形预测与邻近建筑及设施的保护研究[D]．长沙：湖南大学，2001.

[33] 刘登．紧邻基坑的建筑物变形特性及安全评估研究[D]．上海：同济大学，2008.

[34] 张弘．砌体结构圈梁和构造柱的设置[J]．科技致富向导，2013(3)：148.

[35] 赖新嘉．钢筋混凝土地圈梁的设计[J]．福建建筑，1994(3)：26-27.

[36] 贾玉明．对传统房屋建筑中砌体结构的再认识[J]．企业导报，2013(2)：242.

[37] 贾晔清，贾潇潇，钱文荣．建筑工程中多层砖砌体结构构造柱的应用[J]．华东科技：学术版，2013(8)：59.

[38] 王李杰，常锡运．房屋结构中的构造柱技术分析[J]．大科技，2013(12)：349-350.

[39] 洪喆．浅谈砌体工程中如何设置构造柱与圈梁[J]．建材与装饰，2012(6)：117-118.

[40] 任国辉．浅析构造柱在多层砖混结构中的设置[J]．黑龙江科技信息，2012(31)：291.

[41] 郭军权．浅谈多中构造柱设置[J]．科技资讯，2007(4)：86.

[42] 林子霖．构造柱和圈梁在砌体层砌体房屋结构中的运用[J]．科技资讯，2010(27)：83.

[43] 李晓辉，杨德清．浅析多层砌体房屋中构造柱的设置与作用[J]．内蒙古石油化工，2006(2)：119.

[44] 闵明保，李延和，高本立．火灾后砖砌体抗压强度变化研究和残余承载力计算[J]．建筑结构，1994(2)：44-46，28.